中国科协三峡科技出版资助计划

唤醒土地

——宁夏生态、人口、经济纵论

李禄胜 著

中国科学技术出版社
·北 京·

图书在版编目（CIP）数据

唤醒土地——宁夏生态、人口、经济纵论／李禄胜著．—北京：中国科学技术出版社，2013.10

（中国科协三峡科技出版资助计划）

ISBN 978-7-5046-6432-7

Ⅰ.①唤… Ⅱ.①李… Ⅲ.①生态环境建设—研究—宁夏 ②人口—发展—研究—宁夏 ③区域经济发展—研究—宁夏 Ⅳ.①X321.243 ②C924.254.3 ③F127.43

中国版本图书馆 CIP 数据核字（2013）第 217722 号

总 策 划 沈爱民 林初学 刘兴平 孙志禹
项目策划 杨书宣 赵崇海
出 版 人 苏 青
编辑组组长 吕建华 许 英 赵 晖

责任编辑 付万成 郭秋霞
责任校对 孟华英
印刷监制 李春利
责任印制 张建农

出　　版　中国科学技术出版社
发　　行　科学普及出版社发行部
地　　址　北京市海淀区中关村南大街 16 号
邮　　编　100081
发行电话　010-62103349
传　　真　010-62103166
网　　址　http://www.cspbooks.com.cn

开　　本　787mm×1092mm　1/16
字　　数　350 千字
印　　张　14.5
版　　次　2013 年 11 月第 1 版
印　　次　2013 年 11 月第 1 次印刷
印　　刷　北京华联印刷有限公司

书　　号　ISBN 978-7-5046-6432-7/X·117
定　　价　58.00 元

作者简介

李禄胜，宁夏隆德人，宁夏社会科学院农村经济研究所副所长、研究员，曾两次在中国社会科学院做访问学者。在《中国人口科学》《人口与发展》《经济地理》《生态经济》《宁夏社会科学》等期刊发表学术论文 80 余篇，在《人民日报》《农民日报》《中国社会科学报》《宁夏日报》等报纸发表理论文章 40 余篇。主编、副主编、论文入选或参编的著作 40 余本，专著《告别土地——西海固农民工生存纪实》由当代中国出版社出版。主持省部级课题 2 项，主持或参与宁夏回族自治区级课题十多项，主持国家社科基金项目 1 项，获省部级论文奖和科学技术进步奖 5 项。

总　序

科技是人类智慧的伟大结晶，创新是文明进步的不竭动力。当今世界，科技日益深入影响经济社会发展和人们日常生活，科技创新发展水平深刻反映着一个国家的综合国力和核心竞争力。面对新形势、新要求，我们必须牢牢把握新的科技革命和产业变革机遇，大力实施科教兴国战略和人才强国战略，全面提高自主创新能力。

科技著作是科研成果和自主创新能力的重要体现形式。纵观世界科技发展历史，高水平学术论著的出版常常成为科技进步和科技创新的重要里程碑。1543 年，哥白尼的《天体运行论》在他逝世前夕出版，标志着人类在宇宙认识论上的一次革命，新的科学思想得以传遍欧洲，科学革命的序幕由此拉开。1687 年，牛顿的代表作《自然哲学的数学原理》问世，在物理学、数学、天文学和哲学等领域产生巨大影响，标志着牛顿力学三大定律和万有引力定律的诞生。1789 年，拉瓦锡出版了他的划时代名著《化学纲要》，为使化学确立为一门真正独立的学科奠定了基础，标志着化学新纪元的开端。1873 年，麦克斯韦出版的《论电和磁》标志着电磁场理论的创立，该理论将电学、磁学、光学统一起来，成为 19 世纪物理学发展的最光辉成果。

这些伟大的学术论著凝聚着科学巨匠们的伟大科学思想，标志着不同时代科学技术的革命性进展，成为支撑相应学科发展宽厚、坚实的奠基石。放眼全球，科技论著的出版数量和质量，集中体现了各国科技工作者的原始创新能力，一个国家但凡拥有强大的自主创新能力，无一例外也反映到其出版的科技论著数量、质量和影响力上。出版高水平、高质量的学术著作，成为科技工作者的奋斗目标和出版工作者的不懈追求。

中国科学技术协会是中国科技工作者的群众组织，是党和政府联系科技工作者的桥梁和纽带，在组织开展学术交流、科学普及、人才举荐、决策咨询等方面，具有独特的学科智力优势和组织网络优势。中国长江三峡集团公司是中国特大型国有独资企业，是推动我国经济发展、社会进步、民生改善、科技创新和国家安全的重要力量。2011 年 12 月，中国科学技术协会和中国长江三峡集团公司签订战略合作协议，联合设立“中国科协三峡科技出版资助计划”，资助全国从事基础研究、应用基础研究或技术开发、改造和产品研发的科技工作者出版高水平的科技学术著作，并向 45 岁以下青年科技工作者、中国青年科技奖获得者和全国百篇优秀博士论文获得者倾斜，重点资助科技人员出版首部学术专著。

我由衷地希望，“中国科协三峡科技出版资助计划”的实施，对更好地聚集原创科研成果，推动国家科技创新和学科发展，促进科技工作者学术成长，繁荣科技出版，打造中国科学技术出版社学术出版品牌，产生积极的、重要的作用。

是为序。

中国长江三峡集团公司董事长

2012 年 12 月

前　言

生态环境是指人类生活和生产活动的各种自然（包括人工干预下形成的）物质和能量及其作用的总和。它既包括各自然环境要素的组合，也包括人类与自然要素之间的相互作用形成的各种生态系统的组合。生态环境一方面是人类生活和生产活动的物质基础；另一方面又承受着人类活动产生的各种废弃物及各种作用的后果。人类的生存发展无时无处不依赖于土地及周围的生态环境，同时，又赋予土地和周围生态环境以深刻的影响。

当今世界，环境与发展的关系问题已日益引起人们的普遍关注。宁夏作为我国生态环境复杂多样、矿产资源丰富的内陆省区，昔日地广人稀已被当今的地窄人稠所代替。以往我们认为“地广人稀”、“物产丰富”的宁夏，在目前的人口压力下早已显得苍白无力，用“物产丰富”除以超量的人口得出的平均数，反映出来严峻的基本区情，决定了控制人口数量增长，努力缩小经济发展平均数的分母。这是目前，乃至未来很长时期内的重大课题。

自然资源存在于自然地理环境中，既是自然地理环境的重要组成部分，又是自然地理环境长期孕育的产物，其形成取决于自然地理环境及其各种要素间的相互作用。地理上，宁夏回族自治区位于北半球中纬度地带内陆地区，地处黄土高原和鄂尔多斯高原的水蚀、风蚀活跃地带，地跨腾格里沙漠与毛乌素沙地。干旱多风、水资源贫乏、植被稀少、土壤侵蚀严重等特点。决定了抗御自然灾害和人为破坏的能力薄弱；原本自我调节能力较强的森林、草原生态系统，由于长期以来的人为干扰不断累积，在整个区域生态系统中的比重日趋缩小，次生性显著，自我修复能力下降；由于大气、水、土壤的自然净化功能差，特别是近几十年来，随着经济社会的发展，稀疏的植被对工业废气、降尘的净化作用小。这就不可避免地存在着易于失衡、先天脆弱的自然地理特征。随着宁夏人口的持续增长，现代化进程不断加速，生存与发展的压力将集中指向基础脆弱的生态环境。环境和经济社会是人类文明的两个相互制约、相互促进的重要因素，环境既为人类提供了生存空间，又直接制约着经济社会的发展。西部生态脆弱地区长期无法脱贫，根本原因在于生态破坏所积累并诱发的水土流失、植被退化、各类自然灾害加剧等环境问题对人类的报复。这些地区发展经济、摆脱贫困的当务之急就是治理生态环境。因此，我们不得不正视日趋严峻的环境问题并寻求对策。

新中国成立以来，特别是改革开放以来，宁夏经济和社会发展有了长足的进步，但由于近几十年来人口增长过快，土地利用结构和利用方式不够合理，经济社会和科技发展低于全国水平，经济增长以粗放性的外延扩张为主。面对目前宁夏经济社会发展中遇到的问题，要更清醒的认识到环境对人类发展具有推动和约束的双重作用，从而尽快建立资源节约型的国民经济体系，切实转变经济增长方式，从粗放型经营向集约型经营转变，合理利用和保护资源，治理环境问题，维持生态平衡和经济社会的可持续性发展。

该书是自己多年来的研究成果，分为生态经济、人口经济和经济社会发展三个部分，共23个研究项目。

第一部分是生态经济方面，包括宁夏与西部生态环境建设、环境污染与环境治理、湿地保护、生态文明建设、封山禁牧以及与生态环境相关的问题等。从地域上看，分别以银川市、宁南山区、宁夏全区及宁夏在西部地区的生态环境为背景，阐述了生态环境现状和不足，从而提出了相应的对策建议。从内容上看，包括了城市湿地的现状与问题、农村生态环境的现状与问题、生态文明建设与可持续发展等方面。不论从地域还是从内容上，基本包括了宁夏生态环境的历史演化过程，并反映出了本地区生态环境与经济社会发展的内在关系；同时，也反映出了宁夏生态环境在西部地区所处的特殊地位及其重要性。

第二部分是人口经济方面，包括宁夏人口与计划生育、人口与生态环境、人口性别比、人口迁移与经济社会发展相关的问题等。从地域上看，分别以固原地区、中南部干旱带、宁夏全区及宁夏在全国大环境下的人口和生态环境状况为对象。内容包括了人口与生态环境、人口迁移（即生态移民）、人口性别比失调等方面。在人口与生态环境的关系上，论述了先天脆弱的生态环境承受着与日俱增的人口压力对宁夏引发的思考。其内容基本涵盖了新中国成立后尤其是改革开放以来宁夏人口与生态环境相互作用的结果，对宁夏未来人口发展、人口与经济互动以及在改善民生方面都具有一定的参考价值和实践意义。这一部分重点探讨了“十二五”时期宁夏的“一号工程”即35万生态移民问题，分析了人口迁移过程中移民村落建设和移民安置地生计可持续保障机制等民生话题，指出了移民村落在过去的建设规划中的不合理及遗漏问题、移民后续发展等问题，这对“十二五”时期宁夏35万生态移民村落建设合理布局、移民未来发展具有一定的借鉴作用。

第三部分是经济社会发展问题，包括宁夏小康社会建设、经济发展方式转变、国土资源开发、社区建设、服务业和文化产业等经济社会发展等问题，在我国西部大开发背景下，探讨了西部市场体系建设存在的问题，提出了培育和发展市场体系的任务及措施。在地域上，以西海固地区、沿黄城市带、宁夏全区经济社会发展的热点问题为对象。考察了宁夏社区的发展状况，对宁夏城市社区、宁南回族社区作了详细的分类，提出了可行性建议。对固原地区国土资源开发，提出了以人为本并着力保障和改善民生的政策建议。

目前，我国文化产业还处于起步阶段，但随着人民生活水平的提高和人民群众休闲时间的增多，人们对精神文化的需求会越来越多。从产业发展的潜能方面看，宁夏文化产业发展的空间还十分巨大。宁夏文化产业和全国相比，起步晚、规模小、赢利少，但发展势头好。

近年来，自治区先后培育和扶持建设了中华回乡文化园、镇北堡北方古城镇等一批文化产业示范基地。鉴于此，本文提出了建设六盘山影视基地、加大旅游开发以及从加快文化产业发展上提出了解决贫困人口问题的设想。发展宁夏文化产业、转变思维方式，这是为宁夏全面建成小康社会奠定基础的重要举措。

该成果是在大量调研基础上，从不同层面分析了生态、人口与经济社会协调发展的关联性，并依据西部人口发展和生态环境现状的实际，阐述了人口和生态环境对经济社会的影响。全书以宁夏为主体，在探讨问题的同时，把宁夏置放于西部省区及全国的大格局之中进行讨论，提出了相应的对策建议。书中数据主要来自于四个方面：一是中国统计年鉴和宁夏统计年鉴中的数据；二是政府文件或政府公报中的数据；三是引用报刊杂志和官方网站中的数据；四是自己实地调研获取的数据。文中数据反映了新中国成立以来，尤其是近20年时间横断面上区域生态建设、人口与经济社会发展的基本状况，大多研究结果具有突破性、前瞻性和一定的借鉴作用，对政府制定决策具有一定的参考价值。本书的研究对西部尤其对宁夏的生态建设、人口与经济社会协调发展、持续发展具有重要的现实意义。

该书在写作过程中，吸收了同行和朋友的大量研究成果，得到了他们的大力支持和热心帮助，他们是宁夏大学何彤慧教授、宁夏广电总台李江波研究员、宁夏科技发展战略研究所牛国元研究员、宁夏社科院陈通明研究员、李霞副研究员、社科院杨永芳副研究员、孔炜莉副研究员、上海财经大学王生发博士，对他们的热忱相助深表感谢！

目　录

第1章　生态经济研究

1.1　西部生态环境现状及问题分析

生态环境是人类赖以生存和发展的基础，环境和发展始终是全球关注的重大问题。在人类走向21世纪的重要时刻，党中央、国务院提出西部大开发是具有重大意义的决策。生态环境和建设是实施西部大开发的根本。生态环境的保护和建设，包括实施天然林资源保护工程，绿化荒山荒地、对坡耕地有计划有步骤地退耕还林还草，大力开展水土保持的工程建设等。这是实施西部大开发的根本和切入点，关系到中华民族的繁衍生息和现代化建设的全局，也是一个功在当代、利在千秋、极富远见卓识的重大决策。

1.1.1　西部生态环境现状及存在问题

（1）植被退化现象。

在古代，西部很多地区曾经是森林茂盛、水草丰美、气候温和、土壤肥沃的地区。西部地区大面积的垦荒从汉代以来时断时续，到明清时代局部地区完全以农耕为主。到20世纪中期随着人口的快速增长，为了生产和生活的需求盲目开垦和毁林造田，特别是在山顶、陡坡大面积的开荒种粮，加之乱砍滥伐森林，铲草皮挖草根，致使大面积的林木草地消失，植被遭到严重的破坏，生态环境极度恶化，严重制约了经济的可持续发展。新疆是我国森林面积最少的省（区）之一，由于过度采伐，森林面积逐步缩小，目前森林覆盖率仅为1.5%。甘肃省因多年来森林的过度开采利用及乱砍滥伐，森林资源已十分有限，全省遭到严重破坏的森林资源面积累计达448.5万亩（1公顷=15亩，下同），占天然林面积的17.4%，长江上游白龙江林区经过40年的开采，资源面临枯竭。甘肃省草原面积25005万亩，由于毁草开荒、乱挖滥采、超载放牧等不合理的开发利用以及虫、鼠、病的危害，天然草场退化面积达10995万亩，占全省可利用草场面积的44%。云南省西双版纳傣族自治州是我国大陆唯一还有热带雨林的地区，但从20世纪50—80年代初的30年间，因刀耕火种而毁林达240万亩，因工业烧柴毁林达54万亩，森林覆盖面积由1950年的50%~60%下降到1983年的24%，现在仍以每年3750亩的速度在消失。青海在全省72万平方千米（1平方千米=100公顷，下同）的国土总面积中，森林覆盖率只有4.9%，大大低于13.4%的全国平均水平，而且主要集中于森林极限生长地带。由于干旱、风沙及人为因素等原因，草场退化现象十分严重。全省退化草场面积11595万亩，约占草场总面积的20%，长江源区90%以上的沼泽地干涸。宁夏草原面积占全自治区面积的58.2%，堪称半壁河山。但其中97%的面积存在不同程度的退化、沙化[4]。

由于长期对森林重采轻管，乱伐、乱垦，原始森林遭受严重破坏。目前，西部地区的森林仅为5.7%，比全国13.4%低了7.7个百分点，其中甘肃、宁夏、新疆、青海等省覆盖率是最低的省（自治区）。由于植被破坏，全国草场退化面积达7.7亿亩，占可利用草场的1/4，目前仍以每年2000万亩左右的速度扩大，而西部地区草场退化情势则更为严峻，畜草矛盾十分突出，制约了畜牧业发展。

（2）水土流失问题。

西部地区生态的主要问题是水土流失，西部地区虽人均耕地多于中东部地区，但受地理环境的影响以及由于人口生存压力及改善生活的需要，农民往往毁林开荒，向荒山要粮，从而引起严重的水土流失。

土壤肥力是衡量土地质量的重要指标，西部地区干旱少雨，而一旦夏季风来临时，降水来势猛，持续时间短，从而极易造成水土流失，再加上人们长期重用轻养而导致土地肥力水平不断下降，使之成为土地环境恶化的重要因素。宁夏水土流失区主要分布在南部的黄土丘陵区及六盘山土石山区，面积27585平方千米，占自治区总面积的53.8%。全自治区年均输入黄河泥沙约1亿吨，年损失有机质120万吨，氮9万吨，相当于尿素19.63万吨，过磷酸钙146.9万吨。甘肃中东部干旱半干旱地区，多为黄土丘陵沟壑区，植被状况本来就很差，由于在坡地上大面积的开荒耕种以及铲草皮、挖草根，造成了严重的水土流失，成为西北乃至全国水土流失之最。青海省生态环境的恶化不仅造成近亿立方米的泥沙注入黄河，也使得水源涵养能力大大下降，流入黄河的水量逐年减少。据观测，近10年来，流出青海的黄河水减少了23.2%。陕西省大部分处于黄土高原分布区，在全省19万平方千米的国土面积中，水土流失面积达14万平方千米，占全省总面积的73.68%，每年约有5万吨泥沙注入黄河。水土流失不仅是西北各省区的“特产”，而西南各省市区也不同程度地存在：重庆每年因水土流失、开发建设和山地灾害给长江“供应”了1.4亿吨泥沙。贵州省由于植被的破坏，水土流失面积从20世纪50年代的2.5万平方千米，扩大到80年代末的7.6万平方千米，占全省国土面积的43.5%。使山下的肥田沃土被水冲沙压，长期不能恢复。地表沃土的流失，导致土层浅薄，抗灾能力降低，耕地质量下降，全省中低产田土地面积占耕地面积的 75%[15]。

大面积的水土流失，使这些地区的水源涵养功能下降，物种生存条件恶化，生物多样性受到威胁，生态环境恶化，加重了中下游河床的淤积和上游土壤植被的破坏，导致湖泊枯干，调节径流能力丧失，使旱季更旱，雨水季节洪灾更甚，给大江大河中下游水利工程造成危害，对人们的生产和生活造成威胁，对整个国家的经济建设产生了不可低估的负面影响。

（3）土地沙化问题。

据权威部门的综合监测显示，自 20 世纪 50 年代以来的 25 年间，我国沙化土地面积每年扩展 1560 平方千米。到 80 年代初，扩展速度加快到每年 2100 平方千米；1994 年的全国荒漠化普查结果，沙化速度已达到每年扩展 2460 平方千米，相当于一年损失一个中等县的土地面积。截至目前，全国的沙化土地面积已接近 170 万平方千米，占国土面积的 18%，绝大多数集中在西部。近些年来，频繁发生在西北地区的沙尘暴天气，使国家和人民群众的生命财产遭受到极大损失。1993 年 5 月发生在西北地区的特大沙尘暴，使新疆、甘肃、内蒙古、宁夏四个自治区的 18 个地区、72 个县受灾，面积达 110 万平方千米。经估算，这次沙尘暴给西北地区带来的经济损失达 7.25 亿元人民币。据统计，在我国西部内陆地区，灾害性的沙尘暴天气每年都在发生，只是近十几年来次数越来越多，范围越来越广，破坏力越来越大。仅以造成重大损失的强沙尘暴为例，20 世纪 50 年代发生过 5 次，60 年代 8 次，70 年代 13 次，80 年代 14 次，90 年代 23 次。风沙和浮尘带来的大量有害物质，造成严重的空气污染，不仅给沙区人民的生产和生活带来极大的困难，而且还影响到我国东南部地区，严重恶化了中华民族的生存环境。

西部地区是我国荒漠化最严重的地区，尤其是西北地区的新疆、甘肃、宁夏、青海及内蒙古西部地区，这些地区除了具有特殊的、导致荒漠化的气候因素外，人类不当的经济活动是导致土地荒漠化加剧的重要原因。过度放牧、草场退化是导致草原沙化的罪魁祸首，毁林毁草开荒也是土地荒漠化加剧的重要因素。

（4）水资源短缺与污染。

西部地区的自然生态环境近现代以来发生了较大变化，许多古国古城遗址，众多的干涸河道，残留于各地的高大枯死树木，都是触目惊心的例证。西部地区尤其是西北地区脆弱的自然生态环境由于水环境的危机而进一步恶化，陕西、甘肃、宁夏、青海、新疆五省（自治区）全部及内蒙古自治区西部两个盟，总面积 347 万平方千米，占全国面积的 1/3，水资源总量 2254 亿立方米，只占全国的 8%。

近年来，由西北地区水危机而间接引发的黄河下游地区的水危机已经显露出来，黄河断流不断加剧，断流里程不断增加，已达 700 千米，断流时间不断延长，从次年春末已提前到当年冬季就开始断流，一直持续到七八月份[2]。再加上中上游各省（自治区）的截流及人工运河的调水等用水，可以预言，到21世纪中期，黄河将由一条奔腾咆哮的外流河变为一条没有生气的内陆河。

随着流域经济的快速发展和人口的增加，排放长江、黄河的工业废水、生活污水量逐年增加，长江、黄河各主要支流流经西部地区河段水污染程度仍在继续加重，生活饮用水水源地环境恶化，城市生活污水污染日益严重。改革开放后，实行了土地家庭承包，农民追求收入最大化，越来越多的化肥、农药、生长激素等农用化学品被用于农业。受农民素质及科技水平限制，化肥、农药的使用效率不高。有研究表明，发达国家化肥利用率达到60%～70%，中国约为35%[88]。由于滥用化肥、农药产生的污染，致使江河湖泊富养化程度加剧，有害物质也随水土流失进入水体。污染水体的另一大危害来自乡镇企业。这些乡镇污染企业多是些小造纸厂、小印染厂、小电镀厂、小皮革厂、小酒精厂、小淀粉厂等，其中造纸业生产的废水就占近一半，这些废水大量排入江河，引起水体的严重污染。有关资料表明，西部大小河流中，80%发生水质退化。水体污染致使有害物质随农灌水进入土壤和地下水，进一步引起食品污染，对人民群众的身体健康构成极大的威胁。

（5）旅游资源的粗放式开发。

旅游业由于投资小，效益大，现已成为国内外的重要产业。旅游业的兴起为西部地区经济的发展提供了契机。西部地区地域辽阔，南北生态环境差异甚大，生物多样性特点突出，生态景观众多，是发展旅游业极具潜力的地方。但是许多地方政府为了局部利益和眼前利益，忽视旅游资源的可持续利用，过度开发旅游资源，致使景区内出现了大气污染、垃圾污染、水体污染、噪声等一系列旅游环境污染问题，这不仅对旅游景区资源的自我修复产生不利的影响，而且降低了旅游区的资源价值，使原来宜人的自然风光黯然失色。例如，滇池的水体污染、西双版纳的垃圾污染和废气污染等。

（6）经济社会方面的不合理因素。

1）政府对资源的认识不到位，使资源造成了浪费和对环境的严重污染。西部地区的长期贫困，使得改善人们的物质生活水平成为经济增长的直接目的。西部地区政府为了尽快摆脱贫困和显示政绩，往往只注重眼前利益，不顾长远利益，常常采取“竭泽而渔”的政策。如秦岭山脉是地上生物资源和地下矿产资源的宝库，又是山清水秀的自然风景区。近20年来，在开发矿产资源的同时，大大小小的冶炼厂的废水任意排放，造成秦岭山区水体的严重污染，以致住在河边的村民都要从别处拉水吃，水体污染已破坏当地土壤和生物资源的品质，形成了严重后果。又以宁夏为例，煤炭是宁夏的一大资源优势，但在煤炭资源的利用上，浪费和污染环境的现象并存。据统计，到1998年，宁夏20个市县中有16个市县办了地方煤矿，共有各类煤矿 215 处，其中包括国有、集体和私人的小煤矿。一些小煤矿的煤炭资源回收率一般只有 10% ~15%，造成了这种不可再生资源的极大浪费。煤炭的浪费又促使农民加速了对植被的破坏。

2）教育落后、人口素质低、思想观念保守、科技水平滞后是造成西部地区生态环境恶化的根本原因。目前，西部地区文盲半文盲人口占 40% 以上，由于中青年劳动力文化素质低、观念陈旧，西部山区的人们长期保留着落后的生产方式和生活方式。废弃物乱丢乱放，日复一日，造成对河流、土壤、空气等自然环境不同程度的污染。大量的林木、秸秆，甚至大牲畜粪便作了燃料，造成生态系统有机物的减少。西部地区科技人员少（如西北地区 6.91 万人，仅占全国的 11.55%，居全国六大区末位），人才缺乏，加上人的素质普遍低，对科技的接受能力差，必然影响科技推广的速度。因而西部地区长期以来只能在粗放型开发中徘徊，既浪费了有限的资源，又付出了环境恶化的代价。

3）人口增长过快使西部生态环境付出了沉重代价。西部地区人口的过快增长给经济发展和人们的生存带来了巨大的压力。西部地区人口密度并不高，但由于西部的很多地区生存环境恶劣，干旱半干旱地区面积广大，许多地方是不毛之地，因此，土地承载能力很低。在特殊的地理环境之下，就有特殊的土地承载能力的标准，而西部地区又是少数民族集中的地区，具有民族地区特殊的生育政策，从而造成西部地区人口增长过快，使得人口、资源、环境、经济发展之间产生重大矛盾。这种情况，给西部已经十分恶劣的生态环境造成了持久的压力，使人民群众的生活更加贫困。恶性循环的结果是造成大量贫困人口的产生与聚积，造成了水土流失与粮食减产，致使西部经济的可持续发展受到严重制约。

1.1.2　提高环境质量，建立和谐的人与自然关系

（1）正确认识摆脱贫困与生态建设的关系。

1）树立生态安全意识，实现经济增长和生态安全的良性循环。脆弱的生态环境已经成为制约西部十省市、自治区经济和社会可持续发展的主要因素，特别是一些偏僻的贫困落后地区，是与当地生态环境的破坏紧密联系在一起的。因此，树立全民生态安全意识，彻底扭转只注意经济增长而忽视生态安全的错误观念和做法，将维护和改善生态环境作为一切经济和社会活动的基本准则。在大开发中，要坚持在全社会开展生态安全教育和宣传，通过建设“生态文明”和“生态道德”树立起全民生态安全意识，逐步实现西部经济增长和生态安全的良性循环。

2）解决贫困人口问题。改善生态状况的关键在于扭转贫困地区的面貌。我国还有 8000 多万贫困人口，主要分布在环境质量较差的中西部广阔区域，尤其是西部地区，这些地区是我国贫困面最大，贫困人口最多，贫困程度最深，脱贫任务最艰巨

的地区是国家扶贫攻坚工程的重中之重。因此，要下大力气建立新的反贫困战略运行机制，即先难后易，因地制宜，重点突破。在生态建设和扶贫的具体工作中，必须处理好一些可能出现的问题，例如根据当地实际和农民意愿，保留和建设好适当比例的基本农田，妥善解决退耕还林后农民的生活出路和增加收入问题，做到生态建设与调整土地利用结构、农业产业结构优化升级相结合，与扶贫开发、发展农业产业化相结合，特别要注意林草建设与发展舍饲畜牧业、中药材种植基地、生态旅游业相互促进，达到既要绿起来又要富起来的双重目标，生态建设见效之时，也是当地农民致富之日。在我国，贫困人口多半生活在生态很脆弱的西部地区，贫困使得人口增长和环境破坏之间形成了相互强化的关系。所以，消除贫困，就能减轻对环境破坏的压力。

3）强化民众的生态环境意识。环境和经济是人类文明的两个相互制约、相互促进的重要因素，环境既为人类提供了生存空间，又直接制约着经济社会的发展。西部生态脆弱地区长期无法脱贫，根本原因在于生态破坏所积累并诱发的水土流失、植被退化、各类自然灾害加剧等环境问题对人类的报复。这些地区发展经济、摆脱贫困的当务之急就是治理生态环境。因此，必须把强化民众的生态环境意识提到一个新的高度来认识，大张旗鼓地开展宣传教育，把生态环境建设提高到造福民众、振兴民族经济、贯彻国家可持续发展战略的高度来认识，要充分认识治理环境与发展经济的辩证关系，把建立和谐的人与自然的关系、全面治理和恢复西部地区生态环境当作硬任务来抓。

（2）控制人口数量，提高人口素质，减轻环境压力。

西部地区人口膨胀的原因主要是农村人口的增长，而农村人口的增长又在少数民族地区和贫困地区表现明显，形成了愈穷愈生、愈生愈穷、愈穷愈垦的恶性循环。因此，要控制本地区的人口数量，就要认真贯彻落实计划生育政策，重点是要落实农村地区、少数民族地区、贫困地区的计划生育政策，加大这些地区计划生育工作的力度，包括增加经费、稳定队伍、组织检查、加大宣传等。在控制人口数量的同时，提倡少生优生，把数量观念转变到提高人口质量上来，实现人口增长、经济发展与生态环境的协调一致。

（3）完善生态建设的法律法规。

生态环境保护方面的法制建设是社会主义法制建设的重要组成部分，是把环境保护的基本国策落到实处的必要措施。我国环境立法进展较快，目前已颁布 6 部环境保护法律，9 部与环境相关的资源法律，34 个环保行政法规，90 多个部门规章，900 余个环境保护的地方法规和地方政府规章，初步形成了具有中国特色的环境保护的法律体系，今后还要进一步完善这方面的法律体系。西部地区要按照国家的法律法规，健全和完善生态环境保护条例等符合各省（自治区）特点的地方法规体系，依法加强对土地、水源、森林、草原、野生动植物、旅游等重点资源的保护和治理。目前环境保护存在的问题主要是环境执法是否到位的问题，有的地方和部门还存在有法不依、执法不严、违法不究的问题。因此，生态环境在建设的同时还要加强保护，既要保护好原有的生态，又要保护好治理后的生态。要加强监督管理，加大执法力度，从严查处破坏生态环境的案件，严厉打击环境犯罪分子，坚决杜绝边建设边破坏的现象发生。依靠法制的威力，迫使人们在经济决策时认真考虑生态资源和生态成本，让直接责任者承担生态资源破坏的代价，同时使培育和保护生态环境的人得到好处。对各种破坏生态环境的行为要视其情节给予经济处罚、行政处罚、刑事处罚。

（4）控制工业污染，提高环境质量。

随着人口的增加和工农业生产的发展，西部工农业的可持续发展面临着前所未有的困难，仅以宁夏为例，在西部10个省、自治区中，宁夏面积最小，但工业生产上排放的“三废”和农业生产上大量使用化肥、农药、地膜，造成土地生态环境的严重污染触目惊心。先看下面一组数据：1998 年工业废气排放量（不含乡镇企业）达1041.30 亿标立方米；1998 年共产生工业固体废弃物（不含乡镇企业）413.10 万吨，历年累计工业固体废弃物堆存量约3000 万吨；1998 年工业废水、城市生活污水排放总量（不含乡镇企业）达到 14043 万吨，平均每天 38.47 万吨；农业生产上使用地膜不能及时清理造成的“白色污染”严重地影响了农作物的生长。由于宁夏工业污染严重，因此，每创造亿元的工业产值，废水排放量达240.9 万吨，废气285.1 立方米，远高于全国平均水平。面对如此严重的污染，在西部大开发中，结合生态环境治理，要以控制水污染、大气污染和固体废物排放为重点，综合治理工业污染、生活污染和交通污染。坚决堵住来自炼油、土炼焦、土炼硫、小造纸、小水泥、小制革等方面的污染源，提高城市垃圾资源化、无害化处理能力，美化环境，提高环境质量。

（5）建立合理的投入保障机制和足够的治理资金。

必须坚持资、权、利相结合的原则，建立社会公益事业社会办，国家、集体、个人一起上的多元化投资机制，制订符合实际的优惠政策和生态效益补偿制度，拓宽生态环境保护与建设投入渠道。按照谁投资谁受益的原则，鼓励和吸引省内外、国内外的投资者投资建设生态环境和与之相关的经济开发项目。加强对外合作交流，争取国际性金融机构优惠贷款和民间社团组织及个人捐款，进行生态环境建设。优先使用义务工和劳动积累工，动员群众投工投劳建设生态环境。

（6）落实生态建设规划。

落实规划要因地制宜，因害设防。1998 年 11 月，国务院批准并颁布实施《全国生态环境建设规划》，以后各省、直辖市、自治区政府根据《全国生态环境建设规划》相继颁布实施了各省、直辖市、自治区生态环境建设规划。这些规划都是各省、直辖市、自治区生态建设的指导性文件。在实施西部大开发战略中，必须紧密结合生态环境建设规划，加大生态环境保护和建设的力度，扎扎实实落实措施，认认真真对照督查，做到工作与规划不脱节，项目与目标相衔接，生态效益与经济效益、社会效益协调统一。要看到生态建设的长期性、艰巨性、复杂性，坚持由点到面，分步骤、分阶段地梯次开发，进而整体推进。要因地制宜，根据西部各省、直辖市、自治区的具体情况，制订一些针对性强、可操作性强的小计划来辅助大规划，因害设防，综合考虑各种因素，抓住西部大开发的机遇，确保完成预定工程。

建立目标责任制抓好落实。各省、直辖市、自治区要根据本地实际，成立由政府主要领导任职的生态环境保护与建设领导小组，建立目标责任制。各级党政一把手对生态环境保护和建设要负总责、亲自抓，工作搞得如何、成效如何，任期内应逐年考核，离任时应作出交代。要通过精心组织确保国家关于生态环境保护建设的各项政策和措施落到实处。

1.1.3 实施生态建设工程，再造山川秀美的西部地区

（1）植树造林，控制水土流失。

水土流失治理的重心是以退耕还草为先期工作，以农田基本建设为长期任务，以小流域连片综合治理为终极目标的治理工程。1998 年夏季长江、松花江流域发生的特大洪灾根源于其中上游地区的植被破坏，为此，我国政府已采取了一系列措施来恢复森林植被和控制水土流失。早在20 世纪80 年代中期，党中央就提出坡耕地退耕还林还草的要求，但由于当时粮食供应紧张而没能得到有效实施。在世纪之交，党中央又作出了实施西部大开发战略的伟大决策，从政策措施、组织领导等方面给予了充分支持，投巨资退耕还林还草，抑制水土流失。西部各省、地、县党委、政府都把生态建设列入工作的重要议事日程，这些都说明了生态环境建设已成为全国经济建设的头等大事。目前，全国水土流失面积达 360 多万平方千米，大都在西部；每年因上游水土流失进入长江、黄河的泥沙量达 20 多亿吨，导致中下游江河湖泊和水库不断淤积抬高，加重了下游水患。因此，采取果断措施，切实保护好西部现有森林，恢复西部林草植被，是从根本上扭转两大流域水患的治本之策。恢复这些地区的森林植被关键在于解决山区非持续居住人口的粮食和燃料问题，其途径是利用现有土地资源，一部分用来发展粮食生产，一部分退耕还林还草。

粮食是人们赖以生存的基本生活资料，在退耕还林的同时，绝不能放松粮食生产。目前，国家粮食总量出现了阶段性供过于求，为我们实施以粮换林换草提供了宝贵的机遇和条件，不但可以减少粮食的陈化、损耗，减轻国家财政负担，而且上游生态改善后可以促进下游粮食进一步增产，回补退耕还林还草减产的粮食，粮食生产的发展，又将有力地支持退耕还林还草和生态环境的保护和建设，从而实现全国粮食生产的良性循环。

在西部大开发中，必须跨越东部地区走过的先农村工业化、后城镇工业化的发展历程，实行农村城镇化与工业化同步推进的战略，积极引导农民到小城镇经商办工业。政府的一个重要职能和任务，就是要帮助超过自然承载能力的农村人口离开农业中低效益和对生态起破坏作用的生产领域，转向从事生态农业、农副产品加工业和到城镇就业。利用好现有国家造林、水土保持专项资金使用办法，提高使用效益。推广合适的农村能源战略有助于森林、草原植被的恢复。此外，由于传统观念影响，我国部分农村还沿袭着土葬法，每年有大量木材被用作寿材，若在农村全面推广火葬法，每年可节约可观数量的木材，就可以减少森林的砍伐。这样，一方面保护森林，一方面退耕还林，再加上各种木材的节约措施，只需要十几年的时间，一个山川秀美的西部就会展现在世人面前。

（2）阻止耕地流失。

西部地区和全国一样，在每年人口增长的同时，耕地面积也在相应地减少，只是由于复垦、开荒面积的增加才使净减少的耕地面积有所下降。随着人口的增长和西部大开发过程中，西部工业化城市化速度还将加快，预计耕地净减少趋势仍将继续下去。因此，除严格控制人口增长外，阻止耕地流失也是重中之重。当前，应采取措施，注意解决耕地流失问题。一是城市化道路和小城镇建设过多占用耕地问题。当前要制止小城镇建设乱铺摊子的做法，农村小城镇建设应放在建设中心小城镇或重点小城镇上。二是交通建设。公路、铁路规划选线应尽量少占耕地，应合理布局、规划航空网站建设，将中远途客运逐步转移到以航空运输为主上来，以减少道路建设对耕地的占用。三是推广节地型农村居民点建设。另外，土葬习俗在农村非常盛行，大面积耕地被占用，从而使人们生存的空间缩小。土地详查资料显示，中国村镇居民点用地 2.4 亿亩，人均用地 0.288 亩。所以合理规划农村居民点建设，引导发展水、山、气配套齐全的公寓式复式楼，对节省耕地、木材都是非常重要的。四是大力发展第三产业，积极推进农村城镇化。西部有大量低素质人口分布在生态环境十分脆弱的广大农村，对环境造成巨大压力，加剧了生态恶化和环境破坏。同时，西部大开发退耕还林还草又必然使农村产生大量剩余劳动力，出路就是向第二、第三产业转移，这就客观上对小城镇建设提出了要求。要借生态建设大机遇，抓紧搞好小城镇体系规划，有重点有步骤地支持那些基础好、潜力大的工业小城镇快速发展。要积极引导乡镇企业调整产业结构和企业布局，为农业剩余劳动力向第二、第三产业转移提供机会。要及时出台一整套适合小城镇建设和发展所需的土地使用、户籍管理、基础设施投资、社会保障等方面的具体政策，促使小城镇建设健康发展。

（3）解决水资源短缺问题。

西部尤其是西北地区要想山川秀美，关键在水。现在缺水已成为西部相当一部分地区经济社会发展的“瓶颈”。因此，尽快在西部缺水地区找到丰富的循环水资源，是西部生态建设的当务之急。解决水资源短缺问题主要有以下几方面的措施与途径：

1）在今后一个时期国土资源部将要针对西部大开发，重点开展塔里木、河西走廊地区的水文地质勘查，力争提供一批近期可供开发利用的大型水源地，为严重缺水地区人民提供基本生活用水、生产用水和生态建设用水。

2）发展节水农业。农业是用水大户，我国水资源80%以上用于农业灌溉，从农业方面考虑，节水潜力十分巨大。第一，平原地区、内陆灌区及绿洲地区，许多渠道工程都是没有衬砌的土质渠，在输水和配水过程中渗漏严重，渠道水利用系数仅为45%左右，灌入田间水的有效利用系数仅为0.5左右，按粮食产量计算，每千克粮食耗水量为1.2立方米。水利技术先进的国家，如美国和以色列灌溉水的有效利用系数高达0.8以上，相比之下我国的差距很大。过去是以大水漫灌为主，节水措施主要是渠道衬砌，今后在继续提高渠道衬砌率的同时，要更多地发展田间节水，广泛采用各种先进适用的节水灌溉技术，大幅度提高水的利用率，减少干旱区的高强度蒸发。第二，过去以修建平原水库为主，今后修建一些必要的山区水库，这样既可减少洪水威胁，又可缓解春旱。另外，过去以地表水灌溉和明渠排水为主，今后除个别地表水开发利用程度较低的流域外，要发展竖井灌排，合理利用地下水，使地下水位保持在一个合理水平，减少潜水蒸发损耗，防治次生盐渍化。第三，在山区水土流失严重的地区可修复水平梯田。据测定梯田可以拦蓄径流92.4%以上、控制泥流87.6%以上。由于梯田良好的拦蓄径流的作用，大大增加了土壤水分含量，在正常年份增产50%～100%是可以的。西部多山少水，建设水平梯田是节水的有效途径。第四，在干旱地区，推广膜上膜下灌溉、滴灌、渗灌、注射灌溉和低压管道输水技术，以及打窑蓄水可使在雨季梯田外围山坡上、沟渠中多余的地表径流被蓄集起来，用于缺水时灌溉，使旱农摆脱干旱的制约。

3）减少水资源污染。水资源的污染等于降低了水的质量和减少了水的使用量，也就等于浪费了水资源。因此，可治理大中城市污水的排放，对污染型的工业企业要采取关闭等措施，对农药、化肥、地膜引起的农业污染，可采取无害或低害的生物农药来减少污染。

4）建立节水服务体系，强化水资源管理，实行产权改造，要充分发挥水价对水资源合理配置的重要促进作用。

5）积极研究跨区域、跨流域的调水是解决水资源紧缺的关键性工程。南水北调工程是通过调集大西南丰富的水资源，以供给整个中国北方地区的宏大工程。西北虽然是大江大河的发源地，但水资源利用难度大，加上干旱少雨，农业生产和人民生活用水非常困难，是全国最缺水的地区，缺水也造成生态环境的极度恶化。南水北调工程经过多年的考察论证，其中“大西线调水”工程已得到各方的认同，现在看，不论是先调1000亿立方米的水供给西北和注入黄河，或者是调2000亿立方米的水供西北和华北，对西北地区或长江黄河受益都是巨大的。西北地区有这些水的补给，生态建设、工农业生产和人民生活都将得到水资源的支持和保障，黄河注入一定水量后，将可在中上游建立多个梯级发电和提水工程，黄河断流也将结束，对长江来说，其防洪意义重大。因此，实施南水北调工程，对落实西部大开发政策，治理西北地区生态环境以及治穷致富，将起到决定性的作用。这项工程的实施不仅可以解决西北地区的缺水问题，而且可以解决黄河长江中上游地区的问题，是一个造福子孙后代的德政工程。

（4）根治沙害，改善沙区生态条件。

西部生态环境恶化的直接后果，除了带给大半个中国一次又一次的沙尘暴灾害外，更重要的是西部地区人们的生存环境越来越差。要改善西部生态环境，首先要停止破坏，特别是开发性破坏，然后才能恢复和建设。目前，生态环境的诸多方面问题是由于沙漠及沙漠化引起的。我国的塔克拉玛干、古尔班通古特、巴丹吉林、腾格里、毛乌素等大沙漠几乎全部处于西部，广大的沙漠为西部地区本来就严酷的生态环境又抹上了令人苦涩的一笔。沙漠地区降雨稀少，气候干旱，温差大，风沙危害严重，治理难度极大。经过几十年的艰苦探索，我国治沙技术已经走在世界前列，陕西榆林、甘肃武威、张掖、宁夏沙坡头的治沙经验令世界瞩目。多年的实践证明，治理沙漠要通过开发来实施，要实行人进沙退的治理手段。因此，要引水治沙，大规模营造防风固沙林，把沙漠蔓延的势头遏制住。还要采取点面结合封育改良自然草场，建设人工草场。

（5）因地制宜，从实际出发。

西部生态脆弱的突出表现是自然植被少，森林覆盖率低，草地退化。要改善生态环境，就要以退耕还林还草工程、天然林保护工程和绿化荒山荒地工程为突破口，恢复和增加林草植被。荒山植什么树？退耕地是栽树还是种草？对待这些问题要严格遵循当地的自然条件，宜林则林，宜草则草，宜植什么品种的树和草，就选什么树苗草籽，青海能种的树，到宁夏就不一定能种，因为两地的气候条件不同。同在一个省区，由于土壤、降水等不同，植被的生长发育就不同，即使在同一座山头，由于不同的地貌、不同的部位、不同的坡向，生长条件也有很大差异。因此，要按照自然规律、科学规律和经济规律办事，使得生态林、用材林、经济林、薪炭林得到合理搭配，做到乔木、灌木、草植的有机结合。树苗草籽首选适应当地气候、土壤条件的品种，不要不经试验，简单地把红壤地区的树苗草籽栽种到不适应的黄土地上。要吸取过去搞一刀切的教训，坚持科学的态度，从实际出发，尊重群众的意愿和首创精神，确保栽一棵活一棵、种一块绿一片的实际效果。

（6）面向市场，把种草种树与治穷致富结合起来。

从宏观上说，西部环境恶化地区正是比较贫困的地区，因此改善环境要和群众的收益结合起来，生态治理的立足点和出发点必须着眼于以生态经济带动生态建设，必须用好利益杠杆，找准各种利益的平衡点，与农民的脱贫致富和区域经济的发展结合起来。生态治理要和发展相结合，要在发展中退耕，在退耕中发展，发展是退耕的保障，必须相信群众依靠群众，充分发挥群众在退耕还林还草中的主导作用，大力发展非公有制林草业，鼓励社会各界在创造良好生态环境的同时，实现自身的经济效益。用利益法则来调动群众的积极性。就贫困地区而言，必须立足生态治理本身找效益，立足相关产业开发找效益。如果没有效益，温饱没有解决的农民饿着肚子不会很情愿地去承担生态义务，一个地区如果不发展，承担生态义务也难以持久。所以要把国家支持、一家一户种树种草和产业开发、企业介入几方面结合起来，运用新的机制和市场经济手段，吸引工商企业参与开展具有市场竞争力的草产业、林产业、沙产业、生态农业等产业及相关基础设施建设，使企业、农户形成一个利益链条，只有这样才能加快生态环境建设步伐。从微观角度讲，生态环境建设，要有市场经济的新观念、新思路。荒山植树不只是为绿而种，退耕还林还草也不是简单地把地里的庄稼改种成林草完事，而是要面向市场。林木的生长成材周期相当长，只种常青的松柏树，几十年内只有投入而没有经济收益，就难以持续和扩大发展。鼓励群众承包荒山、荒坡、荒沟、荒滩和退耕还林还草，要坚持生态效益、社会效益、经济效益相结合。在指导群众适量栽种常青树的同时，尽量选择适销对路的用材林和经济效益可观的经济林。要充分挖掘可利用资源，开展多种经营，增产增收。树种的栽培在不同的地域要有不同的选择，相同的地域也要根据气候和土壤的差异进行栽种。只有注重实效，才能真正达到绿化荒山和退耕还林还草的目的，才能使生态建设和生态保护持续、健康、有效地发展起来。

（7）统筹规划，精心组织，综合治理。

造林种草是改善西部地区生态环境的关键措施，退耕还林还草是生态建设的重点和突破口，但决不能孤立地搞。生态建设是一项涉及自然、经济、社会各个方面的系统工程，不单纯是种树种草，也不是林业、农牧业一两个部门的事，而要统筹规划，综合治理。要抓住中央资助的以粮代赈、退耕还林还草的大好机遇，切实抓好近、远期退耕还林还草规划的制订和落实。与此同时，也要注重运用工程措施和耕作措施。各省（自治区）要因地制宜地采用坡地梯田化、沟道川台化等措施，打坝淤地、修塘坝、修谷坊、建小型水库、沟头防护等工程方式，推行水土保持耕作法、垄沟间作、草田轮作、间作套种等耕作措施，通过生物措施、工程措施和耕作措施的有机结合，达到治理水土的最佳效益。生态环境综合治理必须要有组织保证，这就要求各级党政主要领导亲自抓，各省计委、财政、林业、农业、水利、粮食等部门各负其责，多种力量协调配合，形成合力。

（8）坚持以小流域为单元的综合治理。

小流域（面积一般为 30～50 平方千米）是水土流失的产源地，小流域治理是多年来一直进行的一项国土整治工程，实质上是一项以农田基本建设、治理水土流失、促使西部山区生态环境整体逆转的综合治理工程。现在提出这一问题，重要的是必须强调其综合性。其一，小流域治理一定要做到山、水、田、林、路、草、村综合治理，重点是农田水利基本建设，要注意沟坡兼治、水土兼治、村路兼治。其二，小流域治理一定要注意调整农业经济结构，通过退耕还林还草，把25°以上的坡耕地全部植树种草，坚持林草上山，粮食下川。大力发展草食畜牧养殖业和林果业，把西部山区水土流失严重的地区，尤其是把黄土高原水土流失严重的地区，建成全国重要的畜牧养殖业基地和林果业基地，使农村经济结构和农业产业结构发生重大的转变，实行战略性调整。其三，小流域治理要全面拉动所有小流域的治理工程，使之连片治理，连续治理，发挥合力效应。

（9）加强科技投入。

科技是提高生产力的先导和保证，同样也是生态建设的保证。因此，在西部生态环境治理过程中必须加强科技投入，要出台能激励科技人员参与西部生态建设的相关政策。要注意推广和应用有关方面的科技成果，要有目的地组织一批强有力的科技队伍，针对环境治理、生态建设中存在的问题开展科技攻关。生态建设能否成功，关键是看能否按自然规律、经济规律办事，也就是看能否真正依靠科技、尊重专家意见、尊重群众经验。把开发先进实用技术、提供有力的技术保障、推广典型经验、建设示范工程贯穿于生态建设全过程，做到科学规划方案到位、优良种苗到位、技术服务到位、农民科技培训到位，充分发挥科技专家在规划论证、实施监督、效果评估环节上的指导作用。

1.2　宁夏生态环境与可持续发展

1.2.1　生态环境：难以轻松的话题

生态环境是指人类生活和生产活动的各种自然（包括人工干预下形成的）物质和能量及其作用的总和。它即包括各自然环境要素的组合，也包括人类与自然要素之间的相互作用形成的各种生态系统的组合。生态环境一方面是人类生活和生产活动的物质基础；另一方面又要承受着人类活动产生的各种废弃物及各种作用的后果。人类的生存发展无时无处不依赖于周围的生态环境，同时又赋予后者以深刻的影响。当今世界，环境与发展的关系问题已日益引起普遍关注。宁夏作为我国生态环境复杂多样、矿产资源丰富的内陆省区，昔日地广人稀已被近日的地窄人稠所代替。以往我们认为“地广人稀”、“物产丰富”的宁夏，在目前的人口压力下早已显得苍白无力，用“物产丰富”除以超量的人口得出的平均数，反映出来严峻的基本区情，决定了控制人口数量增长，努力缩小经济发展平均数的分母。这是目前，乃至未来很长时期内的重大课题。

随着宁夏人口的持续增长，现代化进程不断加速，生存与发展的压力将集中指向基础脆弱的生态环境。而今的地球满目疮痍，生态危机已是人类共同面临的最大灾难。如“温室效应”、臭氧层“空洞”、“空中杀手”的酸雨污染……然而，原本生态环境自我调节能力就很脆弱的宁夏更难逃厄运，这些已使人类的生产生活乃至生存受到了严重威胁，使我们不得不正视日趋严峻的环境问题并寻求对策。

1.2.2 宁夏区情：不可回避的严酷现实

（1）地理位置决定了生态环境的复杂性。

宁夏位于我国中部偏北，104°17′E—107°39′E，35°14′N—39°23′N。处在东部季风区和西北干旱区、黄土高原和鄂尔多斯高原的交汇过渡地带。自南向北为温带半湿润区森林草原、半干旱区干草原、干旱区荒漠草原和草原化荒漠。宁夏土地面积虽只有6.64万平方千米，但因处于温带内陆过渡地带的特殊地理位置以及区内水平地带性、垂直地带性、非地带性自然因素的错综交织，形成复杂多样的自然环境，构成森林、草原、荒漠等各种生态类型。在干旱、半干旱气候控制下，以荒漠草原和干草原为主要生态类型。由于宁夏地貌类型多，地形起伏大，生态环境颇为严酷。自然地理环境的复杂性和严酷性导致自然资源的多样性和分布的不均衡性以及主要资源量少质差的特点。

（2）自然地理特征决定了生态环境的脆弱性。

自然资源存在于自然地理环境中，即是自然地理环境的重要组成部分，又是自然地理环境长期孕育的产物，其形成取决于自然地理环境及其各种要素间的相互作用。地理上，宁夏位于北半球中纬度地带内陆地区，地处黄土高原和鄂尔多斯高原的水蚀、风蚀活跃地带，地跨腾格里沙漠与毛乌素沙地。干旱多风、水资源贫乏、植被稀少、土壤侵蚀严重等特点，决定了抗御自然灾害和人为破坏的能力薄弱，这就不可避免地存在着易于失衡、先天脆弱的自然地理特征。

1）地貌结构。宁夏位于全国地势第一阶梯向第二阶梯转折过渡地带，地势南高北低，呈阶梯状下降。宁夏土地资源构成中，丘陵、平原、台地、山地、沙漠分别占38%、26.8%、17.6%、15.8%、1.8%[110]；从土地适应性看，宜农、宜牧、宜林及湖泊、盐湖水面和河心滩等类土地分别占28.55%、35.72%、23.71%及1.64%，还有难以利用的土地占4.03%，其他用地占6.35%，由此可看出，宁夏面积虽小，但土地资源的构成却相当复杂。宁夏中北部地区，地势平坦，但沙丘、沙地广布，物理风化、风力、洪流作用盛行。占自治区土地总面积58.8%的宁夏南部黄土丘陵区，水蚀强烈、沟壑纵横、地形支离破碎，极易形成水土流失。

2）气候条件。宁夏属于中温带至暖温带的半湿润—半干旱—干旱气候，气温的年较差和日较差都很大。北部干旱少雨，南部地高天寒，日照时数由南向北递增，降水量由南向北递减。由于深居内陆，与同纬度地区相比，宁夏气候在总体方面具有太阳辐射强、日照时间长、气温偏低、降水少、蒸发大、光热降水时空变率大，资源匹配很不协调的特点。宁夏有“三年两头旱，五年一中旱，十年一大旱”之说，同时，干旱还有连续发生或持续时间长的特点，年内，春夏连旱，夏秋连旱，春夏秋连旱常有发生；年际，连旱年发生的频率为 2 年连旱 7 年一遇，3 年连旱 12 年一遇，4 年连旱 20 年一遇，5 年连旱 30 年一遇，连旱年最长持续 12 年①。

3）地质基础。我国地处地中海—喜马拉雅地震带与环太平洋地震带的交汇处，而宁夏地处我国南北地震带北段，地震活动强烈，频率和强度都很大。同时，滑坡、泥石流较为频繁，威胁生产和自然生物种群的生存。

4）森林资源。宁夏是全国森林资源最贫乏的省区之一，森林资源具有资源量少、覆盖率低、分布不均、结构不合理、低产林面积大、林业用地利用率低等特点。目前，宁夏森林覆盖率只有 2.28%，不及全国平均数的 1/5（全国森林覆盖率为 12.98%），居全国32 个省、市、自治区的第29 位。天然林大部分是残次生林，因山高坡陡，交通不便，无法进行人工抚育和更新，森林生长缓慢，生产率低。宁夏草原植被面积占自然植被面积的 79.5%，是宁夏自然植被的主体，荒漠草原和干草原面积共占草原面积的 97.8%，是宁夏草原植被的主体，由此可看出，宁夏草原的旱生性突出，以草原为主的天然草场，97% 已不同程度发生退化，90% 以上质量不高，产量低下的三、四等和六、七、八级草场，平均约 0.9 公顷草场养一只羊单位。宁夏草场大面积分布在干旱、半干旱地带，地表水、地下水资源较为贫乏，而且水质较差，时空变率大，牧草生长期内经常受到干旱的威胁，成为宁夏天然草场开发、利用的主要限制因素。

5）水资源。宁夏水资源不仅量少，而且质差，加之时空分布不均，很大程度上限制着经济的发展。当地地表径流大致与降水地区分布相一致，南部多于北部，山地多于平原，六盘山地区年径流深 100 ~ 300 毫米，银川平原只有 2 毫米，两地相差 50 ~ 150 倍。北部平原虽然当地地表水资源很少，但有引用黄河过境水之利。因此，除银川平原、卫宁平原和六盘山地区之外，境内其余广大地区水资源极其贫乏。地表径流在时间分配上，年内与年际变化十分明显。年内，70% ~ 80% 的径流集中在汛期 6 ~ 9 月；年际间，年径流量最大值一般为最小值的 4 倍。在宁夏的枯水期，许多小河断流，枯水年份往往持续时间长，造成连年干旱。

① 卢德明. 宁夏水利新志 [M]. 宁夏：宁夏人民出版社，2004.

地下水受补给和储存条件的制约，分布也极不均衡，84.8%的资源总量和94.8%的可开采量集中分布在面积不到宁夏总面积1/4的银川平原、卫宁平原及贺兰山区，而面积占自治区总面积3/4以上的广大中部和南部地区，仅占有15.2%的资源总量和5.2%的开采资源量。

宁夏特殊的自然地理条件，决定了生态环境相当脆弱，原本自我调节能力较强的森林、草原生态系统，由于长期以来的人为干扰不断累积，在整个区域生态系统中的比重日趋缩小，次生性显著，自我修复能力下降，由于大气、水、土壤的自然净化功能差，特别是近几十年来，随着经济社会的发展，稀疏的植被对工业废气、降尘的净化作用小。长期以来，由于人口失控和延用历史上掠夺式的土地利用方式，该区土地利用结构不合理，生产方式粗放，靠天养畜导致滥垦、过牧、滥伐、乱樵、植被锐减、水土流失、草原退化进程持续发展。一些地区无节制的开发，导致自然灾害频繁发生，先天脆弱的自然条件和不合理的人为活动叠加起来，每年都会给国家和人民造成巨大损失。

（3）与日俱增的人口压力与生态恶化。

长期以来，先天脆弱的生态环境承受着与日俱增的人口压力。新中国成立以来特别是党的十一届三中全会以来，宁夏虽然在改善生态环境方面付出了巨大的努力并已取得可喜的成效，但还难以从整体上根本扭转生态环境的恶化趋向。宁夏人口与生物圈的生存比值较低，人口增长过快，人口素质与经济发展要求不相适应，是造成生态恶化的主要原因之一。据统计资料表明，到1996年底，全区总人口为521万人，人口密度已达每平方千米100.6人，首次突破100人。在西北五省区中除陕西省外，位居第二位，分别是甘肃、新疆、青海人口密度的1.86倍、10倍和14.8倍。令人忧虑的是，宁夏南山区人口密度已达到每平方千米76人，是联合国沙漠化会议确定的干旱、半干旱地区临界值7~20人的数倍。其中固原地区人口密度为110人，超过全区平均水平。而西吉、泾源、隆德三县已分别高达138人、141人和211人，人口已严重超载[40]。由于人口增长率超过粮食增长速度，人均占有粮食由20世纪50年代的324千克下降至60年代的295千克、70年代的214千克、80年代的180千克、90年代仍在下降[81]。在粗放生产方式未得到改造的情况下，人口与粮食、能源矛盾尖锐，对环境产生极大压力。在这种情况下，必然导致人们对自然资源进行掠夺式开发，造成生态环境日益恶化，农业生产条件难以改善，最终影响到扶贫攻坚计划的实现。土地资源是个常数，人口数量是个变数。新中国成立以来，宁夏平均每年增加人口86122人，在人口增加的同时，农业、城市、公交用地也在相应增加，而耕地却在逐年减少，再加上自然资源的浪费、破坏和各种环境污染，这些难以逆转的恶性循环正在不断加剧。

宁夏生态脆弱地区，几乎普遍存在着三个难以逆转的恶性循环：①越穷越垦，越垦越穷。“民以食为天”，生态脆弱地区因为穷，而无力搞内涵扩大再生产的情况下，只好“多掏一个坡坡，多吃一个窝窝”，走外延拓地扩大再生产的道路。于是将临界宜农或不宜农的样地、草地、陡坡地辟为农田。水土流失加剧以及长期超负荷运转，资源环境支持系统逐渐失去支撑能力。人类为了满足日益增长的人口对粮食不断增大的需求，又不得不开始新一轮垦荒浪潮。②越穷越生，越生越穷。生态脆弱地区的农民，由于贫困，生产力低下，其生产方式主要是以传统的手工操作为主，扩大再生产的主要途径是依靠投入更多的活劳动力数量。因而，一味地把“人丁兴旺”、“多子多福”当作追求的主要目标，再加上其他社会因素，从而形成不科学的生育机制。③越穷积累越少，积累越少越穷。积累是扩大再生产的源泉，积累在过去和现在都是一切社会的、政治的和智力的继续发展的基础。在宁夏，凡生态脆弱地区温饱问题均尚未解决，不但积累甚微，有时甚至出现了负积累。加上生产门路窄，地方税源少，因而失去经济再生产的基础。

1.2.3　资源破坏：昭示人们的黄牌警告

（1）土地生产力的衰减。

土地环境退化是指自然与社会的各种活动对土地所造成的数量减少和质量下降，是对土地环境的损害与破坏。主要有以下几个方面：①随着农民收入水平的不断提高和农村家庭规模的不断趋小化，导致居民周围良田大量侵占，宅基占地在广大农村逐年扩大；为改善当地经济环境进行基本建设，而形成大量耕地非农化；垃圾不能及时有效处理而侵占大量农田，使宁夏耕地也在悄然减少。②土壤肥力是衡量土地质量的重要指标，由于长期重用轻养而导致土地肥力水平的不断下降，使之成为土地环境恶化的重要因素。宁夏水土流失区主要分布在南部的黄土丘陵一带，面积27585平方千米，占国土总面积的41.5%；黄土丘陵区，年侵蚀模数每平方千米0.5万~1万吨的严重流失区8234平方千米，占12.4%；土地沙化面积14857平方千米，占22.4%；土壤盐渍化面积1529平方千米，占2.3%[112]。此外，境内大部分土壤自然肥力不高，有机质含量低，氮、磷含量不足，某些微量元素较为贫乏。③由于人类活动和自然环境的变化，尤其是工业生产上大量排放“三废”和农业生产上大量使用化肥、农药、地膜，造成土地生态环境的严重污染。首先来自“三废”的污染。宁夏工业属于全国中下水平，但大气污染在一些工业区相当严重。1955年工业废气排放量（不含乡镇企业）1085.37亿标立方米，石嘴山、银川属煤烟型污染，主要来自煤炭、油料燃料，工业废气排放和交通污染。除燃煤污染、工业废气大部分未经处理就直接排放和工业布局不合理等因素外，与宁夏气候干燥、植被稀少、扬尘量有直接关系。1995年全区共生产工业固体废弃物（不含乡镇企业）396.98万吨，综合利用量132.47万吨，综合利用率仅33.4%，两年累计工业固体废弃物堆存量2777万吨，占地面积749万平方米，大多堆存与城郊的露天，对大气、水和土壤等均造成污染[53]。由于宁夏环境容纳量小，自净能力差，有些地区几乎没有可供利用的污染负载能力，随着乡镇企业（工业）的迅速发展，环境污染的负荷正在加重。其次，由于土壤营养元素流失而使农业产量基本上靠化肥维持，导致土壤结构和理化性状变坏，因而在施等量化肥的情况下，已不能获得与过去等同的增产效益。近年推广的地膜对农业增产起到了巨大的积极作用，但这种高分子化合物埋在地里需百年才能分解，若不及时清除，再加上流入农田的泡沫塑料盒、碗膜、塑料袋等其他塑料用品，如果每公顷增至 60 千克，就可使玉米减产 11% ~ 12%，小麦减产 9% ~16%，蔬菜减产 14.5% ~59.2%[51]……宁夏目前存在的这种“白色污染”已由点（居民点）到线（公路线和铁路线）到面（大面积良田）地延伸至全区城乡各地，既不卫生，又严重影响了农作物的生长。

（2）水资源浪费和污染。

水是人类赖以生存的基础。宁夏不少地区缺水严重，许多地方耕地没有灌溉设施，南部山区人畜饮用水也相当困难。但在十分缺水的同时，工农业用水又存在水资源浪费大，有效利用率低等特点。宁夏引用水渠道渗漏严重，平均利用系数仅有 45% 左右。农田灌溉地块大，漫灌、串灌仍很普遍，灌入田间水量远远超过需水量。目前，全国农田灌溉面积每亩年平均用水量为 526 立方米，而宁夏的引黄灌区大水漫灌年亩均用水量高达 1500 ~2500 立方米[26]。不仅浪费了水资源，而且提高了地下水位，还导致土壤盐碱化。按粮食产量计算，1991 年粮食耗水量每千克 2.5 立方米，是全国平均值的 2 倍多。工业用水重复利用率低，万元产值耗水量是全国平均值的 1.2 倍。

与浪费水并存的现象是人为的水污染。宁夏平原引黄灌区是工矿企业和主要城镇所在地，随着工业发展、城镇建设，工业废水、生活污水排放量日益增多，1995 年工业废水、城市生活污水排放总量（不含乡镇企业）达到 13366 万吨，平均每天 36.6 万吨[54]，对地下水和黄河水资源污染日趋严重。农田施用农药、化肥的排水对环境也造成一定污染，主要集中在以银川、石嘴山为中心的灌区各市县。

1.2.4 持续发展：二十一世纪的重要命题

在 20 世纪的最后 20 多年里，以联合国环境与发展、人口与发展、社会发展的几次会议和通过的文件为契机，正式将可持续发展作为世纪转换之际最重要的命题提到世人面前。1972 年世界环境大会选择了“可持续发展”的提法，目前，生态环境问题是当今人类面临的全球性问题，如何使经济增长的方式由粗放型向集约型转变，如何合理开发自然资源，保护生态环境，走可持续发展之路，宁夏应从本区实际出发寻求途径。

（1）重视人口教育，提高人口素质。

1）重视持续发展伦理、道德教育与宣传，促进形成良好的社会道德风尚，逐步将环境保护、改善生态、合理利用资源等纳入城乡居民教育内容之中，以此提高民众的人口意识、资源意识、环境意识、增长意识等持续发展意识。

2）要重视对各级干部的培养提高和继续教育，各级干部是可持续发展的“牵头人”。任何事物都首先发端于各级干部的决策思想、决策方向和行事准则。干部素质的高低，直接影响经济社会的可持续发展。

3）重视农村文化教育事业，提高农民文化素质。宁夏农业人口多，农民素质的高低直接影响生态环境的可持续发展。因此，提高农民素质是宁夏农村特别是南部山区治穷致富和走向持续发展的一条根本途径。

（2）解决贫困人口问题。

宁夏贫困人口主要分布在环境质量差的西海固地区，他们既是环境破坏的受害者，也是创造者。贫困、人口增长和环境破坏之间形成了相互强化的关系，所以，消除贫困就能减轻环境破坏的压力。

（3）健全环境保护法，加强全民环境教育。

目前，我国已有 20 多个环境保护法，但执法不严，违法不究的现象严重。所以，必须使全民族认清环境危机的表现和危害，大力宣传有关环境科学和环境保护的基本知识，积极指导公众主动参与环境工作，从自己做起，遏制污染及破坏环境的行为，使保护环境成为人们的自觉行动。

（4）建立基于市场经济上的环境保护政策。

环境恶化是人们的活动违背了科学所引起的。今后应继续加强贯彻预防环境恶化为主，防治结合，谁污染谁治理，坚持“污染者付费和使用者付费”原则，根据污染者所造成的破坏程度，强制实行征税制度，对资源开发和使用者征收资源税。把环境保护与经济社会发展结合起来，使之相互促进。

（5）推广和应用先进技术和工艺，控制污染物的排放。

如采用煤的清洁燃料技术和回收有色金属冶炼厂废气中 SO_2，制成工业用硫酸等，真正做到对待“三废”以防为主。其次，要综合利用，实现化害为利，变废为宝。再者，要做无害处理。重点要治理好工业城市的环境污染。

（6）提高土地生产率，保护生物多样化。

土地利用结构不合理是导致宁夏中南部地区生态失调的直接原因。今后应加强土地资源的规划管理，逐步调整农林牧用地结构和作物布局，把控制水土流失、土地沙化与改善农业生产条件，解决燃料、饲料、肥料、木料俱缺、发展牧业和多种经营密切结合起来，在不同类型地区分期分批建设生态农业村（场）试点，逐步推广，提高农业集约化水平和土地生产率。通过法律手段，严格保护草原、森林等生物资源，大力推进人工种草造林。在荒漠地带，植被建设要把种草放在首要位置，以草保土，以草养牧，以草养林。保护生态农业类型，保护有益物种和害虫的天敌，保护农作物、牲畜的野生亲缘品种和种质资源。

（7）加强水资源管理，开源与节流并重。

水资源不足是宁夏生态环境脆弱的根本因素，要加强水资源的统一规划管理和综合开发利用。北部要加强灌排管理，防治水源污染。南部山区要开展蓄水保水为主要内容的农田基本建设和水利水保工程建设。开源节流，有效保护和合理开发利用水资源，是宁夏环境保护治理中的关键问题，要最大限度地利用地表水，合理开采地下水，尽最大努力拦住天上水。建设节水产业和节水社会，推行节水技术，如推广喷灌、滴灌、渗灌和小畦灌溉等新技术，努力提高水资源的利用效益。

结束语：新中国成立以来，特别是改革开放以来，宁夏经济和社会发展都有长足的进步，但由于近几十年来人口增长过快，土地利用结构和利用方式不够合理，经济社会和科技发展低于全国水平，经济增长以粗放性的外延扩张为主，因而成为全国水土流失、土地沙化严重的地区之一。面对日趋严峻的生态环境，我们要更清醒地认识到环境对人类发展具有推动和约束的双重作用，认识到“今天的人类不应以牺牲今后的几代人的幸福而满足其需要”，从而尽快建立资源节约型的国民经济体系，切实转变经济增长方式，从粗放型经营向集约型经营转变，合理利用和保护资源，治理环境问题，维持生态平衡和经济社会的可持续发展。

1.3 宁夏白色污染及其治理

环境保护问题既有自然因素，又有人为因素。由人为因素造成的环境保护问题是多方面的，其中白色污染在宁夏已由点（城市、村镇居民点）到线（公路线、铁路线、河岸线）到面（大面积良田、草原、水面）地延伸至全区城乡各地，造成了极大的危害。

1.3.1 白色污染产生的根源

白色污染主要指塑料袋、塑料瓶、塑料包装、塑料餐具、地膜等塑料制品等。目前，尤其以塑料袋的污染最为普遍，对人类环境的威胁最大。由于塑料袋具有强度高、稳定性好，防水防腐和价格低廉等特点而受到广大消费者的青睐，得到广泛的使用，多数人也安然享用一次性用品带来的方便、卫生、快捷。长城商市是银川城区最小的一家菜市场，在这里一个菜贩一天要用去 100 个塑料袋，其 49 个摊位一天用去的塑料袋总数大约是 4900 个。其肉摊、副食品摊位一天按 50 个计算，用去的塑料袋大约有 2150 个。这家银川市最小的菜市场，一天平均消耗的塑料袋是 7000 个左右。银川市富宁街的双宝超市仅仅只是一个中型超市，一天就能用去大号塑料袋三四卷（1 卷 100

个)，中、小号塑料袋一天用量在 10 卷左右①。粗略估算，双宝超市每天消耗的塑料袋有 2300 个左右。据银川市某居民大院一位专门接送垃圾的工作人员估计，每天每家至少要扔掉 5 ~ 10 个塑料袋，而银川市共有 264600 多个家庭，一天要扔掉 132.3 万 ~ 264.6 万个塑料袋。在宁夏城乡各地，塑料袋都是经营者免费送给消费者，使用后因其不再具有利用价值被扔掉，因此人们在使用过程中十分随意，浪费现象大量存在，同时也大大增加了塑料袋的使用数量。

1.3.2　白色污染的危害

（1）造成环境污染，影响人们生活。

各种塑料制品在给人们的生活带来极大方便的同时，塑料垃圾的处理又给人们带来了很大的烦恼。这些废弃塑料袋大量堆积，分解时间约百年，不仅污染土壤，而且给蚊蝇、鼠类提供了繁殖场所，使人类面临新的“白色恐怖”。随着公路、铁路事业的迅速发展，公路、铁路客运量的增加，长途客车及列车上使用的塑料饮具、泡沫塑料盒、塑料食品袋等，也是以惊人的速度增长。据统计，截至 1999 年底，宁夏公路里程已发展到 10015 千米，65% 的乡（镇）通了沥青路，78.5% 的行政村通了公路，基本上实现了村村通公路的目标。村村通公路极大地方便了广大群众，但随之而来的白色污染也在广大农村无孔不入。在全区每天营运的 73848 辆车辆中，仅 33628 辆客运车以每车载 20 人计算，每人每天扔掉一个塑料袋，一天就要扔掉 67.26 万个，加上 40220 辆普通载货车辆（每人每天扔掉 1 个计算）上人员的丢弃，全区每天扔掉的塑料袋（盒、瓶等）可达 71.28 万个。当年，宁夏铁路通车里程 780 千米，日客运量平均达 7400 人[58]，每日扔抛的餐盒也达 1.5 万余个。在客车、列车驶过的地方，塑料袋四处飘动，形成了白色污染带。既影响了公路、铁路环境，又直接影响其沿线的农业及居民生活。

（2）导致作物生产效率低下，影响植物生长。

在农村，除了大量盛行的塑料袋造成的污染外，残留在田地里的废膜又成为农民的心头之患。铺地膜是山区发展节水灌溉增产增收的措施之一，山区推广使用地膜覆盖技术十多年，每年以 10 万亩的速度递增，给干旱土地上的农民带来了上百万元的经济收入。然而图省事的农民只覆盖不清理，次年直接破膜起垅，使废膜碎片几乎全部埋入土中。仅以宁南山区为例，宁南山区现有耕地 1417 万亩，每亩使用 3 千克，每年就有 4251 万千克聚乙烯埋在地里。在山区八县 391476 户农户中，每户每天扔掉 2 个食品袋，一年就扔掉 28577 万只，它们通过流水、风沙等外力作用最终又被埋在地里。

① 作者对银川市菜市场及超市的调研数据。

残留在土中的废膜需百年才能逐渐分解破碎，阻碍水分的输送和植物根系的伸长，不利于作物的出苗生长。另外，残留在土中的废膜碎片在耕作中挂犁杖，影响生产效率，牲畜误食废膜，不但影响使役，甚至导致生病死亡。

（3）造成视角污染，影响市容市貌。

在城市，人们还在积极、自觉地制造着白色垃圾：买一次菜大约需要5～6个塑料袋，去超市购物需要4～5个塑料袋，一个家庭每天废弃的塑料袋平均在10个左右。银川市菜市场的大小商铺，对塑料袋都有成捆的批发，大约购100个塑料袋的费用是2元，小商小贩正是利用了这一廉价的物品，才肆意使用。仅以银川市为例，自20世纪90年代初基本普及垃圾袋装化后，多数人也安然享用一次性用品带来的方便、卫生、快捷，但为此付出的代价也实实在在地摆在了我们眼前：每年春冬季节狂风过后，白色垃圾如天女散花般到处飞舞，树梢上、电线杆上，甚至在20层楼上面也翩翩起舞，构成了银川市特有的“白色景观”，造成了视角污染，严重影响了市容市貌。

1.3.3 治理白色污染的对策措施

（1）制订相关法规，推动文明生活方式。

在国外，例如日本的《废弃物处理及清扫法律》规定以家庭垃圾为主的一般废弃物通常由市、镇、村处理；产业废弃物则由排放单位负责自行处理。美国20多个州，欧共体以及韩国、新加坡等也制定了废弃物的处理法规。1995年，杭州市颁布了《关于禁止使用泡沫塑料快餐盒的通知》以后，1996年国家又颁布了《固体废弃物污染环境保护法》。同年，铁道部正式下令在铁路沿线严禁聚乙烯餐具的使用。至今已有武汉、哈尔滨、福州、广州等地禁止使用塑料快餐具，这在一定范围、一定程度上减轻了白色污染的危害。21世纪初，北京等一些大城市开始实行垃圾分类分袋装，有力地推动了人们文明生活方式的普及。宁夏应尽快制订相关法规，严禁乘客和乘务员乱扔乱抛，把食后的餐盒放在指定地点，并及时回收和再利用，以减少资源的浪费和对环境的污染。

（2）从生产环节上截住白色污染的源头。

废弃塑料袋是主要污染源，塑料袋之所以大量使用，在于其价廉物美。在市场经济条件下，需求带动了生产，这是白色污染的源头。因此要想截住白色污染的源头，最有效的办法是找到替代品。政府应鼓励发展生产可降解的环保型塑料袋，限制普通塑料袋的生产，先用价格高的环保型塑料袋替代普通塑料袋，再逐渐消灭塑料袋。政府也应制订相关条例，使大型超市、商场、菜市场不再免费为消费者提供塑料袋，迫使人们自备购物袋。目前已研制出一种含淀粉和可降解树脂的“绿色塑料”，埋在地里3个月到1年内会被降解，但因造价比塑料袋高而推广受阻。宁夏华西村降解塑料制品有限公司近日成功地研制出了生物降解塑料，经有关部门检测，产品性能处于国内领先水平。华西村降解塑料制品有限公司生产出的这种新型生物降解膜可同天津丹海公司产品媲美，该公司成为西北地区最大的降解塑料生产厂家。日本客商来宁夏实地考察后，与这家公司达成供货合同及今后合作协议。同年，华西村降解塑料制品有限公司 80% 的产品已销往陕西、内蒙古等地。此外，急需政府立法制定法规禁止使用塑料袋，让消费者自己出钱买“绿色塑料”。如消费者不愿购买就自带布袋，这样，白色污染才会减少。另外，商场、菜市场每天用于包装的大量塑料袋，全都被居民当作垃圾扔掉或装垃圾弃去，致使塑料袋与垃圾混在一起，很难将其分开。如果政府能将回收塑料的价格调至和废纸、废金属一样，那么，废塑料的回收就会对污染的治理起到很大作用。尽量控制生产和使用一次性塑料泡沫餐盒，以减少污染来源。上海市目前正在制订严禁生产和使用泡沫餐盒的一系列法规。

（3）提高使用成本，寻求替代产品。

在这方面，德国人的做法值得我们借鉴；在德国，买蔬菜、水果、副食等很多日用品都需要去超级市场，凡去超级市场购物的人大多都不会忘记自带购物袋。因为如果不带购物袋，就需支付 0.5 马克购买店家为你提供的塑料购物袋，而 1 马克在超市可以买到 1.5 升牛奶、10 个鸡蛋。塑料袋这样不菲的价格迫使人们不得不自带购物袋。政府应制订相关条例，使大型超市、商场、菜市场都不要免费为消费者提供塑料袋，否则就要付费，而且为购买塑料袋所付的费用足以让人放弃这种不必要的行为，逼迫人们自备购物袋。应当注意的是，普通的再生塑料袋是有毒的，长期使用这种有毒的塑料袋装食品必然会对人体健康造成危害。此外，餐盒应尽快更新换代，采用纸制餐盒或纯植物性可食餐盒，力求使污染源得到彻底根治。

（4）加强环境保护知识的宣传力度，提高人们对废膜污染危害的认识。

运用经济手段，调动人们回收废膜的积极性，在农村，应加大推广使用可降解地膜的力度，以此来减轻废膜对农业环境的污染。与此同时，还要进一步加强环境保护的法律建设，明确政府环境保护行政主管部门与工业、农业行政主管部门关于环境保护的职责。另外，重视农村发展和农村自然资源开发活动中的环境规划与管理，把农业生态平衡、农业可持续发展、农业环境条件三者有机结合起来。

1.4 宁夏封山育林与封山禁牧

新中国成立后，遵照党中央的精神，宁夏党政领导对封山育林极为重视，把封山育林作为加速绿化速度，培育森林资源的重要手段而列入工作计划，成效显著。

1.4.1 宁夏封山育林的两个阶段

（1）制止乱砍滥伐，恢复封山育林制度阶段（新中国成立初期至改革开放）。

1950 年，宁夏回族自治区人民政府颁布《贺兰山、罗山天然林保育暂行办法》，规定：贺兰山东坡、罗山全山划为封山育林区，非经林管所核准，人、畜一律不准入山，禁止一切砍伐、放牧、开垦等危害森林的行为。1953 年 9 月，国务院提出“封山育林是使荒山自然成林和保持水土最有效的办法”；1954—1955 年又提出巩固成果，改进封山育林工作。1954 年 6 月 10 日，宁夏回族自治区人民政府指示，从国家建设和农业生产的长远利益着眼，应继续封山育林，不应开放封山育林区。

1954 年，宁夏省人民政府通过《盐池县封沙育草护林暂行办法》。1956 年 5 月，贺兰山林区由甘肃省林业局林野调查队进行森林资源清查，要求：林区经营管理目的不是获得木材，应是造成有利于育林的条件；森林稀疏密度很小，不能进行采伐；三关口到汝箕沟以南应大力造林，汝箕沟以北加强封山育林，适当解决牧草问题。

20 世纪 50 年代，自治区对贺兰山、六盘山、罗山三个天然林区进行封育，面积达 31.34 万公顷。60—70 年代，由于种种原因制约，宁夏封山育林工作曾几度被停止，林地面积急剧减少，到 1980 年，天然次生林仅有 5.2 万公顷。

1974 年 10 月 7 日，中共宁夏回族自治区农林局核心小组向自治区党委报告全自治区三个天然林区被破坏的情况：三个林区都有不同程度的破坏，其中六盘山林区较为严重。毁林形式主要是偷砍盗伐，毁林开荒，进山乱牧，以支农、搞副业为名进行乱砍滥伐等。应加强党的领导，兑现护林政策；制止非林业单位插手木材的采伐、收购、运销、恢复封山育林制度。

1980 年 7 月 7 日，自治区林业局《关于加强三个天然林区森林保护坚决制止毁林的报告》称：六盘山林区 1964 年前有林面积 3.33 多万公顷，到 1975 年下降到 2.8 万公顷；罗山林区 50 年代管辖面积 1.2 万公顷，现只剩 0.72 万公顷；贺兰山林区北部畜群进入 15 千米多，林区面积减少 1.2 万余公顷。报告建议采取有力措施，严加制止乱砍滥伐。进山的羊畜、林区的“吊庄”要限期撤出，退耕还林，恢复封山育林制度。

（2）全面封育阶段（改革开放以来）。

中共十一届三中全会以来，通过认真贯彻落实国家关于“保护森林，发展林业”的一系列方针政策，重视了封山育林工作。1981 年 10 月 13 日，自治区人民政府在贯彻执行中共中央、国务院《关于保护森林发展林业若干问题的决定》的有关规定中明确指出：山区和沙荒地区每户可划给 0.2 ~ 0.33 公顷宜林荒山荒地，不论采取哪种形式的责任制，都不得撤销、拆散、削弱社队办林场、专业队和苗圃。在三个天然林区内，所有“吊庄”、农场、牧场、药场一律限期撤出。停耕退牧还林，人工幼林、封山封沙育林育草区和天然毛条、柠条、花棒等种子基地，现有羊群、畜群一律撤出，林区木材市场一律关闭。

在上级部门的关怀和国家资金的扶持下，宁夏在总结过去封山育林经验的基础上，首先对恢复快、易见效的六盘山外围阴湿区，以县为单位进行了封育。随后又在荒漠半荒漠地带和毛乌素沙区及黄河滩对一些面积比较集中，便于管护，且具备封育条件的地区开展了此项工作，收到了明显效果。1978—1989年，封山（沙）育林面积7.95万公顷，其中封育基本成林面积6.4万公顷（内有乔木型606.6公顷，乔灌型1.57万公顷，灌木型4.22万公顷），尚未成林续封面积1.55万公顷。1984年，自治区林业厅制定《关于封山育林若干问题的试行规定》，对封山育林必须具备的基本条件、类型和方式的划分、成林标准等作了规定。1988年5月，国家林业部颁布了《封山育林管理暂行办法》，宁夏也遵照施行。

1990年6月，林业厅编制出《宁夏盐池高沙窝乡土地资源综合开发利用工程项目》计划，划管封育补播草场2000公顷。1991年5月，三北局发出《关于三北地区封山（沙）育林若干问题的通知》。1992年2月，自治区林业厅批准贺兰山自然保护区管理局《封山育林设计任务书》，计划从1992年起在核心区外缘新封山育林5.4万公顷，总投资121.95万元，到“八五”计划期末完成。1993年2月，国家计委批准自治区利用德国政府赠款项目《宁夏贺兰山东麓生态林业工程》，其中封山育林3万公顷。1995年10月，自治区林业厅向国家林业部提交了《宁夏三北防护林二期工程建设成果普查检查验收报告》，宁夏三北二期工程（1986—1995年）完成封山育林3.83万公顷。

1998年3月1日，全国开始实施国家标准封山（沙）育林技术规程。1998年10月按照国家林业局要求，编制了《宁夏1999—2010年封山育林规划》，计划用12年时间，将全自治区53.9万公顷宜封地全部封育起来。

截至1998年底，全自治区封山（沙）育林育草面积15.5万公顷，其中基本成林面积7.47万公顷[35]。通过封育，宁夏森林资源和物种资源扩大并得到了保护，植被恢复快，并起到了涵养水源的作用。全自治区绝大部分封育区基本上收到了制止风沙和水土流失的作用，部分地区已达到了小雨水不下山，大雨泥不出沟。通过封育，缓解了山区“四料”奇缺的矛盾，还为贫困地区农民开辟了副业门路，增加了经济收入。

1.4.2　宁夏封山禁牧状况

（1）生态环境现状。

新中国成立以来，国家在我国西部地区，特别是在西部的贫困地区——宁夏中部干旱地带及宁夏南部山区实施了一系列的生态建设工程与项目，尽管对当地的土地退化、沙漠化、草原建设、水土流失、植树造林产生了积极的影响，但在总体评价宁夏的生态环境状况时，还只是治理速度赶不上破坏速度，局部有所改善，全局继续恶化。21 世纪初，我国实施西部大开发以来，国家和自治区加大了对生态环境建设的投入，加大了对环境监督执法力度，遏制了生态环境恶化的趋势。但是严酷的自然地理环境及人口持续增长的压力，使宁夏的生态环境十分严峻，宁夏仍然是我国生态系统最脆弱的省区之一。

1）生态环境复杂。宁夏位于我国中部偏北，104°17′E—107°39′E，35°14′N—39°23′N。处在东部季风区和西北干旱区，黄土高原和鄂尔多斯高原的交汇过渡地带。自南向北为温带半湿润区森林草原、半干旱区干草原、干旱区荒漠草原和草原化荒漠。在干旱、半干旱气候控制下，以荒漠草原和干草原为主要生态类型。由于宁夏地貌类型多，地形起伏大，生态环境颇为严酷。自然地理环境的复杂性和严酷性导致自然资源的多样性和分布的不均衡性以及主要资源量少质差的特点。

2）植被破坏严重。宁夏是一个山地和丘陵较多的自治区，山地、丘陵、台地分别占全区总面积的 15. 79%、37. 99% 和 17. 61%，山地主要分布在宁南山区 8 县，是水土流失的主要地区，目前全区水土流失面积达 37086. 6 平方千米，占全区土地总面积的 71. 6%。台地沙化面积严重，沙化土地主要集中分布在中北部地区特别是陶乐、盐池、灵武、同心、中卫等县。20 世纪 90 年代以来，对已沙化的土地，本着“因地制宜、因害设防”的原则实行封沙育草造林，进行综合治理，防风固沙取得明显成效，土地沙化的趋势得到较好的控制，但局部地区仍在加剧。

3）草原的旱生性突出，生态环境脆弱。宁夏草原植被面积占自然植被面积的 79. 5%，是宁夏自然植被的主体，荒漠草原和干草原面积共占草原面积的 97. 8%，是宁夏草原植被的主体。由此可看出，宁夏草原的旱生性突出，以草原为主的天然草场，97% 已不同程度发生退化，90% 以上为质量不高，产量低下的三、四等和六、七、八级草场，由于产草量低，理论载畜只有 288. 5 万羊单位，养一只羊需要 13. 65 亩草场。宁夏草场分布在干旱、半干旱地带，地表水、地下水资源较为贫乏，而且水质差，时空变率大，牧草生长期内经常受到干旱的威胁，成为宁夏草场开发利用的主要限制因素。

（2）草原生态建设的历史回顾。

草原畜牧业是一个古老的产业。宁夏的草原畜牧业在 20 世纪 60 年代前还处在“逐水草而居”的原始游牧状态。新中国成立后，宁夏的草原工作被列入了政府工作计划，成立了专门的工作机构，宁夏的草原机构在以后的 30 年当中，经历了三次撤并又三次成立的艰难历程。

1951 年，盐池县成立了宁夏第一个草原行政管理机构——盐池县草原管理所。1959 年，在盐池、金积和同心三县成立了草原工作示范站，“文化大革命”期间，宁夏在盐池等各县（市）先后成立的草原机构全部撤销，草原工作处于瘫痪状态。党的十一届三中全会后的1979年，国家计委和科委联合下达了108个重点科研项目，其中农业自然资源的综合调查与区划是第一项。1980年自治区成立了“宁夏草场资源调查队”，从1980—1985年，对宁夏境内的草场进行了有史以来最详细的调查测算，调查结果表明：宁夏有天然草场4521万亩，占全区土地总面积的58.2%。据有关资料表明，宁夏现有天然草场3665万亩，占全区土地总面积的53.7%，从数据反映的情况可看出，改革开放以后宁夏在实施生态建设工程与项目时，治理速度还是赶不上破坏速度，由于草原管护责任不明、执法不严、投入不足，加之长期以来人为的滥垦乱挖，超载放牧、鼠虫危害等原因，致使草原面积锐减，载畜能力大大降低，草原退化。到目前为止，发生轻度退化的草原面积达1464万亩，占39.95%，重度退化面积1048万亩，占29.58%，产草量与50—60年代相比普遍下降了30%～60%，这不仅使草畜矛盾日益突出，草原生态系统严重失衡，还导致沙尘暴频繁发生。现在中部干旱带已成为国家重要的风沙源灾害区之一，每年春季，大风扬起的沙尘遮天蔽日，严重危害着人类赖以生存的绿色环境。据气象资料表明，从20世纪50—90年代，宁夏的降水量逐年减少，风沙线、干旱带向南推进了80～100千米，靠天吃饭的宁南山区的农业生产则陷入了“越垦越穷，越穷越垦”的恶性循环之中。

（3）封山禁牧工程实施情况。

为了加快草原生态建设，遏制草原退化和沙化的局面，2002年自治区第九次党代会上，从宁夏经济、社会、生态协调发展的高度出发，提出了抢抓机遇，加快生态建设步伐，提出先“绿起来”，后“富起来”的发展思路，在对宁夏草原生态环境进行了全面考察和充分调研的基础上，于2002年8月上旬在盐池召开了“全区生态建设工作会议”，出台了《关于加快中部干旱带生态建设与大力发展草畜产业的意见》（宁党发［2002］59号）作出了2003年5月1日全区草原全面禁育禁牧的决定，确立了“围、禁、退、种、移”的草原生态建设“五字”方针，并采取了一系列种草养畜的政策措施。全区各级干部和群众在自治区党委和政府的领导下，解放思想、齐心协力，扎实工作，到2003年6月底以前，全区全面完成草原承包到户的任务，使封山禁牧工作取得了阶段性成果。通过“五字”方针的实施和承包责任制的落实，从而营造了一个管、建、用相结合，责、权、利相统一的新机制，使宁夏草原生态建设有了一个良好的开端。

1）坚持“四到位”，确定时刻表，如期实现封山禁牧目标。“盐池会议”后，各市、县（区）相继召开了生态建设动员大会，建立组织机构，进行调查摸底，制订生态建设及草畜产业发展规划，并根据各地的实际，确定了封山禁牧的时刻表，全区各地把封山禁牧作为工作重点，总揽草畜产业发展，坚持认识到位、宣传到位、措施到位、领导到位的“四到位”原则，通过干群紧密配合，使草原封育禁牧工作得到了广大农牧民群众的理解和支持，草原保护取得了实质性的进展。尤其是2003年入夏以后，全区大部分地区降水较多，使封育后的天然草山草场植被有了较快的恢复，出现了多年来少有的绿草如茵的景观。如南部山区的泾源、隆德、彭阳、西吉和盐池县的全境及原州区、海原、同心、红寺堡的部分地区初步实现了绿起来的目标。2003年，全区新建成养羊小区500多个，新建羊舍16万栋，圈舍面积达到800万平方米；通过各种项目为各养羊小区配置了饲草料加工机械，开挖了羊只饮水井（窖），引进和调配了国内外良种肉羊，设立了人工授精改良点，促进了传统畜牧业向优质、集约、高效、生态的现代畜牧业转变。截至2003年5月1日，全区380万只依赖草原放牧的羊全部下了山，实现了舍饲圈养。9月底，460万亩天然草原实施了禁牧围栏和休牧围栏；新增退耕种草230万亩，使全区退耕种草留床面积达到483万亩[36]。宁夏封山禁牧的阶段性成效，得到了国务院西部开发办和国家农业部的充分肯定。

2）形成建、管、用和责、权、利相统一的草原牧业生产新机制，全面完成草原承包责任制工作。为使封山禁牧、恢复生态环境工作走上良性轨道，宁夏把落实承包经营责任制作为封山禁牧的前提条件，通过落实承包经营责任制把草原的建设和管护、利用和责任、产权和利益有机结合起来，自治区人民政府先后下发了《关于做好落实草原承包经营责任制工作的通知》和《关于落实草原承包经营责任制有关问题的通知》。各县（市、区）成立了领导机构，制定了《草原承包实施方案》和《草原地界纠纷解决处理办法》，通过调查摸底、丈量面积、签订合同等各个环节，把草原的使用权、经营权承包到户，各地认真贯彻“谁承包谁建设，谁管护谁受益，使用权和经营权可转让或继承，一定50年不变”的政策，加快了草原承包到户的步伐。截至2003年6月30日前，全区3240万亩天然草原承包到6万多农户中，占全区天然草原总面积的90%以上；自治区农牧厅统一印制了7万册《草原承包证》和16万册《退牧还草饲料粮证》，经过验收后全部发放到农户手中。

3）加大草原建设力度，全面实施“退牧还草工程”，切实解决退牧还草后的后续产业发展问题。随着西部大开发战略的实施，2003年国家对宁夏草原建设保护的投资规模超过了任何一年，为实施退牧还草工程中央补助资金就达5313万元，补助饲料粮1705万千克，自治区先后筹集资金6400万元，专门用于解决禁牧后农牧民群众的实际困难和后续产业的发展。为保证禁牧封育工作能够实现禁得住、不反弹、能致富的目标，2003年自治区人民政府多方筹集资金1800万元，启动了“南部山区草产业工程”，各地积极配合，使南部山区人工种草面积达到了195.6万亩，为历史上种草面积最多的一年。到年底，南部山区优质牧草累计留床面积达到455.3万亩，仅优质牧草年产干草近30亿千克。为配合国家退牧还草工程的实施，自治区人民政府计划每年将拿出1000万元，专门用于封山禁牧后群众的牲畜棚圈建设和饲草料加工设备的配置和补贴。自治区还把发展种草养畜作为山区的主导产业来抓，调整出3500万元，启动实施了

“10 万贫困农户养羊工程”。重点解决基础母羊的投放和滚动式发展，力争用 3 年时间，扶持 10 万贫困户户均实现饲养 2 只以上基础母羊，以确保禁牧封育后羊产业的发展。投资 1340 万元，实施奶牛肉羊良种工程，从美国、加拿大、澳大利亚、新西兰购进高产奶牛、肉用种羊和奶牛的胚胎、冻精、加快牲畜群体结构调整，大力发展奶牛、肉羊等后续产业的发展。2003 年下半年，自治区人民政府又启动了扶贫资金贷款养羊项目，项目启动后，将在 2004 年新增羊只 10 万只以上。到目前为止，宁夏累计已购置饲草加工机械 3 万多台（套），打井窖 1.7 万眼，解决了 380 万只羊的饲草和 290 万只羊的饮水问题。自治区农牧厅科技人员编印有关资料，组织讲师团赴各县进行巡回讲解培训。原州区对养殖示范村和一些养殖大户实行定人、定村、定点服务，下发《舍饲养殖手册》1.4 万册，举办培训班 160 次，培训农户 2.2 万人（次）。

4）加强草原管理和执法力度，是巩固封山禁牧成果的关键。为确保封山禁牧工作全面、健康、持续地向前推进，为使农牧民不走破坏生态环境的“回头路”，自治区在公安厅成立了草原公安派出所，重点市、县还成立了禁牧办公室和禁牧稽查队，设置了举报电话，实行昼夜巡查，加大了对封山禁牧工作和对毁草开荒、毁草挖药及违禁偷牧行为的稽查力度，将草原管理由行业管理提升到社会治安综合治理的高度，使草原工作由过去农牧部门独家管理，变成了司法和农牧部门齐抓共管，国家、集体、个人三者共同建设和管护的良好局面[37]。为巩固封山禁牧的成果，2003 年，自治区党委政府先后 4 次派出督察组，自治区党委、人大、政府、政协四套领导班子多次深入中部干旱带和南部山区调研封山禁牧情况，通过督察、调研，对发现的问题进行及时解决。各市、县（区）也都建立了严格的考核制度，切实加强目标责任管理，敢下硬手，敢追责任，确保了各项工作的顺利开展。

1.4.3　基本评价

新中国成立以来，宁夏实施封山育林，尤其是改革开放以来实行封山禁牧后，畜牧业生产经营方式发生了根本性转变，即由传统的放牧转变为舍饲养殖，这不仅是人们思想观念的一场革命，也是宁夏畜牧业生产方式和经营方式的历史性变革。封山禁牧工作包括的范围大，涉牵因素和制约因素多，尽管宁夏禁牧工作取得了很大成效，但在实际操作过程中也遇到了很多亟待解决的问题：一是部分农牧民群众认识不足，心存侥幸，偷牧现象时有发生；二是个别县市上（区）的领导责任落实不到位，使封山禁牧工作出现反弹；三是南部山区基础设施条件差，部分农牧民群众经济困难，有羊缺圈和有圈少羊、有羊无草和有草无羊的问题同时并存。

封山禁牧是恢复草原植被最直接、最有效的手段，也对宁夏全面建设小康社会都具有十分重要的战略意义。针对封山育林及封山禁牧工作的长期性、艰巨性和复杂性，为了不断巩固和扩大取得的成果，今后的思路：一是要继续深入贯彻落实盐池会议精神，逐步把工作重点由“禁、封、育、退”转向“种、围、养、改”上来，实现“以禁促种、以养促改、以改促收”的目标，加快畜牧业生产经营方式的转变；二是要在各县（市、区）应尽快建立起基本草原管理档案，作为政府任期目标的重要内容；三是要抓好养羊小区建设和羊产业的发展，同时加快杂交改良的步伐，加大扶持草产品加工龙头企业，促进牧草的商品化流通，实现草、畜资源的优化配置；四是要尽快成立草原处和草原监理站，以确保禁牧封育和草畜产业健康稳步发展。

1.5 宁夏在改革开放中的生态治理和环境保护

环境保护是我国的一项基本国策。改革开放中，宁夏落实中央政策精神，紧紧抓住本区生态环境上的要害问题，较好地贯彻落实了生态治理和环境保护这一基本国策。

1.5.1 小省区的大问题

（1）生态环境整体脆弱状况。

根据国际学术界的定义，荒漠化是指干旱区、半干旱区和某些半湿润地区生态系统的贫瘠化，它包括干旱化、盐碱化和风沙加剧等。宁夏位于我国西北，是土地荒漠化严重地区之一，属于中国长城沿线干旱半干旱农牧交错地带上典型的荒漠化区域。《1995年宁夏回族自治区环境状况公报》的资料显示，由于过度垦殖、多年连旱、超载放牧等原因，宁夏全自治区水土流失面积已达到371.31万公顷，占全自治区土地总面积的71.68%，其中水蚀面积211.55万公顷，风蚀面积159.76万公顷；沙漠及沙漠化土地面积125.68万公顷，占全自治区土地面积的24.26%；全区97%的草原存在不同程度的退化问题。从地域看，宁夏北部主要问题是土壤盐碱化，中部主要是土地沙漠化，南部山区主要是水土流失。

（2）经济社会发展中的环境问题。

荒漠化的发生是自然环境变迁、特定地理位置以及人类不良影响共同作用的结果。就宁夏来说，粗放的掠夺式农业生产方式是造成本地区荒漠化问题的重要因素之一。特别是在南部山区，荒漠化与贫困化交织在一起，形成了生态、经济、社会恶性循环的怪圈。在这种怪圈之中，人口问题是“越生越穷，越穷越生”，环境问题是“越贫困越破坏，越破坏越贫穷”，经济社会发展状况是“越封闭越落后，越落后越封闭”。问题之严重，已经成为宁夏改革开放和加速发展的一个阻碍因素，不认真对待并全力去改造它，就会影响到经济社会发展既定目标的实现。

（3）小省区的大问题。

宁夏虽小，但环境保护是一个大问题。长期以来，宁夏生态环境的演替一直同时在两个方向上进行着。其一是人工建造的规模不等的高效生态系统（主要指引黄灌溉绿洲），沿着进化的方向演替，发挥出巨大的生态、经济和社会效益，成为宁夏经济社会发展的重要依托；其二是区域性的生态环境恶化问题亦很突出，主要是土地荒漠化，已经产生较为严重的负面效应，引起了上至党中央、国务院，下至地方各级政府和广大人民群众的普遍关注。与此同时，微观方面也出现了各种环境污染问题。事实说明，不能走先污染、后治理的老路。宁夏的环境保护工作就是在这种背景下展开的。荒漠化是具有全球性影响的资源退化和生态环境问题，它与人类的环境需求和资源需求相背离，是实施可持续发展战略中要集中力量加以解决的大问题。自 1992 年世界环境与发展大会以后，世界各国普遍重视了对土地荒漠化的防治。1994 年，我国将《中国荒漠化防治与示范》列入了《中国 21 世纪议程》的第一批优先项目计划。由此可见，宁夏防治荒漠化的行动，既是全国行动的一部分，又是国际行动的一部分。

1.5.2　生态治理和环境保护取得的成效

（1）同心扬黄灌区：生态环境巨变的典型。

同心县扬黄灌区地处清水河两岸，由同心扬水和固海扬水两部分组成，总面积 350 平方千米，辖 3 乡 3 镇和一个开发区，62 个行政村，1.71 万户，8.52 万人，其中就旱地改水 0.67 万户，3.8 万人，吊庄搬迁 1.04 万户，近 5 万人。过去这里虽地势平坦，但“常苦旱，稼穑多不畅茂”。老百姓尽管代代躬身扶犁，弯腰荷锄，但收入微薄，过着不得温饱的生活，有的甚至外出讨饭，一方水土养活不了一方人。“同心川，风沙滩，风吹沙起天地暗，断墙破窑烂圈圈”正是这片大地昔日生态环境的真实写照。国家决定于 1975 年和 1978 年分别动工兴建同心扬水和固海扬水工程，主体工程分别于 1978 年和 1986 年 9 月竣工，给同心总配水 7.93 立方米/秒，使用配套资金 3517.35 万元（世行贷款项目资金 3247.9 万元），将黄河水引上干旱山川，滋润了贫瘠的大地。经过 20 年的开发、完善、配套、提高，建成水浇地 24 万亩，其中粮油地 18.3 万亩，林草地 4.1 万亩，庭院 1.6 万亩，使这块南北长 48 千米，昔日黄沙漠漠浩无垠的不毛之地，今日遍地麦浪滚滚，到处绿树成荫，新房林立，五谷飘香，成为一片人造绿洲。

同心扬黄灌区的建成，生态环境的迅速改善，首先使该灌区粮油产量连年上台阶，它以全县 1/10 的播种面积，生产出占全县近 80% 的粮食和油料，养育着全县近 1/3 的人口；林牧业生产发展迅速，全灌区经果林发展到 3.1 万亩，大家畜发展到 1.6 万头，羊 5.6 万只，家禽 5.1 万只，尤其是肉牛饲养发展更快，1997 年全灌区饲养肉牛 1.5 万头，占全县肉牛饲养量的 59.7%。其次是随着农业的发展，第三产业蓬勃兴起，灌区从事长途贩运的汽车达 110 辆，各种拖拉机 1850 多台，有 30% 的农民从事贩运、加工、商业、服务，第三产业收入已占灌区农民收入的 40%。经济的发展使农民收入不断增加，生活水平不断提高。1997 年扬黄灌区农民人均纯收入 987 元，高出全县农民人均纯收入的 37%，灌区 90% 的农户盖上了第二代或第三代新房，有摩托车 750 多辆，电视机 7600 多台，许多过去逃荒要饭、一贫如洗的农民如今成了万元户。

（2）保护与改善相结合，推动了环保事业的全面发展。

环境保护是一项具有深远意义的战略行动，需要社会各界广泛参与，需要因地制宜采取有效的行动，更需要相应的法制建设作为保证。20 年来，宁夏正是在这种认识前提下，全面推动了本地区环保事业。

1）建立完善生态建设和环境保护的法律体系和管理体制。改革开放以来，自治区人大常委会和人民政府先后制定并颁布实施了一系列有关环境保护的地方性法规。比如，《宁夏回族自治区环境保护条例》、《宁夏回族自治区水利管理条例》、《宁夏回族自治区土地管理暂行条例》、《宁夏回族自治区天然林区保护暂行办法》、《宁夏回族自治区城市绿化管理条例》、《宁夏回族自治区人民政府关于进一步加强环境保护工作的决定》。在制定 20 多部行政法规的同时，还致力于搞好管理体系建设。自治区人民政府成立了以政府主席为主任的环境保护委员会，成立了自治区环境保护局，各地、市、县也都成立了环保行政管理机构。自治区建立健全了环境保护科研机构、环境监测机构、环境监理机构和环境教育机构。从事环境保护工作的专业技术人员和职工达 508 人。通过这些基础性建设，基本做到了环境保护工作有法可依，有规可循，各行政管理和专业职能部门相互配合，形成体系。实践证明，这是搞好宁夏环境保护工作的正确选择。

2）高度重视防治工业污染和城市环境保护工作。自 20 世纪 80 年代初期以来，宁夏就把防治污染作为环境保护的一项重要任务，经过近 20 年的不懈努力，各项工作取得了很大进展。首先是开展工业污染源的调查建档工作。比较大的活动有 1987 年对 514 家污染企业的调查，1990 年组织的第二次调查。通过调查基本摸清了宁夏乡镇工业企业的“三废”排放情况，为有效防治污染奠定了基础。其次是完成了防治工业污染的战略转变。遵循“预防为主，防治结合”的方针，对不合理的工业布局、产业结构和产品结构提出了改进措施，行使了环境管理手段。工作从侧重于污染的末端处理转变为对工业生产全过程的控制，对污染物排放的控制由单一的浓度控制转变为浓度控制与总量控制相结合，对污染的治理方式由分散的点源治理转变为分散治理与集中治理相结合。其三是在搞好环境规划的前提下，建设按照规划进行，通过合理的房屋布局和配套基础设施建设，提高防治污染的能力，有效地处理城市垃圾，扩大城市绿地面积。

3）建立自然保护区，使环境保护走向产业化。建立自然保护区是保护自然资源和生态环境的重要措施之一，它能够有效地就地保护生物物种，维护生态平衡，从而达到持续利用生物资源的目的。开展这项工作，亦是人类社会进步的标志之一。

宁夏地貌类型的复杂性、气候特点的差异性，以及生物系统的多样性都很突出，具有建立自然保护区的客观基础条件。20年来，自治区以此种方式推动环境保护工作，并使环境保护走向产业化。据宁夏环境保护局提供的资料，到1996年底，宁夏已建立自然保护区8处，保护面积28.45公顷，从业人员达800多人。其中国家级自建保护区3个，即贺兰山自然保护区、六盘山自然保护区和沙坡头自然保护区；省级自然保护区3个，即云雾山自然保护区、罗山自然保护区、沙湖自然保护区；县级自然保护区1个，即白芨沟自然保护区；待批准的1个，即青铜峡库区自然保护区。实践证明，上述自然保护区的建设，不仅对保护和改善宁夏的生态环境、自然资源及生物多样性，起到了不可替代的作用，而且对宁夏的经济发展、社会进步和人民生活水平的提高作出了贡献。自然保护区的建立和发展，还成为宁夏实施可持续发展战略的一项重要措施。

4）充分利用国际国内的援助和支持，开展生态环境的治理改善工作。环境保护是国际社会共同关注的热点问题。宁夏在改革开放中认准这是一个可以利用的有利时机，及时地将环境保护与经济社会发展的任务结合起来，确定一系列重大建设项目，争取国际社会的援助和支持，开展双边或多边合作与交流。同时加强与国内沿海发达地区的联系，实施东西合作工程，开展对口帮扶工作，从而把宁夏的生态环境治理工作推进到一个前所未有的新阶段。20世纪80年代初，西吉防护林工程建设得到联合国世界粮食计划署的援助，不仅项目完成良好，在改善环境方面起到了很大作用，而且赢得良好的国际声誉。随后，宁南山区又有4县被列入世界银行援助的中国秦巴山区项目。贺兰山东麓生态防护林工程建设成为中德合作项目。以将荒漠改造成绿洲为主要内容的红寺堡扶贫扬黄工程建设，经过努力成为科威特贷款项目，等等。在沙漠治理方面，位于宁夏中卫县的中科院兰州沙漠研究所沙坡头试验站，被确定为联合国教科文组织人与生物圈的科研项目点，同时也是国际沙漠化治理培训中心的培训基地之一。该试验站创建的以麦草方格为主的“五带一体”治沙工程，为中国乃至世界提供了治理沙漠的成功经验，中卫固沙林场因此荣获联合国环境规划署“全球500佳”荣誉称号。

1.5.3　环境保护与反贫困相结合，提高农业生产综合能力

这是宁夏环境保护工作的一个突出特点，也是实践证明的一条成功之道。

（1）开展大规模的林草建设。

以种草种树为突破口，全面改善生态环境曾经成为宁南山区一个时期内的主旋律，并且至今仍是一项重要的战略措施。1983年7～8月间，时任中共中央总书记的胡耀邦同志视察大西北时曾发出种草种树的指示，是年8月31日，宁夏回族自治区党委发出通知，号召全区广大干部、群众认真学习贯彻胡耀邦同志的指示，深刻领会种草种树、

发展畜牧业与粮食生产之间的辩证关系，把眼光从现有耕地转到全部国土上来，从单纯抓粮食转到种草种树、兴牧促农和多种经营上来，真正把种草种树当作改善生态环境、实现生态和经济良性循环的区域性发展大计来抓。当年内，自治区连续下发了《关于大力种草种树的决定》和《关于种草种树若干政策规定》等文件，明确了指导思想和奋斗目标，随之拉开了大规模种草种树、改造山河的序幕。西海固地区各县都制订了林草发展规划，确立了奋斗目标，采取了政策措施与经济措施相结合的办法，层层抓落实，掀起了大规模的种草种树活动。1984 年，造林面积达到 148 万亩，种草面积达到 130 万亩，分别是新中国成立以来宁夏造林保有面积的 1.4 倍和种草保有面积的 1.5 倍。

整个“六五”时期，由于国家从资金投入上给予大力支持，以及宁夏各级党委、政府高度重视，全自治区共造林 366 万亩。仅固原地区就种草 145 万亩，造林 171 万亩。植被覆盖面积逐年扩大，水土流失得到初步控制，“三年停止破坏”的目标基本实现。1985 年宁夏全区林业总产值比 1980 年增长近 1 倍。

（2）以科技为先导，实施小流域综合治理。

自 1982 年起，宁南山区开始对小流域进行综合治理。在有关部门的直接参与下，先后创办了 8 个科技示范基地，这些基地坚持以科技为先导，以农业走上良性循环为目标，从推广农业实用技术和调整农业结构做起，提高农民科技素质，创造出切合实际的小流域治理经验。其中有些研究成果达到了国内同类研究的领先水平，获得了国家科技进步奖。更重要的是试点工作带动了该地区的小流域综合治理。有资料表明，到 1996 年底，共治理水土流失面积 9707 平方千米。综合治理的试点经验，在理论和实践上开辟了黄土高原水土流失区环境整治的新路子，不仅在当地取得良好的生态、经济和社会效益，还引起了国内外的广泛重视。

宁南山区的小流域综合治理工作，坚持以科技为先导，既表现在微观的试验示范上，也表现在宏观的环境调研监测和规划上。改革开放以来，宁夏先后开展了国土资源、环境基本状况的调查研究和动态监测，对若干重大建设项目的环境影响评价研究，开展了《2000 年宁夏回族自治区环境预测与对策研究》、《宁夏南部山区环境保护规划》、《宁夏水土保持专项规划》等课题研究。出版了一大批有较高学术价值的生态建设、环境保护专著和科普读物，为该地区的生态建设提供了理论指导。

（3）南部山区实施反贫困战略，扬长避短，大力发展商品性畜牧业生产。

宁南山区生态建设的成功实践和经验表明，宁南干旱山区应当建立起合理的农林牧生态经济结构，实行耕作改制，粮草轮作，发展畜牧，建设成为商品性畜牧业生产基地。这样做的主要目的在于，改变当地土地资源利用不合理的状况，扩大土壤植被，同时对非耕地类国土资源和农副产品资源加以利用，为实现生态系统和经济系统的良性循环创造条件。更重要的意义在于，从种草种树、发展畜牧入手，建立起商品性畜牧业基地，培育起当地的支柱产业，成为发展本地区市场经济的一项基础工作。宁南山区的生态建设之路是成功的，先后创造了以耕作改造、种草养畜为主要内容的上黄模式；以发展生态农业，实现资源多次循环利用为主要内容的陶庄模式；以在山坡上修筑隔坡带子田和水平梯田，实行林粮间作和粮草轮作为主要内容的黄家二岔模式；在抓小流域治理和基本农田建设的前提下，以建立粮食、经济和饲料作物三元种植业结构为主要内容的白岔模式；以发展针叶用材林为主要内容的六盘山阴湿区针叶林基地模式；以利用林草资源饲养黄牛，开展牛肉加工为主要内容的牛肉基地模式；充分利用自然降水、以窖节水为主要内容的发展微灌农业模式；等等。这些成功经验，除在国内有关专家的著作中屡见介绍以外，还在国家教育部组织编写的全国通用初中教材中曾经提到。更使宁夏引以为自豪的是，由世界著名的美籍华人科学家李政道教授和中国科学院前院长周光召教授共同主编的《绿色战略》一书，也以较大篇幅对宁南山区的生态建设作了介绍。

（4）引黄灌区以提高农业综合生产能力为中心，改造中低产田，治理土壤盐渍化。

宁夏引黄灌区农业生态环境的突出问题是部分地区土壤盐渍化严重和中低产田面积大。与此有关的问题是，由于历史形成的大水漫灌习惯，以及水利设施配套差、年久失修等原因，浪费水资源的情况严重。灌区比较丰富的地下水资源没有得到有效利用。改革开放以来，引黄灌区在国家有关部门的支持下，先后实施了西北防护林建设工程、水利设施改造工程、中低产田一、二期改造工程等，在防治土壤沙化、治理土壤盐渍化方面起到积极作用。引黄灌区的生态环境建设是在统一规划、科学指导的前提下进行的。比如，东、西干渠新灌区和贺兰山东麓洪积扇地区，因系沙性土壤，保水性能差，采取了以林牧为主、实行旱作、禁止种稻的做法。银北地区因地势低洼、排水不畅，土壤盐渍化严重，由自治区农林科学院在这里建立盐改站，坚持长期研究，指导生产。其他灌溉条件良好的地方，主要是着眼于提高农业综合生产能力，实行集约经营，发展“两高一优”农业，兼顾土地利用率、土地生产率、劳动生产率、农产品商品率，力促生态环境质量进一步提高。在引黄灌区的生态治理和改善过程中，同样注意利用国家对外开放的政策，积极引进外资，增加生态建设投入。比如，吴忠、灵武、中宁等市县都曾利用世界银行贷款兴建引黄灌溉水利项目，在改善地区生态环境，进行农业综合开发，发展当地经济方面取得了突出成效。

（5）合理利用与积极改造相结合，治理土壤沙化。

土壤沙化主要存在于宁夏中部的盐池县、同心县和部分边缘地区。其中部分土地资源由自治区统一规划，兴建扬黄工程，开发建设新灌区。这种建设人工绿洲的做法，是迅速而有效地改善生态环境的举措。盐池县、同心县还从当地实际出发，积极改良草场，建设草原，通过种草种树治沙固沙，有效地控制了土壤沙化的扩展势头，提高了草原的承载能力，推动了畜牧业的发展。特别是“八五”期间，盐池县北部 214 个自然村的421万亩沙漠化土地，被国家列为沙漠化土地综合整治项目区。该县把项目区建设作为振兴全县经济的支撑点，积极组织干部群众参与这项征服沙漠的活动。项目一期工程结束时，共完成人工造林46.92万亩，飞播16万亩，林地占土地总面积由项目实施前的9.5%提高到24.6%。先后完成草原封育、围栏补播及人工种草91万亩，草原产草量平均每亩增加68千克。

沙漠种植水稻是兰州沙漠研究所的一项重要研究成果。为了解决沙漠渗水性强而水稻需水量大的矛盾，科研人员在沙下衬垫塑料薄膜形成隔水层，使试验获得成功。1996年试种后，其中较好的一块稻田亩产650千克，较差的一块稻田产400多千克。1997年又试种2亩，水稻长势超过了1996年。两年来的试验表明，沙漠衬膜种稻每亩一次投入不足1000元，可连续使用8年以上，而且免耕免除草，年用水量仅为普通稻田的40%左右，产量可超过灌区的高产稻田。宁夏中卫县部分农民移居沙漠地区进行农业开发，建设新家园，他们在新垦沙漠荒地上种植水稻，很快建立起一片新的绿洲。这里过去是“沙进人退”，如今是“人进沙退”。著名科学家钱学森曾称赞说，这项治沙技术是“沙产业的又一喜讯”。

1.6 宁南山区生态困境及途径选择

新中国成立以来，国家在我国西部地区，特别是在西部的贫困地区——宁夏南部山区实施了一系列的生态建设工程与项目，尽管对当地的水土流失、土地退化、沙漠化、草原建设、植树造林产生了积极影响，但在总体评价宁南山区的生态环境状况时，还只是治理速度赶不上破坏速度，局部有所改善，全局继续恶化。对宁南山区，国家投入了巨额资金，人民群众付出了辛勤的劳动，仍然没有能够阻止生态环境继续恶化的趋势。宁南山区的生态环境建设为何会出现劳而少功甚至劳而无功的情况，答案是很明确的，这就是因为人口增加—贫困—对资源的大量索取—气候恶化—水土流失—环境破坏—更加贫困的恶性循环所致，如何避免和改变这种状况是值得深思和研究的问题。

1.6.1 生态环境恶化的因素分析

（1）先天脆弱的生态系统及易被侵蚀的环境底值。

宁南山区属于黄土高原的西南边缘，自然环境在本区域内呈现除了明显的过渡性，北部为干旱风沙区，包括盐池和同心两县及海原县北部，地带性植被为黄荒漠草原，沙地与沙生植被广泛分布；中部为半干旱黄土高原丘陵区，包括固原、西吉、彭阳以及海原南部，属于干草原植被带；南部属六盘山阴湿半阴湿区，包括泾源县全部和隆德县大部，总面积约4700多平方千米，仅占南部山区面积的1/10，与南部山区其他地区的差异主要是海拔高、气温低，雨量较多和土地瘠薄，为森林草原植被景观。草原生态系统是宁夏南部山区的主要生态系统类型，森林草原与荒漠草原是草原向湿润和干旱两个方向过渡的类型，气候干旱、降水的时空变率大以及黄土基质疏松多孔、节理发育、遇水易塌陷和易于被侵蚀的环境底质，决定了宁南山区非生物环境的易变性；而山区群落结构简单、生物多样性小，奠定了草原生态系统的不稳定性，两种因素叠加起来导致了南部山区生态系统的脆弱性。

（2）历史遗留下来的生态债务。

宁南山区生态环境恶化的历史由来已久，这种历史遗留下来的生态债务，使后人备尝艰辛。历史上，宁南山区地处中原王朝边地，战乱频繁，民族矛盾尖锐，是农耕和畜牧两种土地利用方式不断变换的区域。据考证，秦汉时期的宁南山区曾经是古木参天、草繁叶茂、草原广袤、河水清澈、满目滴翠的地区。大面积的垦荒从汉代以来时断时续局部地区完全以农耕为主当在明清时代。新中国成立以后，由于受“左”倾错误干扰，片面强调“以粮为纲”，开荒毁林造田，大面积的林木草地消失，生态环境极度恶化，严重制约了经济的可持续发展。六盘山的天然林覆盖率从 20 世纪 50 年代初的 36% 下降到 80 年代初的 18.3%，固原地区 6 县 96% 的草场存在不同程度的退化。盐池、同心干旱地区森林覆盖率仅有 0.38%，固原、西吉、海原、彭阳半干旱黄土丘陵地区不到 1%。另据西吉县 1980 年统计，西吉县每年需要挖掘近 500 平方千米地面的草根，才能满足该县全年生活能源的消耗。这种现象在固原地区 6 县中不同程度地存在着，同时，各县几乎所有的作物茎秆和 2/3 的牲畜粪也被当作燃料烧掉。地表植被的破坏，还田有机质的减少，使得宁南山区各生态系统的稳定性大为降低，引发了许多生态灾难。

中国文化的特点与宁南山区生态环境的长期被破坏过程有着某种渊源。中国农业文化是重粮食、轻草畜；能源和建材多用薪木，建筑少用石材；山泽归属中央政府而无人经营。这不但为环境恶化种下了历史隐患，而且也说明了中国传统农业文化对当今宁南山区的贫困负有一定的历史责任。

（3）频发的自然灾害，弱化了生存环境和农业生产环境。

由于宁南山区环境日益恶化，成为宁夏自然灾害多发地区。干旱、冰雹、洪涝、风沙和霜冻共五大灾害严重威胁着当地农业生产和人民生活。在对农业生产造成严重危害的同时又使许多脱贫农户重新返贫，甚至出现了人缺口粮、畜缺饲草、地缺籽种的紧张局面。宁南山区身居大陆内部，受季风影响，夏季风来临时，降水来势猛，持续时间长，大部分地区易遭水灾。春秋播种及灌溉需水之时，连续 8 个月（每年 10 月至次年 5 月）少雨，抢收黄粮之机，夏天的午后多对流雨，冰雹频繁，每年作物不同程度地受到冰雹及洪水袭击。冬季风来临时，霜冻每年又夺去待收的大片秋田。近些年来，频繁发生在我国北方地区的沙尘暴天气，使国家和人民群众的生命财产遭受到巨大损失。五大灾害构成宁南山区的生态综合征，严重弱化了当地人民群众的生存环境和农业生产环境。

（4）农业生产恶性循环缘于环境的破坏。

宁夏是一个山地和丘陵较多的自治区，山地面积为1226.9万亩，占全区总面积的15.79%。在山地中，除贺兰山、卫宁北山坐落于自治区西北边陲外，其余均分布于宁南山区8县。丘陵面积为2951.8万亩，占37.99%，主要分布在固原地区6县和盐池、同心两县部分地区。台地面积为1368.2万亩，占17.61%[111]，台地沙化较为严重，大面积分布在盐池县境内，居于毛乌素沙地西南一隅。由于特殊的地理条件和生态环境，宁南山区的农业生产、林业主产和牧业生产交织在一起。但由于广大农民的温饱问题未能彻底解决，农民追求的主要目标仍然是粮食生产，因而他们在不利于粮食生产的环境下不惜破坏生态环境，努力扩大粮食生产。一是大量毁林开荒，特别是20世纪60~70年代，毁林种粮盛行，许多地方天然林不复存在，过去曾是草绿林深、山清水秀的地方，变成了光山秃岭，沙尘四起。林地生产力和单位林地面积的蓄积量不断下降，并由此而诱发了大面积的水土流失。二是毁草种粮。新中国成立后，曾一度“向荒山要粮，把荒山变粮田”，致使大量草原草山被破坏。三是人为破坏。在市场经济下，许多人受利益驱动，到草原上乱挖乱采，严重破坏了植被。以挖甘草和抓发菜为例，50年代时，宁夏甘草面积达1408万亩，地下储量有5亿多千克；80年代减至880万亩，地下储量减至2.71亿千克；90年代再次减至400多万亩，地下储量仅为1亿多千克。长期以来，农民滥垦乱挖，宁夏中部地区已变成黄祸区，每年春季，大风扬起的沙尘遮天蔽日，严重危害着人类赖以生存的绿色环境。据气象资料表明，从50—90年代，南部山区的降水量逐年减少，风沙线、干旱带向南推进了80~100千米，农业生产处于恶性循环之中。

（5）人口过度增殖超出了刚性土地资源的有效容纳力。

土地资源是个常数，人口数是个变量，新中国成立以来，宁南山区由于人口增长过快，大面积荒坡草地被辟为农田。以固原地区6县为例，1949年总人口为47.96万人，到1999年底，人口增长到191.91万人，50年间人口净增143.95万人，增长了3倍多，人口密度由1949年的21.23人/平方千米，提高到现在的85人/平方千米，超过宁夏平均水平。而西吉、泾源、隆德3县每平方千米人数已分别高达105人、146人和119人，人口严重超载。由于山区自然灾害频繁，粮食生产低而不稳，导致了愈生愈垦、愈垦愈穷、愈穷愈垦的恶性循环。在毁林开荒种地的同时，为了满足新增人口的居住需要，大面积平坦的良田被划拨成宅基地，大量肥沃的农田在一串串“建房热”的鞭炮声中被拔地而起的庭院所取代，人们的生存空间在悄然缩小。

宁南山区是我国典型的贫困山区，宁南山区生态环境恶化是我国山区生态环境演变的一个缩影。图1–1描述了宁南山区生态环境不断恶化的形成机理。

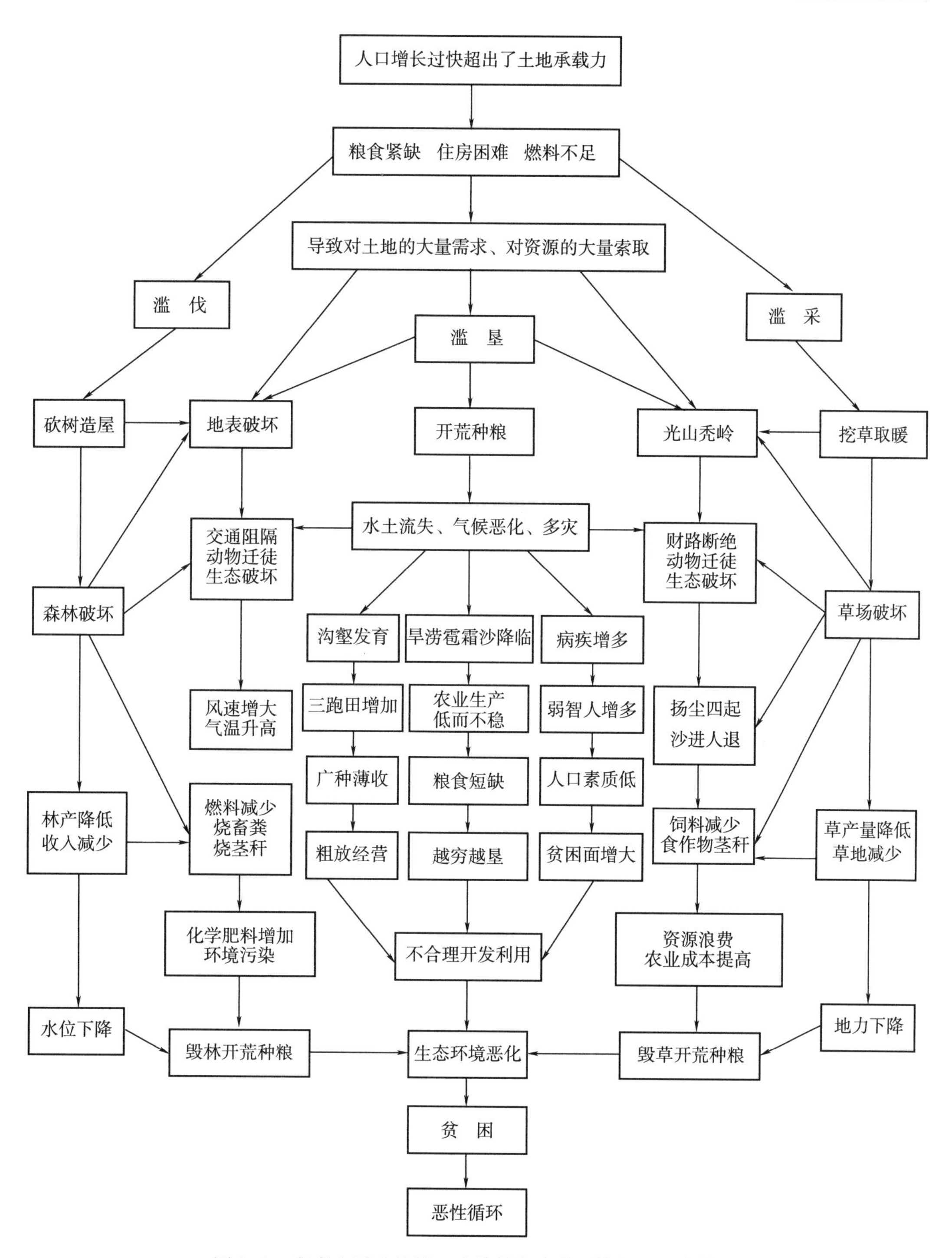

图1-1　宁南山区人粮地、农林牧与生态环境机理形成模式

1.6.2 走出生态困境的途径和选择

（1）恢复林草植被，加强生态环境的保护和建设。

第一，要积极开展对生态环境的调查勘探工作，搞好生态建设区域规划、方案设计和计划的实施。第二，在坚持个人承包责任制的原则下，政府对外公布需治理的荒山、荒地等生态建设项目，采取无偿划拨、政府补贴和奖励等优惠政策，吸引更多的投资者和开发者，形成全社会都重视生态建设的氛围。第三，生态建设要采取建设和保护并举的方针，从根本上杜绝生态环境治理中有法不依、有章不循、执法不严、违法不究和以权代法现象的发生。坚决打击滥挖、滥伐、滥垦等破坏生态环境的不法行为，尝试对草场实行休养生息制度。第四，必须遵循生态学规律。森林破坏后的自然恢复演替过程，一般为草原或草甸—灌丛草原或灌丛草甸—疏林草原或疏林草甸—阔叶林或针阔混交林—针叶林，因此，即使在某些理论上可以种乔木的地段，采取一步到位造林的做法，也可能成活率、保存率很低。如果先种草和灌木，形成局部水分条件较好的小气候，再种乔木就可大大提高成活率、保存率。目前，退耕还林还草或荒山荒地绿化试点的主要倾向还是种乔木和种保持水土作用差的经济林木过多，而对草灌重视不够，在草灌乔的镶嵌结构、合理布局上研究不够。因此，宁南山区生态建设必须遵循生态科学规律，如植被演替规律、多样性形成稳定性规律、生态系统的物质循环规律、地形对植被类型的分异规律等。如果不遵循这些规律，就会因生态系统自身结构的不稳定而导致许多功能难以完善和正常发挥，就会因多样性不够而造成生态系统失调，就达不到应有的涵养水源的作用，就会因地形对气候的分异形不成对周围地区水资源的补给和气候联动效应，林草成活率也就失去保证。

（2）通过政策和利益调整，调动群众参与保护生态环境的积极性。

把退耕还林还草、荒山荒地绿化、封山育林、封沙育草等使用权和承包权落实到户到人，责权利结合，允许依法继承、转让；同时，要依据种植和管理的优劣等级兑现代赈粮食和奖金，使约束条件硬化，做到有人种植有人管护，争取投资一块绿化一片，实现真正意义上的保护到位。还要鼓励企业、农村致富带头人和各阶层人群承包荒山荒地的治理、保护和开发。为此，政府应该出台相应的优惠政策，允许这些人以资金为股份，在生态建设中与广大农民自主“分红”，只要有生态效益，国家可暂时不从中获利，并对开发者支付一定的劳动报酬，通过参与，真正实现政府行为、市场行为和社会行为的有机结合。

（3）把生态效益和经济效益统一起来，使生态和经济同步发展。

西部大开发，国家采取了一系列的经济补偿措施，如以粮代赈、补救苗木和草种、鼓励退耕还林还草、每退一亩坡耕地国家给 100 千克粮食等。但是很多群众还是心存顾虑，一是担心几年后国家不给粮食了怎么办？二是担心当地粮食不够吃，从外地运粮需要高昂的运费，运费相当于当地粮价，农民出不起，国家会长期支付运费吗？只讲生态效益不顾经济效益，最终导致失败的例子并不少见。西吉县在 20 世纪 80 年代中期接受联合国粮食计划署援助的“2605 项目”，其实质就是一个以粮油换生态的计划，当时效果确实很好，但一期 5 年援助结束了，粮油供应停止，由于经济效益未能跟上，农民的基本生活没有保障，结果又将退下来的、已成为林草地的坡地重新开垦为耕地种粮，生态环境又还原来面貌。目前，在西部大开发中，强调生态建设的优先地位，有些乡镇为了应付上级检查，搞生态形象工程，这些地方在生态环境建设中只单纯地追求生态效益，没有把生态效益和经济效益统一起来。经济效益是基础，生态效益是保障，两者应该并举，紧密结合，只有这样，宁南山区的生态和经济才能同步发展，生态建设才能达到预期的效果。

（4）加强科技投入，探索多样化的生态建设模式。

科技是提高生产力的保证，同样也是生态建设的保证。宁南山区在生态环境建设中必须加强科技投入，要推广和应用有关方面的科技成果，出台能激励科技人员参与生态建设的相关政策，对产生了重大生态效益的研究成果，地方政府应给予重奖。要有目的地组织一批强有力的科技队伍，针对环境治理、生态建设中存在的问题开展科技攻关，探索多样化的人工—自然生态系统建设模式，要把经过反复筛选确定的树种草种、具体操作方法和步骤以及林木中薪炭林、经济林的适宜比例，推荐和传授给基层干部群众，做到适地适树适草适时，使种树种草成为科学指导下的生态工程建设。

（5）加强小流域综合治理，大力发展生态农业。

小流域治理是宁南山区多年来一直进行的一项国土整治工程，实质上是一项以农田基本建设、治理水土流失、促使山区生态环境整体逆转的综合治理工程。其综合性要体现在小流域治理一定要山水田林草路村的综合治理。首先要树立以林为主的思想。综合治理应定位于生态功能的发挥上。林业是生态环境建设的主体，是农民脱贫致富奔小康的基础。大力发展林业，是实现宁南山区可持续发展的有效途径。其次，要注意生物措施与工程措施相结合。单靠生物措施不能很好地解决水土流失问题，只有坚持以大流域为骨干，以小流域为单位，以保护改善和合理利用水土资源为目标工程、生物、农业耕作三管齐下，经济、社会、生态三个效益齐抓，构筑水土流失综合防治体系，才能真正有效地改善生态环境。工程措施和生物措施相结合。以工程措施促生物措施，以生物措施养工程措施，实行综合治理才能奏效。

（6）控制人口增长，减轻对环境的压力。

一是国家对少数民族地区要制订新的计划生育政策及优生优育政策，如可将人口超过 500 万的少数民族允许从生三胎转为生两胎。目前，我国人口超过 500 万的少数民族有 7 个，其中回族人口已达 861 万人。宁夏是中国回族人口聚居区，宁南山区的回族人口占了全区回族人口的一半以上，从这方面讲，回族更应该严格实行计划生育政策。

另外，对在城市工作的回族职工允许生一胎对与汉族结婚的少数民族也应规定农村的限生两胎、城市的限生一胎。鼓励或制定政策，对在国家机关及事业单位、国营企业、乡镇企业工作的少数民族（主要指人口超过500万的）职工其生育指标同于汉族。二是应建立纯女户家庭的养老保险，使他们解除“养儿防老”的后顾之忧。纯女户是宁南山区计划生育工作的难点，据调查资料显示，宁南山区8县农民多生多育者95%以上为纯女户，“生个男孩就是生产力”已是他们根深蒂固的传统观念，如果能解决他们的后顾之忧，使纯女户家庭老有所养，建立养老保险，那么对纯女户家庭实行计划生育工作的难度就会大大降低。如果通过建立养老保险把8县1.5万户纯女户问题解决了，就相当于使全区人口增长率下降了3个千分点，每年可产生直接社会效益1.8亿元。三是改变过去就计划生育抓计划生育单打一的做法。计划生育应与扶贫、生态保护结合起来，要把以粮代赈、退耕还林政策与计划生育挂钩。对实行计划生育的农户，在政策兑现及荒山承包等方面予以倾斜，使计划生育与退耕还林还草相互促进、协调发展。四是吊庄移民，还绿于山。从目前宁南山区状况来看，把过量的人口迁出去，是理顺人口与自然相互协调、达到经济和社会总量平衡而采取的行之有效的措施之一，也给恢复植被提供了广阔的空间和时间保证。但是人口的迁移必须要和计划生育联系起来。比如，1871年8000多人来到当时荒无人烟的泾源，129年后的2000年，人口已增加到11.22万人，人口增长了14倍有余，人口密度146人/平方千米，比我国人口平均密度还高。为了缓解泾源县的人口压力，宁夏在银川郊区的平吉堡芦草洼建立了吊庄，投入了大量资金，10年内移出了3万人，但这里人口仍以每年30‰的速度增长，平均每年移走3000人，年净增也是3000人[38]。又如，泾源县1989年人口自然增长率为18.81‰，而吊庄的铁东乡竟高达35.02‰，长此以往，将会再次出现资源超载，导致新一轮贫困，无法实现移民的初衷。因此，无论移入区还是移出区，把人口始终控制在与土地承载力相适应的范围内，维持生态系统的良性循环，是各级政府需要完成的一项复杂而艰巨的任务。

（7）争取国内外资金支持，建立流域范围内的生态补偿机制。

生态环境问题具有很强的全局性和整体性，在生态系统内部存在着各环境要素之间的关联性、物质的流动性，山区和川区、上游和下游是一个完整的生态系统，在这个系统中，山区和上游自然环境的变化与川区和下游可谓唇亡齿寒、休戚与共。而且空气、河流、海洋的污染是没有地区界、国界之分的，无论是气候的改变还是生物多样性的衰降都将与整个人类的命运联系在一起。

1.7 银川市湿地的历史演替与保护

湿地是指天然的或人工的、永久的或暂时的沼泽地、泥炭地、水域地带，带有静止或流动、淡水或半咸水以及咸水水体，包括低潮时水深不超过 6 米的水域。沼泽、泥炭地、湿草甸、湖泊、河流、滞蓄洪区、河口三角洲、滩涂、水库、池塘、水稻田及低潮时水深浅于 6 米的水域地带等均属于湿地范畴。湿地是自然界最富生物多样性的生态景观和人类最重要的生存环境之一，它不仅为人类的生产、生活提供许多资源，而且具有巨大的生态环境效益，在调节气候、抵御洪涝、改变径流时空分布、涵养水源、保持水土、降解污染等方面具有其他系统不可替代的作用，同时湿地还是众多野生植物，特别是许多珍稀濒危水禽动物赖以生存和繁衍的场所，因此，湿地被誉为地球之肾、生物基因库、生物超市、鸟的乐园、自然界的土木工程师。城市湿地作为城市重要生态基础设施，除具有上述作用外，还具有许多服务功能，如调节城市气候，降低城市热岛效应，提高城市环境质量，为城市居民提供休闲娱乐场所以及丰富市民的业余生活[7]。随着城市人口增多，城市建设不断拓展，许多城市湿地因围垦、填埋、污染和过度开发造成了湿地面积缩小甚至消亡。因此，为防止湿地生境的不断恶化，保护现有湿地，恢复退化湿地，已成为发挥湿地生态、经济和社会效益的有效途径。

1.7.1　湿地的类型、特点及现状

（1）湿地生成的环境背景及环境条件。

银川平原虽属于干旱地区，但历史上曾是一个湖沼密布的水乡泽国。地质研究资料显示，一二百万年以前，银川平原是一个由断陷盆地造成的浩瀚大湖。到黄河原始河道形成，黄河在盆地内来回摆动，泥沙不断淤积，湖沼面积缩小，逐渐形成冲积平原。有史料记载，“地固泽咸卤，不生五谷……”反映了 2200 年前银川平原湖沼众多、土壤盐渍化严重的实际状况。汉武帝时期，银川平原得到了大规模开发，许多洼地成为汇集灌溉余水的地方，湖沼面积有所扩大。到了唐代，在对汉代旧渠全面修整的同时又新建和扩建了许多河渠，如有名的唐徕渠等。宋代以来，银川平原部分湖沼在大面积水稻栽培的干预下，逐渐由湿地演化为水田，灌溉余水在下游不断汇集又成为一些新的湖沼。明清以后，灌溉面积大规模扩展，只灌不排，造成了大量的渠间洼地积水成湖。新中国成立以来，随着排水系统的逐渐完善，许多浅水湖泊与积水洼地被疏干，湖泊湿地面积迅速减少，水深降低。湿地发育的基本动力是地质地貌和气候的不断演化以及在人类不断作用下形成的。银川平原湖沼在地质时期和人类历史时期内所经历的这种缩减—扩张—缩减的反复过程，不同程度受到了地面沉降、黄河摆动、洪水泛滥、气候演化等多种自然因素的影响。而自引黄灌区开发以来，湖泊湿地变迁却主要与不同时期人类开发活动有关[80]。

银川市属中温带干旱气候，年降水量 194 毫米，年蒸发量 2000 ~ 2200 毫米，年日照时数 2977 小时，由于深居内陆，与同纬度地区相比，银川气候具有太阳辐射强、日

照时间长、降水少、蒸发大的特点。同时由于光热降水时空变率大，使得湿地的分布范围、面积大小及环境景观相对季节变化比较大。银川地区年降水量不及蒸发量的10%，加之地表覆盖物多为粉沙质土壤，透水性强，不利于湿地的发育。因此，地处内陆干旱之地的湿地若受到人为破坏，加上黄河水量减少和气候变化的不利因素，可导致湿地衰退甚至消亡[41]。

（2）湿地的类型、特点及其分布。

黄河经西南向东北斜穿宁夏中北部，历尽沧桑，河床不断摆动，造就了宁夏平原。由于人类不断开垦、灌溉、农田耕作及自然因素的影响，在平原中形成了大小不等的湖泊沼泽。历史上有名的七十二连湖、西湖、明水湖、陈家湖及鹤泉湖等大型湖泊沼泽镶嵌分布于银川平原之中。此外，黄河干流在一年之中因水量变化，部分河段河床摆动，形成了许多河漫滩；黄河干流两侧因地形起伏、土质条件和气候影响，形成了宽窄不一长短不等的永久性和季节性河溪；局部地方在自然和人工作用下出现了较大面积的池塘和水库[17]。银川市湿地的类型多种多样，根据银川市湿地的水文、土壤、植被、生物、气候等组成要素的基本特征，可将湿地划分为自然湿地和人工湿地两大类。自然湿地包括湖泊、河流、沼泽泥炭等类型；人工湿地包括库塘、渠沟、水稻田、鱼池等类型（表1-1）。

表1-1　银川市湿地面积按类型统计表　（单位：公顷）

总计	湿地类型											
	天然湿地							人工湿地				
	合计	湖泊			河流			合计	库塘湿地	人工河流	常年水稻田	鱼池
		小计	永久性淡水湖	季节性淡水湖	小计	永久性河流	洪泛平原					
47090	24361	12807	10014	2793	11554	5563	5991	22729	5132	967	10746	5884

数据来源：银川市湿地保护办公室，2005年9月，《银川市湿地保护与合理利用规划》。

银川平原虽地处干旱地区，但历史上曾是一个湖沼密布的水乡泽国。其演变特点与生态效应都有自己的独特性，除了干旱区水面蒸发量大、易造成湖水碱化和湖周围土壤盐渍化，湖盆地面沉降与黄河水泥沙淤积相互抵消效应外，最大特点是与人类的水利活动密不可分。

1）湖泊湿地。湖泊型湿地是以内陆湖泊为中心形成的湿地类型，银川市现有湖泊近200个，其中面积在100公顷以上的有20多个。永久性淡水湖的水源主要来自黄河灌区的干渠补水、地下水渗集、农田退水和季节性洪水补给。季节性淡水湖的水源主要源于黄河改道而形成的面积较小、数量较多的湖泊与低洼地，雨季时洪水入湖，加之雨季地下水位上升而形成了季节性或临时性的淡水湖泊。银川湖泊水位大多都在1.5～2 米之间，湖内一般都长有茂密的芦苇及漂浮植物、沉水植物、挺水植物及浮游生物等，为鸟类栖息提供了良好的生存环境条件。市区内湖泊由于受到城市建设等因素影响，面积萎缩，目前有湖泊 20 多个。城市周边湖泊因受到农业开发影响，也在不同程度的退化。只有远离城市的湖泊湿地生境状况较好。

2）河流湿地。黄河是银川最大的河流湿地，境内流程 78.4 千米，年径流量 315亿立方米，河流湿地主要分布于银川市东部沿黄河两岸，包括永久性河流、季节性河流和洪泛平原湿地三个类型。其中黄河洪水泛滥时淹没的河流两岸地势低洼地区形成洪泛湿地。

3）人工湿地。人工湿地包括库塘、人工河流、常年水稻田、鱼池等。银川市西部贺兰山前冲积平原滞洪区面积 3288 公顷，多雨期洪水入湖，枯水期湖水入田，有效地调节了大气降水的时空分布，改变了地表径流的方向，在蓄洪的同时也起到了补水的作用。银川市灌溉渠系主要有惠农渠、汉延渠、唐徕渠、西干渠四大渠系，它们与配套的数百条纵横交错的支斗渠共同组成了灌排配套的灌溉网，为湿地提供了补水条件。银川平原有着 2000 多年的引黄灌溉历史，片片稻田相连，鱼池个个衔接，构成鱼米之乡的塞上江南景色。

（3）湿地现状。

银川市位于宁夏中北部，东临黄河，西靠贺兰山，辖兴庆区、西夏区、金凤区、贺兰县、永宁县和灵武市。处银川平原引黄灌区中部，地形平坦开阔，湿地是银川市非常重要的土地资源。银川市共有湿地 47090 公顷，其中天然湿地和人工湿地分别占湿地面积的 51.73% 和 48.27%，两者面积基本相当。从类型上看，面积在 5000 公顷以上的有常年水稻田、永久性淡水湖、洪泛平原、鱼池、永久性河流和库塘，分别占湿地总面积的 22.82%、21.27%、12.72%、12.50%、11.81% 和 10.90%；从自然分布区域上看，银川市湿地主要分布在黄河冲积平原和洪积冲积平原，除黄河及洪泛湿地外，其他类型湿地呈斑块状分布，分布密度大、范围广，其中面积在 1 公顷以上的湿地共有 430 多处，这在地处西北干旱半干旱的内陆地区极为少见。从行政区划上看，银川市三个市辖区（兴庆区、金凤区和西夏区）、贺兰县、永宁县和灵武市分别占湿地面积的 41%、25%、15% 和 19%[18]；从城市布局上看，城内湿地以绕城高速公路为界，面积在 370 平方千米三个市辖区的城市建设控制区内，就有重点湖泊湿地 20 多处。城市周边的近郊湿地 56 处，城市外围湿地有 115 处，主要分布于贺兰县、永宁县和灵武市三个县市内，黄河湿地及洪泛平原湿地处于该区。

银川平原湿地所在区域是宁夏农业的精华地带，是宁夏人口的密集区域，也是全区经济社会和文化的中心地带，自汉代以来，劳动人民利用黄河之利不断开发浇灌，使其逐渐形成了我国西北地区的一个典型绿洲生态系统，不论从农业生产还是从城市发展、不论从阻挡北部外围沙漠入侵还是调节区域气候方面，湿地都具有重要的生态价值和经济价值。新中国成立初期，银川平原湖群密布，仅湖泊面积就有6.7万公顷，后来由于人口过快增长、经济快速发展以及人类生产生活对湿地资源依赖程度的提高，直接导致了湿地及其生物多样性的破坏，另外由于人们大规模围湖造田以及城市建设，使得银川市湿地急剧减少，部分湖泊逐渐萎缩，截至20世纪90年代末，在不到50年的时间里，银川市就有30%的湿地完全消失。党中央实施西部大开发以来，湖泊湿地的保护与恢复成为银川市生态建设的一个重要内容，2001年，银川市委、市政府作出打造“塞上湖城”部署，确立了“生态立市”方略。自治区党委做出了把银川市建设成为现代化区域中心城市的决策，实现人与自然和谐相处，突出湿地特色，实现“城在园中、园在城中、城在湖中、湖在城中、城在林中、林在城中”的构想。至此，湖泊湿地这个特殊生态系统，既成为银川城市建设优势，又对不断遭到破坏逐渐萎缩的珍贵资源被正式提上议事日程并付诸实施。

1.7.2 湿地演替过程中问题分析

（1）湖泊萎缩，面积减小，湿地功能降低。

长期以来，人们对湿地生态价值和经济社会效益没有充分的认识，加之保护监管力度不强，围湖造田随意侵占湿地，致使湿地面积不断减少。一是湿地调蓄洪水功能下降。银川市地处大陆内部，属于典型的大陆性气候，降水稀少，气候干旱。同时，银川市因位于贺兰山东侧，贺兰山山体海拔高度较大，阻挡气流形成地形雨，年降水近500毫米，雨季降水集中且多暴雨，经常遭受贺兰山洪水侵袭。由于湿地的围垦，面积减少，泥沙淤积等，使雨季失去了贮蓄洪水的基础，诱发了许多洪涝灾害。二是生物多样性遭受破坏。湿地是生物多样性最丰富的区域之一，是许多珍稀水生动植物生存繁衍的场所，是涉禽动物的栖息地，由于人为破坏以及受全球气候变暖和黄河水量减少、人类生产生活对湿地资源的依赖程度明显提高等因素的影响，湿地涵养水源、调节气候、降解污染物等功能衰退，直接导致了湿地生物多样性的破坏，进而使湿地生态功能降低。三是萎缩的湿地不断向沙漠化演替。受沙漠环境背景的控制，加之人为阻截湿地补给水源导致湿地干涸，继而沙漠化，一些干涸的河床、河漫滩和湖泊再受风力侵蚀堆积形成了龟裂盐滩和砂砾地表的荒漠景观[41]。四是经济社会压力使湿地面积缩小。随着全球气候变化和人类生产活动范围及强度的不断增大，银川市湿地生态环境面临严峻的经济社会发展压力。进入21世纪以来，自治区举全区之力建设大银川，大银川战略实施后，城市规模的快速膨胀已经导致用地需求矛盾更加突出，房地产开发、旅游业的发展都给湿地生态环境带来严重的压力和问题，人口的快速增长和经济规模的扩张所引发的环境污染和破坏将使湿地生境进一步恶化，不仅将影响银川人民的生活质量，而且将制约银川的经济发展。

（2）水污染和水开采严重，管理体制不健全导致湿地生境恶化。

造成银川市水污染的污染源主要有工业排污、城市生活排污和农业排污。①工业排污以机械、化工、橡胶、纺织等行业为主，排放量大。污水入黄河口断面水质监测结果表明，“九五”期间共 13 项超标，污染严重。② 2008 年银川市辖区非农业人口 88 万，每天排放大量生活污水，处理率低，不符合排放标准。污水入黄河口断面水质监测结果表明，“九五”期间共 16 项超标。③银川平原是中国历史上开发较早的引黄灌区之一，除了平原上流淌着的许多古老渠道外，20 世纪 90 年代初期，宁夏还利用世界银行 3700 万美元贷款在平原上开发了 3.4 万公顷耕地。沟渠纵横的大型灌渠及与之配套的数百条支斗渠共同组成了灌排配套的灌溉网，为农田提供了灌溉用水。资料表明，施入农田的氮肥仅有 30% ~50% 被植物吸收，磷肥仅有 7% ~15% 被吸收，大部分随农田退水而进入湿地[66]。银川平原湿地除了引黄灌水、雨水（主要是洪水聚集）补给外，还有部分农田退水。由于农业污染加剧，大量化肥农药随排灌水进入水体，形成面大、分散且不易集中处理的面源污染，直接导致湿地下水环境遭受严重破坏。④由于浅层地下水量少质差，目前整个银川市的城市公共供水和企业用水主要依赖采掘深层地下水。随着用水量的逐年增加和一些部门自备井的无序开采，造成区域深层水位持续下降，在银川已形成宁夏全区最大的地下水位降落漏斗，面积达 465 平方千米，漏斗中心最大降深达 32 米，年均下降 1 ~1.5 米，同时，黄河来水减少也加速了地下水位下降和湿地存水的渗漏。湿地是工农业和居民生活的主要水源地，因过度从湿地取水或开采地下水，使湿地水面缩小，地下水位下降，导致大量植被死亡，草场退化，水质咸化。⑤由于工农业生产的发展和人口的增多，银川市许多湿地已成为生产污水和生活污水的承泄区。人为因素加速了湿地的退化，并与自然因素相互叠加，使湿地逆行演替的过程更趋复杂化。长期以来，由于人们思想上的偏差，把重点放在经济发展和开发利用上，对持续发展认识不足，忽视了对湿地的保护和修复。目前，银川市在湿地生态过程上仍是耗竭式的，在管理体制上是链状而非循环式的。管理机构不健全，不同部门、不同行业在湿地开发利用方面存在各行其是、各取所需的现象，湿地科研、监测和培训体系尚未建立，科研及专业人员严重不足，湿地保护资金缺乏，执法力度不够，以上种种因素严重制约了湿地生态系统的自我修复能力、影响了对湿地科学统一的保护和湿地资源的合理利用，影响了湿地建设工作的有效开展。

1.7.3　湿地的开发利用与保护

（1）正确认识湿地的演替规律，实施可持续发展战略。

湿地恢复和重建最重要的理论基础是生态演替。由于生态演替的作用，只要尽最大努力减缓或抑制自然因素，克服、减轻或剔除人为因素，利用科学管理方式，湿地就能得到恢复，从而再现一个自然的、自我持续的生态系统，并实现人与自然的和谐统一[6]。可持续发展是既满足当代人的需要，又不牺牲后代人满足他们需要的发展。其核心是使经济发展与保护资源、保护生态环境协调一致，是为了让子孙后代能够享有充分的资源和良好的自然环境。湿地作为重要的自然资源，其开发是为了满足当代人的需要，而保护则是为后代留下环境资产，随着城市人口的逐年快速增长，湿地面积不断缩小，人与自然的矛盾愈加凸显。因此，本着代际公平的原则，给后代人以公平利用湿地的权利，银川市在湿地建设过程中，要确立“三为主”的原则，即城内湿地以治理为主，城边湿地以恢复为主，城郊湿地以自然保护为主。把三者结合起来通盘考虑。要着力解决农田退水补给湿地过程中化肥农药等带来的污染问题，最终实现人与环境的协调共生。

（2）正确认识湿地的生态功能，实施湿地生态系统的流域管理。

银川平原西、北、东三面分别被腾格里、乌兰布以及毛乌素三大沙漠包围，干旱少雨，自然生态环境具有明显的过渡性、复杂性和严酷性，区域宏观生态背景比较脆弱。但由于黄河使其形成了一个自然灌溉区域，其生态小环境在西北众多城市中相对优越。可以看出，银川市作为西北干旱区一块至关重要的生态绿洲，如果湿地遭到破坏，绿洲的生态就会退化，周边的三大沙漠就会汇集银川，西部的治沙工程将遭到毁灭性打击，进而影响到包括北京在内的东部地区，直接危及西北和华北的生态安全。银川平原湿地历经2000多年沧桑变迁以及自引黄灌区开发以来不同时期人类的农业生产活动，湿地在调节气候，阻挡风沙侵袭等方面发挥了不可替代的作用。但近年来随着工农业生产用地的不断挤占，使湿地面积不断缩减，水质不断恶化，生态功能降低。因此，银川平原地区人口、经济、社会及生态环境要实现持续发展，就必须实施并加强该生态系统的流域管理。湿地生态系统是流域生态系统的一个子系统，银川地处干旱地区的环境背景其湿地所面临的许多威胁并非产生于湿地内部，而是产生于流域内其他的子系统。因此，实施流域管理，加强区域综合治理是湿地保护的重要方面。要根据湿地资源的现状，采取各种措施，最大限度地降低人类各种活动对湿地的负面影响。在湿地周边要加大林带建设以防止沙漠入侵，要十分珍惜水资源并合理利用，在治理污染的基础上，不断提高现有耕地的产出率，实现区域生态环境的健康发展[66]。

（3）采取多种形式推进湿地生态工程建设，实施生态优先战略。

城市以环境为体，经济为用，生态为纲，文化为常，生态环境是城市之本。生态城市是根据生态学原理建立起来的经济、社会、自然协调发展，物质、能量、信息高效利用，生态良性循环的人类聚居地，是理想的城市发展模式和人类聚居形式，是现代城市发展的必然选择，而银川市作为西北瀚海沙漠中的一片绿洲，湿地则尤显珍贵。因此，在城市建设中必须实施生态优先战略，采取多种形式推进湿地生态工程建设。①改善环境，保护湿地。银川市位处平原又有黄河过境是宁夏的精华地带，自然环境条件在整个区域具有比较优势，但在追求经济增长的同时支付了较高的环境成本，许多湖泊湿地在城市发展中成了污水排放点和处理污水的天然氧化塘，或是呈现富营养化和盐碱沼泽地[68]。因此，改善环境，保护湿地，避免生态服务功能退化，增强城市生态抵抗能力和城市生态免疫力是城市发展的重要内容。②完善湿地保护和管理的法律法规及政策支撑体系。结合银川市湿地的实际情况和存在的问题，对现有的法律法规应做必要的细化和调整，强化法律监督，界定破坏湿地资源行为的法律责任，通过政策约束和程序规范来提升市民的法制观念，使湿地保护的各项措施在政策框架体系内顺利实施。③加强宣教培训工作，实现公众参与。湿地保护是社会性很强的公益事业，提高全民湿地保护意识是湿地保护管理的基础性和前提性工作。目前，银川市还未形成全民性生态文化意识，城市生态文明还处于雏形阶段，因此，发挥媒体舆论，通过宣传教育方式，在不断提高公众生态环境意识的基础上，实现公众参与。同时，通过培训等方式，不断提高湿地管护专业人员的科学素养是必不可少的一环。④加强湿地科技能力建设和信息评估支持系统。银川市在实施湿地保护恢复工程中，遇到许多技术问题，如“三水”（天上水、黄河水和地下水）的蒸发、入注、下渗等对湿地水平衡的贡献和影响等技术难题；如气候、土壤、动植物生存环境以及污水处理等技术难题。因此，要依托高校和科研院所及自身的科研力量开展湿地科研项目，核定流域内污染物的排放负荷，监测湿地现状及其动态变化，充分发挥湿地对环境的调节功能。另外，通过信息手段，加强公众对湿地的了解，有助于促进政府提高管理效率、效力和执行力，有助于政府评估、决策和执法，并以此为平台使生态环境建设能够通过网络接受市民的反馈、质询和监督。利用网络系统，缩短信息流程，加快信息传播能有效地促进科技成果向应用领域转化，是银川市进行湿地生态建设不可或缺的手段。

1.7.4　结论与思考

由于水陆兼备，湿地具有独特的生态结构和生态功能，作为一种自然资源，湿地除具有巨大经济价值的同时，还具有重要的生态价值和美学价值，因而湿地的保护和管理受到世界各国的普遍重视[69]。银川市作为西部内陆城市，在全国众多城市中其湿地成为一枝独秀：一是地处瀚海沙漠包围之中；二是广布于城市周边或地处城市包围之中。银川市湿地资源得天独厚，集自然性、典型性、稀有性和多样性等特征于一体，在维持城市生态平衡、吸收城市排污、增加城市湿度、净化城市环境等方面发挥着巨大的作用，是银川市的“灵魂”所在，是极其重要的城市生态景观。在近几十年的城市建设中，人们忽视了它的作用，随意侵占和围垦，割断了湿地相互之间的联系，降低了湿地的生态功能。湿地面积不断缩小和生物多样性的降低，使城市质量大打折扣。如何做到对湿地资源可持续利用，是银川市今后面临的重大课题。银川市城市湿地建设必须从自然生态、经济生态和社会生态三个方面同时着手，将生态中心主义作为城市的基本价值取向，发展和谐、高效的城市生态系统[12]。

1.8 生态文明与可持续发展

党的“十七大”报告指出：“建设生态文明，基本形成节约资源和保护生态环境的产业结构、增长方式、消费模式。”这是国家第一次把“生态文明”这个概念写入党代会的政治报告，这不仅具有划时代的意义，同时也标志着社会主义生态文明建设正式成为中国特色社会主义与和谐社会建设的重要组成部分。党的“十八大”报告指出：“建设生态文明，是关系人民福祉、关乎民族未来的长远大计。”并指出，要“把生态文明建设放在突出地位，融入经济建设、政治建设、文化建设、社会建设各方面和全过程。努力建设美丽中国，实现中华民族永续发展”。党的“十八大”提出大力推进生态文明建设，并作为一个部分专门论述，说明了面对日趋强化的资源环境约束，推进生态文明建设，已成为当务之急。

2013 年 3 月 5 日，温家宝同志在第十二届全国人民代表大会政府工作报告中指出，要顺应人民群众对美好生活环境的期待，大力加强生态文明建设和环境保护。生态文明是当代人类文明发展的新形态，生态文明作为一个高频词继“十七大”报告、十七届五中全会和“十八大”报告之后在党的报告和政府工作报告中连续提出，表明了我党着眼子孙后代和民族未来，大力加强生态文明建设和环境保护的信心和决心。

1.8.1 生态文明建设的科学内涵

生态，指生物之间以及生物与环境之间的相互关系与存在状态，即自然形成的自然状态。当它进入人文领域时，它就不仅指自然生态，也包括文化生态、经济生态和政治生态。自然生态有着自在自为的发展规律。人类社会改变了这种规律，把自然生态纳入到人类可以改造的范围之内，就形成了文明[62]。

生态文明是人类社会继原始文明、农业文明、工业文明后的新型文明形态。它以人与自然协调发展作为行为准则，建立健康有序的生态机制，实现经济、社会、自然环境的可持续发展。这种文明形态表现在物质、精神、政治等各个领域，体现人类取得的物质、精神、制度成果的总和。它反映的是人类处理自身活动与自然界关系的进步程度，是人与社会进步的重要标志。

生态文明作为一种文明形态，是一个具有丰富内涵的理论体系。建设生态文明，核心是人与自然和谐共处。生态文明是人、经济、社会与自然的全面协调可持续发展的现代文明。人生活在自然环境中，要实现经济、社会和周围环境的共赢，关键在于人的主动性，在于对自然的认识态度，要处理好人与自然的关系，消除人类活动对自然环境的破坏，使经济社会发展与环境相协调，逐渐形成科学合理的生产方式和生活消费方式，从而实现经济社会的持续发展。

党的“十八大”报告指出，“必须更加自觉地把全面协调可持续作为深入贯彻落实科学发展观的基本要求，全面落实经济建设、政治建设、文化建设、社会建设、生态文明建设五位一体总布局”[28]。推进生态文明建设，必须准确把握生态文明建设的科学内涵，要把生态文明建设融入经济建设、政治建设、文化建设、社会建设各方面和全过程。生态文明建设指向的经济领域，要形成节约能源资源和保护生态环境的产业结构、增长方式和消费方式等各种经济行为都要生态化；在政治领域，要求党和政府的政治活动要把解决生态问题、建设生态文明作为基本出发点之一，努力使生态文明建设成为全面建设小康社会的重要组成部分；在文化领域，要求摒弃传统文化中对资源浪费、环境污染、生态破坏的反自然的错误观念，走出只考虑当前发展，牺牲后代人需要的思想桎梏，最终实现人类社会的长期和谐发展，实现人类与自然环境的协调共生；在社会领域，要重视在全社会树立正确的生态理念，形成积极的、健康的、文明的、科学的、和谐的生活方式。因此，只有把生态文明建设融入上述四个方面，才能给子孙后代留下蓝天、绿地、水净的美好家园。

生态文明建设主要包括以下几个方面的内容。

（1）生态观念文明。

生态文明反映了人类处理自身活动与自然界关系的进步程度，是人与社会进步的重要标志，是人类摒弃了农业文明和工业文明中对自然的破坏和掠夺行为而走向更高的绿色文明的状态。我国是人口大国，人口基数大，人口增长快，生态环境脆弱状况仍未得到较大改善，我国虽然自然资源丰富，但人均占有量少，随着人口增长，部分自然资源供需矛盾日益突出，贫困人口大面积存在，经济发展仍未摆脱粗放经营的格局，生态环境整体功能在下降等问题的存在严重影响了社会的整体发展。从上述国情出发，生态文明建设，首先是人们的价值观念的转变，人们要意识到自然资源并非取之不尽和环境可以无节制地容纳污染，要摒弃长期以来国民经济增长不考虑资源消耗和环境代价的做法，要摒弃把 GDP 作为发展的唯一评判标准，要用发展的眼光看待问题，要树立健康的、文明的消费观念，从而把资源节约、环境保护、生态建设以及把控制人口数量与提高人口素质包括在发展概念之中，以实现经济、社会和环境的可持续发展[32]。

（2）生态行为文明。

良好的生态环境能够满足人的物质需求，人的实践活动实际上就是在追求实现某种价值，人通过实践改造自然以满足自己的需求。生态文明不仅是一种意识上的文明，也不仅限于人的思想观念上的文明，更表现为一种行为上的文明。在我国，随着人口的迅速增加和科学技术水平的不断提高，人类对自然资源的开发利用也达到了前所未有的深度和广度，资源消耗日益扩大，人均耕地、淡水、矿物能源、矿产等资源占有量逐渐减少。同时，由于自然资源的过度开采和滥用，造成了某些自然资源的退化，甚至枯竭，出现了一系列的资源问题。自然资源的合理利用和保护关系到人类的生存与发展，这不仅是决策层的行为文明，也是每个人的自觉行为。盲目的高消费并不利于人的身心健康，而且浪费资源，污染环境。我们应该从自身做起，养成勤俭节约的行为和习惯，积极与各种浪费、破坏自然资源现象做斗争。

（3）生态制度文明。

制度是节约资源和保护环境的硬性约束条件，制度文明是保障生态文明建设的必要措施。生态制度文明是生态保护和建设水平、生态环境保护制度规范建设的成果。为了保护生态环境，必须进行制度建设，以此来规范和约束人们的行为。近年来，我国已先后制定了20多部环境资源保护法律，国务院相关部委相应地制定了近百部环境与资源保护方面的行政法规、规章，地方人大和政府也结合本地实际情况，制定了大量配套的地方性法规和规章。这些法律法规和制度已为我国生态文明建设做好了铺垫[20]。同时，我国生态文明建设也取得了一定的成就，但人口增长过快对资源消耗过多，经济增长的资源环境代价过大等方面的矛盾十分突出，这些问题的存在已经成为制约我国经济社会发展的重要方面。资料显示：在过去的20多年里，我国GDP年均增长9.5%，这其中至少有18%是靠资源环境的“透支”来实现的。生态文明建设，不仅要对人在自然中的行为进行规范，而且要进行制度约束，杜绝人类对自然资源的不合理利用。目前高消费、超前消费、奢侈浪费在我国愈演愈烈，惊人的公款吃喝消费，不仅消耗了大量的公共资源，还造成了严重的环境污染。

1.8.2 生态文明建设的必然性

（1）建设生态文明必须把生态环境的改善放在重要位置。

在工业革命后的200多年里，经济迅速发展和科学技术日新月异，带来了人类社会的空前繁荣，使人类改造自然的能力有了极大的飞跃。然而，人口的急剧膨胀和与经济高速增长相伴而生的掠夺式的资源开发，已造成了严重的生态环境破坏。以大量消耗资源、能源和粗放经营为特征的传统经济发展模式，不仅使生态环境受到了极大的损害，而且使经济增长难以持续。人类居住的环境面临着许多问题的困扰和严峻挑战。首先，由于人口过快增长而降低了自然环境的质量。我国是世界上人口最多的国家，由于人口基数大，人口增长快，迫使人们过度开采自然资源和过度开垦土地，从而导致对自然环境的破坏。由于人口的增长而增加了废弃物排放，加剧了环境污染和生态环境的恶化。其次，人们对自然资源的掠夺式开采，破坏了生态平衡，造成了环境恶化。随着人口的迅速增加和科学技术水平的不断提高，人们对自然资源的开发利用已达到了前所未有的深度和广度，资源消耗日益扩大，人均耕地、淡水、矿物能源、矿产资源等占有量逐年减少。同时，由于自然资源的过度开采和滥用，造成了一些资源的退化，甚至枯竭，出现了显著的资源问题。如土地荒漠化问题、矿产资源遭到破坏而产生的环境污染问题、水资源的短缺与浪费和污染问题等。为了实现自然资源的合理开发和利用，我们必须更新资源观念，通过积极建设生态文明，才能更有效、更节约地利用好非再生能源，只有尊重和保护资源，加强生态文明建设，才能实现经济社会的持续发展，才能实现人与自然的和谐共处。因此，改善生态环境是建设生态文明的重要条件。

（2）建设生态文明必须大力发展循环经济。

循环经济是指以资源节约和循环利用为特征的经济形态。我国在20世纪50年代以后，尤其是改革开放以来，经济发展速度加快，但由于经济发展基础较差，经济发展基本上仍沿袭以大量消耗资源、能源和粗放经营为特征的传统发展模式，长期面临着人口、资源、环境与经济发展的巨大压力和尖锐矛盾。目前，我国在发展循环经济方面，还存在一些问题，主要是全民资源意识、节约意识和环境意识不强，促进循环经济发展的政策不完善；尚未形成促进循环经济发展的研发和技术支撑体系，已有的技术也因种种原因未能及时推广。我国是人口大国，在今后的发展中，始终面临着资源短缺和生态环境容量限制两大约束，加之上述因素的影响，如果继续沿袭高投入、高消耗、低效率的粗放经营，资源势必难以为继，环境也将难以承载，生态文明建设也将成为一句空话。生态文明是一种新的文明形态，是人类对工业文明反思的结果。因此，我们不能再走高耗能、高污染、低产出的老路，而要走出一条科技含量高、经济效益好、资源得到充分利用的新路，这既是实现人与自然可持续发展的客观要求，也是生态文明建设的具体体现。

（3）生态文明必须与其他三大文明四位一体。

生态文明是人类文明发展的一个新阶段，是在物质文明、精神文明、政治文明基础上的全方位的社会文明，同时又是继农业文明与工业文明之后的高级社会阶段的社会文明。党的“十六大”报告从社会主义现代化建设的战略全局出发，把社会主义政治文明同物质文明、精神文明一起作为现代化建设的基本目标提了出来。胡锦涛总书记在党的“十七大”报告中，在三个文明建设目标下，进一步提出了“生态文明”的建设目标：“基本形成节约能源资源和保护生态环境的产业结构、增长方式、消费模式。循环经济形成较大规模，可再生能源显著上升。主要污染物排放得到有效控制，生态环境质量明显改善。生态文明观念在全社会牢固树立。”党的“十七大”报告首次提出“生态文明”，这是我们党科学发展、和谐发展理念的一次升华。生态文明的主要标志，体现在三大转变上，一是有害环境技术向无害环境技术的生产技术大转变；二是从单纯追求经济目标向追求经济和追求生态双重目标的经济观念与行为的大转变；三是天人关系由“合一”、“对立”、“掠夺”到“和谐”的自然观的大转变。这三大转变，意味着要建立一种新型的生态伦理，以实现人与自然的协调发展。生态文明与其他三个文明有内在的统一。物质文明、精神文明、政治文明分别体现了生态文明的物质、精神和制度成果，而生态文明创造的生态环境又必然为物质文明、精神文明和政治文明提供必不可少的生态基础。生态文明使我们走上生产发展、生活富裕、生态良好的文明发展道路，也为其他三大文明的发展和进步创造条件。因此，生态文明与物质文明、精神文明和政治文明共同构成文明系统整体。如果没有生态文明，就不可能有高度发达的物质文明、政治文明和精神文明。没有生态文明，就不可能有高度的物质享受、政治享受和精神享受[14]。

（4）建设生态文明为实现人的全面发展提供有力保证。

首先，良好的生态环境能够满足人对物质的需求。人类离不开自然资源，水资源和气候资源是人类生存必不可少的前提条件，土地资源提供了人类生存的空间和进行经济活动的场所，生物资源满足了人类衣、食的基本要求，矿产资源为人类提供了能源与生产资料。可以说，自然资源是人类文明的和社会进步的物质基础。人是在社会和自然的双重因素中存在和发展的，既有社会属性，又有自然属性。但人首先是自然界的产物，自然资源存在于自然界中，人类不能摆脱自然界而存在。因此，人与自然生态环境是不可分离的。良好的生态环境是人生存和发展的必需前提。其次，人的全面发展需要良好的生态环境，而建设生态文明正是为了实现这一需求。人类产生于自然界，又以其自身的能动性反作用自然界，也就是说，人类与环境是对立统一的。从对立的方面看，环境总是作为人类的对立而存在，按照自己的规律发生和发展的。因此，人类的主观要求同环境的客观属性之间、人类有目的的活动同环境的客观发展之间，就不可避免地存在着矛盾。如果人类认识到环境的客观属性及其发展规律，在利用自然和改造的过程中，就能趋利避害，引导环境向有利于人类生存的方向发展；相反，如果违背环境发展的客观规律，迟早总要受到环境的惩罚，产生影响人类生存的环境问题。因此，在人类改造自然的同时，应当遵循自然界发展的规律，在获得自身所需要的物质生产资料的同时，建设生态文明，创造适合人类生存和全面发展的生态环境。再次，建设生态文明可实现人的精神需求，而人的精神需求是人全面发展必不可少的因素。人的全面发展既包括人的物质层面的需求，又包括人的精神层面的需求。一方面，良好的生态环境为人们提供了客观的审美对象，激发了人们的审美情趣，广阔的空间、新鲜的空气、充足的阳光、清洁的水、幽美的风景、鸟语花香的世界、容纳污染物的能力等，都给人一种心灵净化和愉悦享受。另一方面，人在审美活动中又会自觉意识到生态环境对人的全面发展的意义。从而使人对生态环境更加呵护，用美的原则改造生态环境，达到人与自然和谐相处。正是基于这些原因，才能使人与自然达到高度和谐，才能使感性与理性上升到新的境界。

（5）生态文明建设顺应了人民群众对美好生活环境的期待。

当前，我国经济发展模式正承受严重挑战，经济发展与资源环境的矛盾日趋尖锐，生态环境等关系群众切身利益的问题突出，资源过度消耗、环境引发了很大代价。近几年来出现的沙尘暴天气及环境污染问题等引起了社会广泛关注，2013 年以来出现的雾霾天气、水污染事件使环保话题再成热点。温家宝总理的政府工作报告对生态文明建设着墨较多，政府报告强调，“要顺应人民群众对美好生活环境的期待，大力加强生态文明建设和环境保护。生态环境关系人民福祉，关乎子孙后代和民族未来。要坚持节约资源和保护环境的基本国策，着力推进绿色发展、循环发展、低碳发展。大力推进能源资源节约和循环利用”。报告指出，要“采取切实的防治污染措施，促进生产方式和生活方式的转变，下决心解决好关系群众切身利益的大气、水、土壤等突出环境污染问题，改善环境质量，维护人民健康，用实际行动让人民看到希望”[76]。毋庸置疑，强调以改善环境质量，维护人民健康为重点加强生态文明建设，是我们党促进生产方式和生活方式转变，提高人民生活水平，着力推进绿色发展、循环发展、低碳发展的重要部署，反映了全体人民的共同愿望。只有实现了生态环境的好转，小康社会才有坚实的生态基础，只有实现了人与自然的和谐，社会和谐才能得以实现。一个天蓝、地绿、水净的美丽中国，是人民对美好未来的期待。

1.8.3　树立生态文明观，实现可持续发展

党的“十七大”报告首次把“建设生态文明”明确到成为全党全国人民的奋斗目标，党的“十八大”报告以《大力推进生态文明建设》为题，用专门的章节对生态文明建设作了全面论述。2013 年 3 月，温家宝在政府工作报告中，特别指出了生态环境保护工作的重要性。这是贯彻落实党的“十八大”精神的重要内容，也是全面建成小康社会的新要求。因此，要让全社会牢固树立生态文明观念，以期推动整个社会走上生产发展、生活富裕、生态良好的文明发展道路，实现经济社会与人口资源环境相协调，使人民在良好的生态环境中生产生活，实现经济社会的可持续发展。

（1）树立生态文明观念，增强全民生态意识。

生态文明观念，就是人们对生态环境在人类经济发展和社会进步中所处地位和所起作用的总的看法和基本观点。生态文明观念是衡量一个国家和一个民族文化进步与否的重要标志。然而，长期以来，由于人们对大自然的过度摄取、对生态环境的漠视以及由于人们为追求物质享受而在自然资源利用上的短视行为都将损害人类未来的生存条件、环境质量和生活质量。为了破除人们在生态观念上的错误认识，减少和消除破坏生态环境的行为，我们必须树立生态文明的观念。一要树立生产生活的生态文明观念。要彻底改变过去对资源利用上的旧观念，摒弃在发展经济时不计资源消耗和环境成本的行为，使人们在思维方式、价值观念、生活方式上有较大的转变。二要树立消费行为的生态文明观念。人类最剧烈的活动莫过于利用和改造自然的行为，人类赖以生存和生活的环境，虽然资源丰富、环境容量巨大，但毕竟是有限的，如果盲目地

增加人口，盲目地发展生产和消费，必将导致资源的短缺和枯竭。每个人的消费都直接或间接地消耗各种能源、原材料和水资源，同时向大自然排放各种废弃物。然而，在我们国家不文明消费、奢侈浪费比比皆是。因此，转变消费观念、提倡勤俭节约，才能实现经济与社会的持续发展。三要培育全民生态道德意识。生态道德意识是建设生态文明的精神依托和道德基础。保护环境是社会公德的重要内容。是否具有良好的生态道德是衡量一个人全面发展的尺度。大力培育公民的生态道德意识，是促进人与自然和谐的客观需求。因此，建设生态文明，必须提高人们的道德素养，在全社会树立以崇尚生态文明为荣，以破坏生态为耻；以勤俭节约为荣，以浪费资源贪图享乐为耻。以人与自然和谐相处、经济社会持续发展为追求目标，使环境保护成为人们的道德准则和自觉行动。

（2）大力发展生态产业和循环经济，构建节能环保型产业体系。

发展生态产业，转变生产生活方式，使生产方式由传统粗放式的经济增长方式向集约化转变，全面提高工业、农业和服务业等行业的水平和效益，合理调整生产力布局，加大限制能耗高、污染重、效益低、技术落后的产业。大力开发推广节约、替代、循环利用的先进实用技术，全面提高能源资源的利用效率，走生态工业发展之路。要大力发展生态农业，提高农业产业化水平，促进农村生态经济和农村环保产业的发展。走生态农业发展之路。发展生态产业和循环经济是解决环境问题，实现经济效益、社会效益和生态效益相统一的基本途径。要认真落实党的“十七大”精神，把建设资源节约型、环境友好型社会放在工业化、农业现代化发展战略的突出位置，大力发展循环经济，尽最大努力降低经济增长的资源环境代价，不断提高全国人民生活的生态质量。

（3）生态文明与三大文明和谐共进，推动经济社会可持续发展。

首先是物质文明。人生活在地球上，一刻也离不开自然资源，自然资源解决了人们的衣、食、住、行等物质生活问题，只有这些问题解决了，人们才能从事其他活动。因此，物质文明是人类文明活动的基础，是人类生存的第一个前提条件。第二，精神文明是对人的生活质量的全面提升。促进人的全面发展是一项系统工程，是一项不断完善的渐进工程，只有人的精神世界充实了，才能促进人的全面发展。因此，精神文明是人自身发展和社会道德的提升，是人类文明活动的动力所在。第三，政治文明为人们提供了基本的政治方向和必要的政治环境。社会主义文明程度不仅是经济社会发展、生活质量提高，还有政治文明程度提高的问题。随着人民富裕程度的普遍提高，人们渴望在政治上获得更多的民主权利。因此，发展社会主义民主政治，建设社会主义政治文明，既是我国经济基础变化和物质文明发展的必然结果，也是我国广大人民群众民主意识增强的客观要求。第四，生态文明是人类文明发展的最高境界，是人与自然关系的历史总结和升华。人与自然的和谐，已成为影响我国和谐社会建设的关键因素。人与自然的关系不和谐，就会影响人与人、人与社会的关系。因此，人与自然和谐与否，生态文明与否，也必须成为衡量物质文明、精神文明与政治文明的准则和前提[100]。

综上所述，物质文明、精神文明、政治文明与生态文明共同构成了人类文明的整体。四个文明中的每个文明既是相对独立的，又是相互作用的。物质文明可为其他文明提供物质基础；精神文明也可为物质文明、政治文明和生态文明提供精神动力；政治文明又可为物质文明、精神文明与生态文明提供政治环境；生态文明是四大文明的前提条件，有健康的生态文明，才会有健康的物质文明、精神文明和政治文明。物质文明、精神文明和政治文明均离不开生态文明。如果人类失去了生态环境，就谈不上物质享受、精神寄托和政治保障。中国特色的社会主义道路是生产发展、生活富裕、生态良好的文明发展道路。因此，我们要将四大文明，放在同等重要的位置和高度来建设，走物质文明、精神文明、政治文明与生态文明齐头并进的科学发展道路。

第2章　人口经济研究

2.1　我国出生人口性别比失调问题分析

当前我国出生人口性别比居高不下，已由人口问题逐渐演化成了严峻的社会问题。自1982年以来，我国出生人口性别比失调现象逐步蔓延，个别省份甚至出现畸高现象。我国是一个人口大国，因计划生育政策的缘故以及传统习俗和人们落后思想观念导致人为的人口性别比不断攀升。目前，我国人口性别比已超出了国际警戒线14个百分点。这不仅给人口的持续发展造成了巨大威胁，也给社会稳定埋下了极大的隐患。因此，遏制人口出生性别比的迅猛扩大趋势，已成为我国人口发展的最关键因素。

2.1.1　出生人口性别比现状

本文对我国人口性别比作了全方位分析，从统计数据可看出，我国虽成功地控制了人口快速增长，但又出现了出生人口性别比不断攀升的新问题。

1982年第三次人口普查时出生人口性别比为108.5（女性为100，下同）；1987年1%人口抽样调查为110.9；1990年第四次人口普查为111.3；1995年1%人口抽样调查为115.6；2000年第五次人口普查为119.92[23]，2009年国家统计局公布的数据为119.45，超出国际公认出生人口性别比警戒线14个百分点（联合国1955年设定的正常域值在102～107之间），特别是江西、广东、海南2000年则分别达到了138.01、137.76、135.04的惊人程度。

出生人口性别比严重失调，必将导致这些婴儿到婚配年龄时，因女性短缺而找不到新娘，届时大批“光棍”将成为一个特殊的社会群体，他们会因性饥渴而走上性犯罪道路，这必定给女性人身安全、家庭和谐、社会稳定、经济发展造成极大威胁和冲击，故已引起党和政府的高度重视。早在2002年中共中央宣传部等11部门联合下发了关于综合治理出生人口性别比升高问题的意见，2003年国家人口和计生委决定启动“关爱女孩行动”，但从国家统计局历年发布的《国民经济和社会发展统计公报》中出生人口性别比看，收效甚微，这说明还需更精准的对症下药才能奏效。

2009年我国出生人口性别比为119.45[24]，首次出现下降，但从全国人口普查数据看，1982—2000年的18年间，出生人口性别比每年以0.634的速度攀升；而国家统计局公布的数据，2000—2009年平均增速降至0.052。在产生人口性别比攀升的社会环境和政策环境没有改变，在某些方面还有加剧（B超普及）的情况下，出生人口性别比增幅突然放缓，是令人生疑的。根据《2007年中国统计年鉴》公布的数据，5~9岁（1998—2002年）儿童性别比为123.09[25]，陕西2005年1%人口抽样调查，出生人口性别比超过第五次人口普查5.55个百分点，达到130.7[87]。若以全国人口普查权威数据为准，每年以0.634的增速推算，目前，我国出生人口性别比已超过125。这就是说在20年以后，就有20%男性找不到新娘。大批“光棍”出现在贫困地区，必将成为严重的社会隐患。

从2000年第五次人口普查数据可看出，1985—2000年出生人口男性净多出1883.32万人，为维持各年龄段105的人口性别比，女性净缺少1112.40万人。从国家统计局公布的人口性别比的数据可看出，2001—2009年，出生人口中男性净多出1303.168万人，为维持各年龄段105的人口性别比，净缺女性926.333万人。从1985—2009年共多出男性3186.488万人，共缺女性2038.733万人。多出的男性相当于山西省或加拿大总人口数。随着时间推移，计划生育政策的继续实行和B超技术的更加普及，还将产生更多的“光棍”。长期偏高的出生性别比将给中国社会发展带来一系列严重问题：如因女性太少导致拐卖妇女、家庭不稳定、社会不安定、性犯罪增加等，故对社会治安和经济发展造成很大压力。这代人因性别失控埋下的隐患，转嫁给下一代承受，这是有愧于下一代的不道德行为。

1990年人口普查一胎出生男女性别比为105.2，二胎为121，三胎及以上为127；2000年人口普查一胎为107.1，二胎为151.9，三胎为160.3，四胎为161.4。一胎出生人口性别比接近正常，从二胎开始，急剧升高，其升势随着胎次的增加而增高。这是因为城市户口夫妇只能生一胎，超生要受重罚以至开除公职，故城市一胎也做B超所致，使城市一胎婴儿的男性也高出女性。农村户口的夫妇可以生两胎，三胎属超生，在农村第一胎生男生女关系不大，如果第一胎为女婴，第二胎就希望生男孩，那就有可能求助于B超技术，如果二胎没有做B超鉴定又生了女婴，第三胎就宁可接受严厉惩罚也要生个男孩，因为超生要付高昂代价，故会想尽一切办法去做B超鉴别，是男胎就生下是女胎就流产，一直到生下男孩为止。这样在农村就会出现二胎性别比高于一胎，三胎性别比高于二胎，四胎性别比高于三胎。这说明计划生育政策和B超鉴别胎儿性别相结合，造成了出生人口性别比不断攀升。从我国第五次人口普查各省（区）

市及城镇（乡）的出生人口性别比可以看出：出生人口性别比较低的是少数民族省区，这是因为少数民族地区计划生育政策比较宽松之故。

2.1.2 出生人口性别比失调寻源

（1）传统生育观念的封建思想是人口性别比不断攀升的根本原因。

我国出生人口性别比高，从表面看是由于实行计划生育政策和B超技术相结合而产生的毒瘤。但实行计划生育和B超技术不是出生人口性别比不断攀升的根本原因。根本原因是传统生育观念的根深蒂固，是人们“重男轻女”的封建思想。

几千年来，中国深受儒家传统文化习俗的影响，具有明显的男孩偏好。时至今日，随着社会的进步，中国传统文化与现代文明相结合，并倡导男女平等，但几千年封建“男权中心文化”和传统生育文化依然影响着人们的生育行为，重男轻女的社会性别意识依然左右着人们的心理需求。高出生性别比地区的群众认为女儿既不能养老，又不能传宗接代，因此偏好男孩。目前在我国这样一个以男性为主导的社会中，在严格控制人口增长的政策下，人们受“传宗接代”、“养儿防老”思想影响，尤其是人口众多的广大农村地区“生个男孩就是生产力”导致了对生男孩的强烈愿望，又在科学技术发展到能用B超鉴定胎儿性别的时代，人们自然选择终止女胎妊娠，从而导致出生人口性别比逐年增加。更进一步分析，母亲之所以残忍流产腹中女胎，原因有三：第一，男尊女卑、传宗接代思想影响，人们希望生男孩，这是问题的根本所在；第二，低生育国策的影响，由于生孩子的数量少，就选择生男孩；第三，B超鉴定胎儿性别。这三股势力合围就把未来的新娘谋杀在母腹之中。

（2）歧视性的性别选择和人为干预是造成出生人口性别比失调的最直接因素。

国家虽然禁止用B超鉴定胎儿性别，也看到许多学者提出要制订配套法规，严惩B超鉴别胎儿性别者。但即使制订出相关法律也因为执法不严而导致人们对法律的漠视。目前，零售药品管理存在诸多弊端，特别是相关部门把关不严，使性别选择成为现实。虽然各地都曾作出禁止使用B超等非法手段进行胎儿性别鉴定和终止妊娠的规定，但受经济利益驱动，在法制不完善（如国家《刑法》中还缺乏追究相关刑事责任的条款）和管理不到位的情况下，少数医务人员、一些服务站和一些个体行医者对孕妇进行检查时缺少有效监督而造成政策的执行力不高，故导致鉴定胎儿性别在私下交易的漏洞。随着B超等技术的不断普及，为歧视性的性别选择、人为干预出生性别比提供了较为便捷的技术实现方式，从而干扰了两性出生比例的自然平衡。此外，随着举家外出农民工的逐年增多，流动孕妇的隐蔽性强，使孕情难以排摸。流动人口所在城市存在着许多管理死角，对“两非”（非法鉴定胎儿性别和非法选择性终止妊娠）案件的查处不力是性别比失调的重要法制因素，机制不健全是性别比失调的重要体制因素。目前，我国农村社会保障尚未完全建立，独女户父母面临着老年赡养的难题；

繁重的农村体力劳动，致使农民生育男孩的愿望十分强烈。

（3）男性主导和男尊女卑根深蒂固。

人类在母系氏族公社时代，只知其母不知其父，母亲地位高于一切，故女性占主导地位，因此那时的社会就是母系氏族社会。到后来人类社会发展和文明了，人们不但知其母而且知其父，父亲对儿女所尽的义务和保护作用越来越大，父亲的社会地位逐渐提高。又因男性体质比女性健壮有力且勇猛尚武，故女性和子女只得听从男性和父亲的意愿，否则就得受皮肉之苦。随着父亲对社会对家庭的贡献逐渐增大，以母系为主的氏族社会就逐渐让位给父系为主的氏族社会。到了父系氏族社会男性成了社会的主角。孩子随父姓也就顺理成章。从父系氏族公社到现在，男性占社会主导地位的现实没有从根本上改变。现在我国妇女的社会地位与封建社会相比虽然发生了很大变化，人们已把妇女称作半边天，但受几千年封建思想的影响，中国妇女的半边天仍然没有撑起来，妇女的政治地位、经济地位、家庭地位和权益保障仍然没有完全建立起来，理论上的半边天和现实还相差甚远，因此男尊女卑的思想根基并未动摇。现在妇女的社会地位和封建社会妇女的地位相比虽然是天壤之别，但和男子平分秋色的社会氛围并未完全形成，男尊女卑的思想意识还左右着人们的行为。

（4）男性在生理和智力上都占绝对优势。

由于女性受教育普遍低于男性，所以形成了女性智商普遍低于男性的事实。人类在社会上生存，智商低者必定受制于智商高者！在我国领导干部中，县处级女性占16.9%，地厅级女性占12.6%，省部级女性占9.9%，全国人大代表女性占20%，女法官占22.7%，由于有政策规定女性要占到一定比例，否则女性领导阶层的人数要比男性更少。从就业上来看：我国女性占从业人员的44.8%，城镇就业女性占38.1%，中小企业家女性占20%，国企、事业单位中女性职务占20.1%[102]。由于女性接受教育程度普遍低于男性，所以形成了男性在从业上具有很多优势。

（5）女性收入低导致经济地位普遍低于男性。

2000年人口普查结果显示，当年女性收入仅为男性收入的80%，而在城市这一比例仅为71%[43]。从一个家庭来说，大多数家庭女性的收入低于男性，在这个家里女性的地位就低于男性。一个国家同样如此，家庭是组成国家的细胞，虽然人格平等，但贡献的大小就决定了地位的高低，这是不争的事实。如果说对社会对家庭的贡献男大女小，经济收入也是男多女少，男权社会的形成也就不可避免，男尊女卑也就自然生成。经济上歧视在农村还表现为婚嫁女和离异女的土地补偿问题，在城市就业方面，存在一些不利于女性的用工政策，男女同工不同酬现象十分严重；在农村就业方面，改革开放以来农村劳动者受教育程度不断提高，但总体素质依然偏低，劳动技能不高，因而传统的劳作方式使得大多数人只能从事体力劳动，体力的大小与经济收入成正比，正是由于体力存在的性别差异，使得农村男性的收入普遍高于女性；在家庭财产继承权问题上，女性也得不到平等分割。这些都进一步加剧了人口性别比的失调。

2.2 人口、资源、环境与可持续发展

2.2.1 关于可持续发展

可持续概念渊源已久，远在我国的春秋战国时期（公元前3世纪）就有保护正在怀孕或产卵期的鸟兽鱼鳖的“永续利用”思想和定期封山育林的法令。西方经济学说在19世纪对森林的研究和20世纪对渔业的研究，分析了“可持续产量”[107]，20世纪80年代初期明确提出，直到1987年，以挪威首相布伦特兰夫人为主席的“世界环境与发展委员会”公开出版了《我们共同的未来》一书后，持续发展才越来越成为人们最关心的话题，1992年联合国里约热内卢“环境与发展”大会制定并通过了全球《21世纪议程》，提出了人类通向未来的共同追求目标——全球可持续发展战略，这是20世纪人类社会又一次重大转折点。它作为人类解决环境与发展问题的科学新观点，在世界各国掀起了研究和贯彻持续发展的浪潮，也成了各国制定经济、社会发展计划时优先考虑的一条准则。中国政府高度重视联合国“环境与发展”大会的成果，率先制定并通过了《中国21世纪议程》，它是我国推行可持续发展战略的纲领和蓝图。

传统发展观点以工业增长作为衡量发展的唯一标志，把一个国家工业化和由工业化而产生的工业文明当作是现代化实现的标志，因此，追求国民生产总值的增长就成了国家经济发展的目标和动力。然而这种单纯、片面追求国民生产总值增长的发展模式没有把经济增长建立在生态基础上，有的甚至以牺牲环境为代价以求发展，其结果导致生态系统失去平衡甚至崩溃，最终使得经济发展因失去健全的生态基础而难以持续。

可持续发展观强调的是环境与经济的协调发展，追求的是人与自然的和谐。其目标是：既满足当代人的需求，同时又不损害后代人满足需求的能力；既要达到发展经济的目的，又要保护人类赖以生存的大气、淡水、海洋、土地和森林等自然资源和环境，使子孙后代能够安居乐业、永续发展。它从更高更远的视角来解决环境与发展问题，强调各种社会经济因素与生态环境之间的联系与协调，寻求的是人口、经济、社会、资源、环境各要素之间相互协调的发展。就主要内容来说，持续发展大体包括了持续发展的总体战略、社会持续发展、经济持续发展和生态持续发展。

持续发展的这个概念，实际上包容了贯彻始终的四个基本点：①总体规划和决策思想；②强调保护生态过程的重要性；③强调保护人类遗产季和生物多样性的必要性；④持续发展的核心和立足点，就是在发展的同时，要保证目前的生产率能持续到将来涉及几代或几十代的很长一段时间。总之，无论从全球、全国乃至各个地区

范围来看，持续发展都要求协调社会经济发展同人口、资源、环境的关系，其科学含义主要包括如下几个方面：首先，要控制人口的适度规模，使之与地区自然承载力相适应。第二，要保护和永续利用自然资源，以保证社会经济长期发展的需要。像那些不可再生资源，用一点少一点，必须合理使用与节约使用，以延长其服务年限，也必须适当地管理保护，力求做到永续利用。第三，要保护和改善环境质量，扭转某些地区的环境恶化趋势。第四，要促进不同类型地区协调、均衡的发展，缩小区际发展水平的差距。对于不同类型的地区，要具体分析其优势与劣势及其对当地社会经济发展的影响，并针对社会经济发展同人口、资源、环境之间关系的矛盾焦点，提出相应对策措施。

2.2.2 负重的大地，受损的环境

（1）13亿人口对我们的警示。

我国人口基数大，人口增长快。解放初期我国人口5.5亿人，到1995年2月15日就正式迎来了“12亿人口日”。虽然由于计划生育的成功开展，使这一天的到来推迟了整整9年，但这是一个非常巨大的数字，是一个历史的标碑：唤起全民对严峻人口形势的警觉。根据最新的2010年第六次全国人口普查主要数据显示：中国现在总人口是13.7亿人。

世界上，人口在5000万人以上的国家，就被称为人口大国，而我国人口超过5000万的省就有10个；世界上，人口在1亿以上的国家仅有10个，而我国河南一个省的人口就超过了1亿[101]。我国13亿人口已超过了所有发达国家的人口总和（10.642亿人），而且由于人类自身再生产的惯性作用，庞大的人口基数仍使每年净增800万～1000万人口，每年新增人口接近比利时（或葡萄牙或匈牙利）三个国家中任一国家的人口总数。从我国人口的数据分析可以看出，近几年我国净增人口基本上呈逐渐下降的趋势，但由于我国人口基数大，人口增长的态势依旧不减，到2020年人口总数将接近15亿，届时中国的人口数量将对资源与环境形成沉重压力。预计21世纪20—40年代将相继进入人口三大高峰：总人口增长高峰（2020—2030年至少15亿人）、老年人口增长高峰（60岁以上人口在2040年将超过3亿）、劳动适龄人口增长高峰（15～59岁之间的人口在2020年将达10亿人）。中国将在21世纪形成超大规模的并行膨胀的总人口、劳动适龄人口及老年人口群。

2012年2月，国家进一步大幅上调国家扶贫标准线，从2010年的农民人均纯收入1274元升至2300元（2010年不变价）。按照这一标准，全国贫困人口数量和覆盖面也由2010年的2688万人扩大至1.28亿人，占农村总人口的13.4%，占全国总人口（除港澳台地区外）的近十分之一。同时，我国还有8296万各类残疾人和1.8亿文盲、半文盲（其中文盲5000多万人）[13]。中国是世界第一人口大国，是全球文盲或半文盲人

数最多的国家，有数量最庞大的富余劳动力，众多的人口将是长期困扰中国经济社会发展的沉重负担，制约了经济投资和教育、科技的提高，而且对资源环境也造成了越来越大的压力。

（2）自然资源人均占有量少，环境问题突出。

自然资源是人类生活资料的主要来源。我国资源总量上是资源大国。但是，我国人口众多，而且对资源的利用和管理不善，使得资源遭到不应有的破坏，因此，人均资源占有量很少，甚至出现了资源危机。从这方面来看，我国又是世界上的“资源小国”，远低于世界平均水平。

目前，我国各种资源总量和人均占有量还继续在不断地减少。

1）耕地面积减少，质量下降。由于水土流失，土壤沙化，特别是工业交通和城乡建设大量占用耕地，从新中国成立初期到21世纪初期，我国共失去耕地近0.67亿公顷，同时新开垦耕地0.54亿公顷，净减耕地0.13亿公顷。人均耕地面积由新中国成立初的0.18公顷下降至2000年的0.1公顷，这样，每公顷耕地平均养活的人口从5.5人上升到10人以上。耕地不但数量上减少，土壤肥力也有所下降。目前耕地有机质含量仅为1.5%，明显低于美国等欧美国家2.5%～4%的水平。2000年，我国耕地总面积为130.04万平方千米（折算成地积后为1.3亿公顷，或者为19.5亿亩），人均耕地面积为0.10万平方米（折成地积后为0.1公顷，或者为1.5亩），是世界人均耕地的43.48%[108]。

2）森林、草场资源破坏严重。我国国土辽阔，森林资源少，森林覆盖率低，地区差异很大。全国绝大部分森林资源集中分布于东北、西南等边远山区和台湾山地及东南丘陵，而广大的西北地区森林资源贫乏。我国森林面积为159万平方千米，在世界上排第6位，但人均量仅为0.12万平方米（折算成地积后为0.12公顷，或者为1.8亩），仅及世界人均值的1/6[109]。森林覆盖率虽已达13.9%，但也仅为世界平均值的一半，在世界上排名100位之后。在如此情况下我国森林砍伐却并没有因此而减缓，过量采伐，乱砍滥伐，毁林开荒等，正日益使我国仅有的一点森林遭受前所未有的破坏，生态环境的恶化，使我国多种以森林为栖息地的动物濒临灭顶之灾。由于成熟林面积锐减，林木蓄积量少，采伐有限，我国木材及其他林产品一直供不应求，市场缺口很大，为满足国内需要，国家每年都要进口一定数量木材。根据预测，我国木材紧张状况近期不会缓解，在很长时间内依靠进口木材补充国内需要的局面不会改变。我国大部分天然草地为低草类型，适合作为割草利用的草场不多，直接影响了冬春贮草。我国草地产量偏低，干旱草原和荒漠草原面积占全国草原总面积的45%。草场退化是我国普遍存在且严重影响畜牧业发展的问题之一，长期以来，我国由于牧区生产方式落后，靠天养畜，对草场利用多、建设少，因而天然草场的单位面积产草量逐年下降，草场退化面积不断扩大，草场退化使草场载畜量越来越少，20世纪50年代一只羊平均可占有约 4 公顷草地，到了 80 年代只占有约 0.7 公顷，而目前每只羊单位仅占有草场 0.5 公顷，明显放牧超载。另外，草场的沙化和盐碱化面积逐年增加，引起了生态环境的恶化。

3）水资源极度紧缺，水体污染严重。我国的水资源存在两大主要问题：一是水资源短缺，二是水污染严重。我国是一个干旱缺水严重的国家，淡水资源总量为 28000 亿立方米，占全球水资源的 6%，仅次于巴西、俄罗斯和加拿大，居世界第四位，但人均只有 2200 立方米，仅为世界平均水平的 1/41、美国的 1/5，是全球 13 个人均水资源最贫乏的国家之一。扣除难以利用的洪水泾流和散布在偏远地区的地下水资源后，我国现实可利用的淡水资源量则更少，仅为 11000 亿立方米左右，人均可利用水资源量约为 900 立方米，并且其分布极不均衡。到 20 世纪末，全国 600 多座城市中，已有 400 多个城市存在供水不足问题，其中比较严重的缺水城市达 110 个，全国城市缺水总量为 60 亿立方米[85]。我国水资源短缺、水污染严重、水土流失严重、水价严重偏低、水资源浪费严重。

据监测，目前全国多数城市地下水受到一定程度的点状和面状污染，且有逐年加重的趋势。日趋严重的水污染不仅降低了水体的使用功能，进一步加剧了水资源短缺的矛盾，对我国正在实施的可持续发展战略带来了严重影响，而且还严重威胁到城市居民的饮水安全和人民群众的健康。随着城市化和经济社会发展，土地被大量占用，非农业灌溉用水需求在急剧增加，农业与工业、农村与城市、生产与生活、生产与生态等诸多用水矛盾进一步加剧，水资源短缺的压力进一步增大。随着我国人口的增加，经济的发展和城市化进程的加快，大量的工业和生活污水未经处理直接排入水中，农业生产中化肥和农药大量使用，使得部分水体污染严重。水污染不仅加剧了灌溉可用水资源的短缺，成为粮食生产用水的一个重要制约因素，而且直接影响到饮水安全、粮食生产和农作物安全，造成了巨大经济损失。

4）矿产资源的保证程度低，环境问题严重。矿产资源属于非可再生资源，数量是有限的。矿产资源（包括矿物能源）在国民经济发展中具有举足轻重的作用。据统计，我国 95% 以上的能源，80% 以上的工业原材料，70% 以上的农业生产资料来自于矿产资源。资料显示，我国是世界上少有的几个资源大国之一，也是世界上少数几个矿产大国之一，矿业已成为全国国民经济持续发展的重要基础。但是，由于我国人口众多以及政策和管理方面的诸多问题，在矿产资源及其开发利用中的问题也十分突出，具体表现如下：一是许多矿山后备资源不足或枯竭，未来资源形势十分严重。目前，一些矿产已探明有半数以上不能保证建设的需要，资源形势日趋严峻。特别是一些能源基础性矿产、大宗支柱型矿产不能满足需要、对国民经济和社会发展将带来重大制约。预计到 2020 年后，有 45 种矿产中大多数将不能保证建设的需要。二是矿产资源开发利用率低、浪费大。全国矿产开发综合回收率仅 30% ~50%，低于发达国家 20% 左右。

国民经济发展对资源消耗强度过大，单位资源的效益大大低于发达国家。三是矿产资源开采利用中的环境问题严重。资料显示，我国因矿产采掘产生的废弃物每年约为6亿吨。由于固体废弃物乱堆滥放，造成压占、采空塌陷等损坏土地面积达2万平方千米，现每年仍在以0.025万平方千米的速度增加[63]。矿产资源开发“三废”的排放会影响生态环境，诱发地质灾害，引发地下水位、水质的变化，甚至造成重金属砷、氟等有害成分的积累，最终威胁人类生存环境。此外，由于地下水的过度抽取，导致了上海、北京、天津、西安等大城市地表的下沉。

（3）农业形势严峻。

农业是中国国民经济的基础。农业与农村的可持续发展，是中国可持续发展的根本保证和优先领域。新中国成立63年来，尤其是自1978年改革开放以来，农业生产结构有所改善，农村经济有了很大发展，初步解决了13亿人口的吃饭问题，但中国农业和农村发展还面临着许多自然方面和人为方面的不利因素。

1）水资源地区分布不均，与其他资源配合欠佳。我国水资源在地区分布上具有显著的不均衡性，表现为“东多西少，南多北少”的特点。东部湿润多雨，西北部干旱少雨。两地水分条件差异很大，作为降雨补给的河川径流，亦表现出和以上完全相同的规律。以400毫米等降水量线为界，此线以西以北干旱、半干旱地区，是无水利灌溉则无农业的地区。在这片广阔的土地上，只有水量相对比较集中的河流出山口冲积扇，以及若干沙漠绿洲附近的有限范围内，才能发展农业，建立居民点。

400～800毫米等降水量线之间的地带，为旱作农业区。有的进行季节灌溉，才能保持稳定的产量。这一地区水资源本不丰裕，由于煤、石油、铁等资源条件较好，发展了许多重要工业区、城市以至特大城市，使得水资源形势极为严峻。

800毫米等降水量线以东以南的地区，是多水地区，对农业的危害主要来自洪涝。

我国水资源不仅空间分布不均，而且与其他资源匹配欠佳。以水、土配置来说，长江流域及其以南地区，耕地占全国38%，而河川年径流量占全国的83%；淮河及其以北地区，耕地占全国的62%，年径流量只占全国17%，全国有一半以上的国土处于干旱和半干旱地区。南方水多耕地少，北方耕地多水少，对农业的进一步发展限制很大。

2）土地承载力处于临界边缘。新中国成立以来，我国平均每年增加人口1000多万，在人口增加的同时，农业、城市、工交用地也在相应增加，而耕地却在逐年减少。庞大的人口基数和较快的人口增长速度形成了我国人口与耕地逆向发展、人口与粮食同步增长同步抵消、人口与环境矛盾日益加剧、人口与资源占有率逐年递减的状况，在一定程度上加重了农业生产水平提高和对农产品需求增加的压力。另一方面，农业人口文化水平低、素质差，农业科学技术的应用和现代农业推广都会受到一定程度的限制和影响。研究结果表明，到2020年人均占有粮食按450千克标准计算，只有在高投入水平下人口承载量可超过15亿人，但根据目前的人口数量和每年增加的人口，那时人口肯定会接近或超过15亿①。这些预测告诉我们，我国长期以来，以及未来相当长的时期内，都处在承载力的临界边缘。

3）后备的可利用土地资源，尤其是耕地资源不足。我国土地辽阔，绝对数量大，但沙漠戈壁、石山裸露、冰川和永久积雪等不易被农林牧业利用的土地就有1.9亿公顷，加上海拔在3000米以上人类不易利用的高寒土地，共占国土总面积的36.6%。

我国是个古老的农业国，对土地的开发利用早，可供开垦的后备耕地已十分有限。据统计，全国尚有宜农荒地3535万公顷，其中近一半分布在牧区，宜建立人工草场；另有约660万公顷零星分布在南方的山地、丘陵地区，主要应作为果木和经济林用地；余下的1300万公顷荒地主要分布在黑龙江和新疆等边远地区。由此可见我国土地的后备资源不足，尤以耕地为甚。

（4）生态环境存在危机。

目前，我国经济发展模式正承受严重挑战，经济发展与资源环境的矛盾日趋尖锐，生态环境等关系群众切身利益的问题突出，资源过度消耗、环境引发了很大代价。我国生态环境的特点是特殊自然地理条件和经济社会发展历史的复合作用结果。人们为了生存，不断地向大自然索取，加之历代战乱，使我们的生态环境遭到了破坏。对我国生态环境的现状，可作出以下的基本评价：先天不足；后天失调，治理艰巨；退化污染，兼而有之；局部改善，整体退化；治理能力赶不上破坏速度，全民生态意识还有待大力提高。目前，我国面临着以下10大生态问题：①从历史角度去考察，我国的自然灾害频度有加快的趋势，受灾面积与成灾面积不断扩大，20世纪60年代大于50年代，70年代大于60年代，80年代又大于70年代。进入21世纪以来，每年出现的沙尘暴天气及环境污染问题等引起了社会广泛关注，2013年以来出现的雾霾天气、水污染事件使环境话题再度成为热点。②占国土面积65%的山区中有9.7%的生态环境脆弱带，一旦开发利用不当，必将形成大范围的水土流失，加速生态失衡。③我国属于森林资源缺乏的国家，森林面积不断缩小，采伐量超过生长量。目前，我国已是世界第二大木材进口国。④我国又是草资源缺乏的国家，长期放牧，只用不养，盲目开垦，草原逐年退化。草原退化、沙化和碱化面积逐年增加。全国已有“三化”草原面积1.35亿公顷，约占草原总面积的1/3，并且每年还在以100万~200万公顷的速度增加[30]。⑤我国是荒漠化危害严重的国家之一，全国沙漠面积达262平方千米，占国土面积的27.3%，并且每年还以2460平方千米的速度在扩展。⑥我国是严重缺水大国，过量开采，浪费惊人，人为污染，水资源危

① 根据2010年第六次人口普查资料计算而得。

机加剧。我国约73%的工业废水和97%的生活污水未经处理直接排入江河湖海。长江、黄河、珠江、海河、滦河、辽河、松花江七大水系接纳了全部城市污水排放量的70%。全国已有82%的江河湖泊受到不同程度的污染，水污染每年造成的经济损失在整个环境污染造成的损失中比重最高。⑦由于资源分布不平衡，各地区资源承载能力差异巨大，生态平衡受到严重威胁。⑧大气污染严重，废渣排放量过大，垃圾包围城市已是十分突出的环境问题。⑨农村环境污染正由点到面的蔓延，农村生活垃圾及乡镇企业的生产垃圾成为重大污染源，经济发展的成效正在被污染所造成的损失抵消。⑩生态环境破坏已造成巨额经济损失，恶性和突发性环境事故迭起，直接危害人民生命财产安全。据估计，全国每年因生态破坏所造成的经济损失约500亿元，森林破坏为115亿元，水资源破坏为18亿元。全国污染事故平均每年增加200多起，年增长率达7%，10年即可翻一番。

2.2.3 人口资源环境与可持续发展的选择

生存与发展是人类社会最基本的主题，人类的社会活动无一不给自然界打上深刻的烙印。面对上述一系列重大问题，愈来愈多的科学家预言，生态危机将成为21世纪人类所共同面临的最大的危机。在这严峻的生态危机面前，人们对全球环境问题愈益达成共识，即人类未来的生存与发展，取决于自然支持系统的保护和发展，而协调好社会、经济、资源、人口、环境的关系，乃是实现持续发展的前提，我国长期处于人口膨胀、土地和资源不足、生态环境恶化的情况下。近年来，随着经济高速增长而面临的资源、环境问题日益突出。我国每年由于环境污染造成的损失约达1000亿元人民币，生态环境问题正愈益成为制约我国经济发展、影响社会安定和国际形象的重要因素。目前，我们既没有发达国家在工业化过程中的环境容量，也没有发达国家所拥有的资金和技术优势。我们的国力有限，拿不出大量的资金治理环境，环境治理技术也较落后。严酷的现实，促使人们冷静地审视以往所走过的历程，总结过去通过高消耗追求经济数量增长以及“先污染、后治理”传统发展模式所带来的严重教训，人们越来越认识到，人类不仅要关注发展的数量和速度，更要重视发展的质量和可持续性。而持续发展体现着人与自然关系的和谐协调及人类世代间的责任感，无疑要以它来作为当代社会进步的指导原则，努力协调好发展同人口、资源间的关系，这是中国社会主义现代化的根本要求。

（1）计划生育与人口控制，事关全民族的生存与发展。

当前和今后一个时期内，控制人口数量，使人口控制在土地资源所能承载的限度之内；提高人口素质，尽可能使巨大的人力资源转化为保护环境发展经济的动力将仍然是中国人口政策的重点。因此，结合改革开放，必须寻求与市场经济相适应的新的人口调控机制。如正在全国广大农村推广的农村计划生育工作与经济发展相结合，与帮助农民勤劳致富相结合，与建设文明幸福家庭相结合的工作，就是计划生育工作的一项重大改革。

（2）制止环境恶化，防治结合。

在农村应树立大农业思想，积极推广“生态农业”与“现代农业”，实行“持续农业”和“森林能源工程”；在工矿企业，尤其是乡镇企业，在经济开发布局时，要考虑环境和生态效益，对污染重的企业要大力加强技术改造，增加环保投入；对屡教不改或不及时整改的，要充分运用经济杠杆和法律手段，实施惩治和关闭该企业；在城市，重视城市生态环境的建设，对城市人口不断膨胀，产生垃圾，污水、噪声、汽车废气、交通阻塞等一系列城市环境问题要进行综合整治，创建人与自然和谐的生态城市。

（3）合理利用资源，坚持开发与节约并举。

要实施可持续发展，任何时候都必须坚持合理利用资源。我国工业整体技术水平还不高，资源利用率低，农业生产上粗放经营，管理不严，资源浪费现象严重。因此，我们必须坚持资源开发和节约并举，把节约放在首位，尽快转变经济增长方式，变粗放经营为集约经营；在生产、建设、流通、消费等各个领域，都必须节水、节地、节能、节材、节粮，提倡节俭的消费方式，使资源浪费减到最低程度。同时，依靠科技进步，提高生产工艺水平，大幅度提高能源、原材料的利用率，实现资源的食理配置和持续利用。

2.3　宁夏人口与生态环境

人口与生态协调发展问题是区域经济持续增长的重要内容，自实施退耕还林还草封山禁牧工程以来，宁夏生态环境有了明显改善，人口自然增长率也出现了逐年下降的趋势。但人口仍然处于持续快速增长阶段，这不仅给环境造成了巨大压力，也形成了“一方水土养活不了一方人”的生态环境恶劣地区。在脱贫与返贫形成拉锯战的同时，如不能调整生育政策，减低人口增速，届时，在人口对土地的压力下，任何扶持当地的救助工作，都将会被新增人口所抵消。因此，控制人口增长，已成为宁夏人口与生态协调发展的最关键因素。

2.3.1　宁夏人口与生态环境总体评价

近年来，宁夏经济持续快速增长，人口出生率和自然增长率逐年下降，人民生活有了很大改善，人口与生态正处于适应性协调发展之中。

（1）宁夏人口发展状况。

1）人口计生工作取得显著成效。据人口变动情况抽样调查，2007 年宁夏总人口为

610.25 万人，2007 年全区出生人口 8.98 万人，人口出生率为 14.80‰，比上年下降 0.73 个千分点；死亡人口 3.06 万人，人口死亡率为 5.04‰，比上年上升 0.20 个千分点；自然增长人口 5.92 万人，人口自然增长率为 9.76‰，比上年下降 0.93 个千分点。全年净增人口 6.52 万人。

表 2-1　1997—2007 年宁夏人口自然变动情况

年份	年平均人口（万人）	出生		死亡		自然增长	
		人数（万人）	出生率（‰）	人数（万人）	死亡率（‰）	人数（万人）	自然增长率（‰）
1997	525.08	9.92	18.9	2.85	5.43	7.07	13.47
1998	532.75	9.69	18.19	2.72	5.11	6.97	13.08
1999	539.93	9.70	17.97	3.05	5.65	6.65	12.32
2000	548.81	9.05	16.49	2.51	4.57	6.54	11.92
2001	558.77	9.25	16.55	2.70	4.84	6.54	11.71
2002	567.38	9.32	16.42	2.76	4.86	6.56	11.56
2003	575.86	9.03	15.68	2.72	4.73	6.31	10.95
2004	583.95	9.33	15.97	2.80	4.79	6.53	11.18
2005	591.96	9.43	15.93	2.93	4.95	6.50	10.98
2006	599.97	9.32	15.53	2.90	4.84	6.41	10.69
2007	610.25	8.98	14.80	3.06	5.04	5.92	9.76

表 2-1 数据根据《2007 年宁夏统计年鉴》及《2007—2008 宁夏区情数据手册》整理。

表 2-1 中数据反映了 1997—2007 年宁夏人口自然变动情况。与 1997 年相比，11 年共增加人口 85.17 万人，年均增长率为 1.51%。11 年来，宁夏总人口虽然逐年增加，但出生人口却呈下降趋势。人口出生率由 18.9‰下降至 14.80‰，11 年间下降了 4.1 个千分点。人口死亡率比 11 年前下降了 0.39 个千分点。说明了宁夏医疗卫生事业的快速发展惠及到了广大城乡居民的生活之中。11 年来，宁夏人口自然增长率由 1997 年的 13.47‰下降到 9.76‰，11 年下降了 3.71 个千分点，充分说明了宁夏计生工作已取得了显著的成效。

2）与全国相比，人口出生率高，人口数量增长较快，尤其是宁南山区各县的人口增长快，所占总人口的比重明显上升。

其一，表 2-2 中数据表明，2007 年我国人口出生率为 12.10‰，而宁夏人口出生率为 14.80‰，高出全国 2.7 个千分点。当年全国人口自然增长率为 5.17‰，而宁夏人口自然增长率则为 9.76‰，高出全国 4.59 个千分点，在全国仅次于西藏和新疆。

表 2-2 宁夏各市县人口增长情况与全国比较

地市级人口数（人）	名称	2007 年人口（人）	人口数量排名	人口出生率（‰）	人口出生率排名	人口自然增长率（‰）	人口自然增长率排名
	全国	1321290000		1210		517	
	全区	6102428		14.80		9.76	
银川市人口合计1616504	兴庆区	588132	1	8.92	2	5.56	19
	金凤区	187559	17	11.10	6	6.93	17
	西夏区	240682	13	8.36	1	3.88	22
	永宁县	203127	15	11.36	7	7.13	15
	贺兰县	175345	18	12.58	8	7.59	14
	灵武市	221659	14	14.06	12	9.88	8
石嘴山市人口合计730423	大武口区	260830	11	10.32	4	5.54	20
	惠农区	196931	16	10.11	3	4.15	21
	平罗县	272662	9	11	5	5.60	18
吴忠市人口合计1283853	利通区	364803	6	14.30	13	9.40	9
	红寺堡	143653	21	16.37	19	12.53	3
	青铜峡市	271212	10	12.90	9	7.05	16
	盐池县	156970	20	14.80	14	8.56	10
	同心县	347215	7	16.30	17	12.39	4
固原市人口合计1425793	原州区	486716	2	16.37	18	11.12	6
	西吉县	408924	3	18.62	21	13.43	1
	隆德县	163770	19	15.34	15	8.46	11
	泾源县	117792	22	18.71	22	11.59	5
	彭阳县	248591	12	15.77	16	10.34	7
中卫市人口合计1045855	中卫城区	369107	5	13.68	11	8.34	13
	中宁县	304709	8	13.37	10	8.39	12
	海原县	372039	4	18.60	20	13.39	2

表 2-2 数据根据《宁夏经济要情手册 2008》整理排序。

其二，从表 2-2 中可以看出，以宁夏人口自然增长率 9.76‰为基准，增长率由高到低依次排名的县区是西吉、海原、红寺堡、同心、泾源、原州区、彭阳共 7 个县（区），这些县（区）无一例外地都地处宁南山区，尤其是海原、西吉、泾源、同心、红寺堡等少数民族聚居区，少数民族人口依次分别占总人口的 73.17%、55.71%、

76.70%、85.97%、62.49%。这些县区少数民族人口均超过总人口的一半以上。因此，少数民族地区是人口增长速度最快的地区。

其三，从全区来看，目前宁夏只有西夏区和惠农区2个市辖区人口自然增长率低于全国5.17‰的水平，其他20个县（市、区）均高于全国水平。

其四，从宁夏人口净增加来看，20世纪50年代，净增加123万人，平均每年净增加人口12.3万人；20世纪60年代净增加64.3万人，平均年净增人口下降到6.4万人；20世纪70年代净增96.4万人，平均每年净增9.64万人；20世纪90年代净增88.6万人，平均每年净增8.86万人；21世纪以来8年净增55.93万人，平均年净增6.99万人。截至2007年底，宁夏人口总数已达到610.25万人。从未来走势看，按照"十一五"规划，到2010年，宁夏人口将达到635万人。如果按照每年8万人的增加规模，到2020年，宁夏人口将达到720万人，到2050年将达到960万人。

其五，由于人口再生产自身的发展规律，尽管育龄妇女的生育水平已接近更替年龄，但在相当长的时期内，人口总量仍然持增长态势。2007年，宁夏育龄妇女总量已达到175万人，在今后10年内，育龄妇女人数将持续增加；20~29岁生育旺盛期妇女人数为51万人，在今后10年内将在51万~54万人之间并先增后减。随着人民生活水平提高和计生工作的落实，宁夏人口增长速度在逐步下降，但每年净增8万左右人口也是不争的事实，这说明人口自然增长仍然是人口增加的主要因素。因此，宁夏计生工作任重道远。

（2）人口增长对生态环境形成的压力。

近年来，宁夏人口增长势头虽然得到有效控制，但人口的基数却在逐年增大，相对于自然生态环境而言仍然处于矛盾之中，特别是宁南山区人口增长率（11.16‰）高于全国平均水平（5.17‰）的一倍还多0.82个千分点。加之人口发展的惯性作用以及少数民族人口政策的宽松，使人口对生态的压力十分巨大。从全区来看，宁夏人口过度增殖已超出了刚性土地资源的有效容纳力，今后即使现有耕地一亩不减，由于农村人口压力过大，会使经济和社会的发展以环境和资源遭到破坏为代价。大量事实证明，目前宁夏农村正面临着史无前例的人口资源承载力的制约，如不减少农村人口，宁夏的生态环境将会不堪重负，如果越来越多的人口因生计再次陷于贫困之中，即使我们有回天之力也不可能再建一个像红寺堡这样的生态移民开发区，因为全区的水和土地资源是有限的，而人口的增长是持续的。

2.3.2 人口发展与生态环境之间的问题和矛盾

人口数量与人口素质、人口数量与生态存量和生态消费之间表现出了明显的此长彼消的关系。由于自然的、历史的、体制的、观念的多重原因，从而导致了人口的快速增长和生态环境不断恶化的逆向运转，人口增长过快和生态环境恶化不仅给土地带来了巨大的压力，也制约了经济社会的持续发展。

（1）人口的快速增殖导致生态环境不堪重负。

宁夏是少数民族地区，新中国成立以来，党和政府实施了一系列有利于民族事业发展的政策和措施，少数民族人口得到较快发展，由于少数民族有特殊的生育政策，全区少数民族人口的比重上升明显。另外，由于国家政策对少数民族的多方面照顾（如招生招工及提拔干部等），少数民族与汉族通婚后生育的子女在民族成分上绝大多数被认定为少数民族，致使少数民族的生育水平远远高于汉族。调查表明，宁南山区回族妇女早婚、早育十分普遍，在15~24岁年龄阶段生育率大大高于其他民族，虽然近年来生育率有所下降，但2007年人口出生率和人口增长率仍高达16.81‰和11.16‰。这种因早婚而导致早育和密育型的生育，不仅使人口增长速度快，而且缩短了世代间隔，加速了人口增殖。在宁夏人口总量继续增长的态势下，育龄妇女的总量也在持续增加，2007年，宁夏育龄妇女总量已达到175万人，今后10年内，宁夏育龄妇女人数将持续增加；20~29岁生育旺盛期妇女人数为51万人，育龄妇女所占比重大意味着潜在的人口增长速度快，因此，宁夏人口惯性增长势头依然强劲，人口形势不容乐观。

生态环境是人类赖以生存和发展的基础，宁夏中部干旱带和宁南山区生态环境十分脆弱，农村人口的过快增长，尤其是宁南山区由于小家庭的出现，大量优质农田已被宅基地占用，在山区，川道地、尤其是对水浇地的开发利用已接近了极限，从而导致生态环境更加恶化。新中国成立以来，宁夏人口出生率一直保持在较高水平上，沉重的人口包袱拖了经济发展的后腿，使宁夏在现有的基础上难以在短期内彻底摆脱贫穷、落后的状态，人口过快增长，一是使经济成果大打折扣，尽管年年扶贫，但每年扶贫资金、新增产品和国民生产总值的相当部分被不断增长的人口所抵消。二是极大地加重了劳动就业压力，从2005—2008年，宁夏平均每年进入劳动年龄的人口达10万人，尤其是遇到像当前金融风暴这样的危机，对于经济底子薄、干旱缺水的内陆地区，就业艰难已经显露。三是严重影响了人口素质和人民生活水平的提高，造成了衣食住行等方面的问题。四是降低了自然环境的质量，由于废弃物排放量的增加，加剧了环境污染和生态环境的恶化。

从全区来看，宁夏人口过度增殖已超出了刚性土地资源的有效容纳力，今后即使现有耕地一亩不减，由于农村人口压力过大，会使经济和社会的发展以环境和资源遭到破坏为代价。大量事实证明，目前宁夏农村正面临着史无前例的人口资源承载力的制约，如不减少农村人口，宁夏的生态环境将会不堪重负，越来越多的人口将会因生计再次陷入贫困之中，因为全区的水和土地资源是有限的，而人口的增长是持续的。

（2）人口文化素质低，教育不平等问题比较突出。

资料显示，宁夏除大学文化程度的万人指标高于全国外，其他指标都低于全国。小学以上文化程度人数占总人口的比例比全国少13.2个百分点。2007年，宁夏就业人口在各种受教育程度人口中，大学及以上受教育程度仅占7.92%，高中受教育程度占14.52%，初中、小学受教育程度所占比重分别为46.36%、25.39%，但就业人口平均受教育年限仅为8.71年，还不到初中毕业的水平。与此同时，宁夏教育不平等的问题比较突出，调查中了解到，宁夏6岁及6岁以上人口中未上过学的人口中女性所占的比例为66.35%，高于全国平均比例62.38%近4个百分点。教育不平等在少数民族地区表现得尤为突出，泾源县位于宁夏最南端，该县回族人口占98.2%，是我国回族人口最集中的县份，该县兴盛乡下金村1组共有50位育龄妇女（2009年2月），是个纯回民村，调研中当问及年龄及相关问题时，其中48位表述不清，该村育龄妇女文盲率达96%。女性文盲率高是导致早婚、早育、多生、多育的重要原因。从全区来看，宁夏文盲人口15岁及以上比重为18.71%（全国平均为11.04%），高出全国平均水平7.67个百分点，而宁夏女性文盲率为26.13%（全国平均为16.15%），高出全国平均水平9.98个百分点，而就宁夏而言，女性文盲率又高出男性2.31个百分点。这种现象的出现是多年来宁夏与全国教育水平差距长期累积的结果。人口文化素质低，教育不平等问题比较突出的原因，一是宁夏是少数民族地区，少数民族人口占36.13%（其中回族占35.46%），回族善商经但对教育重视不够，尤其是对女性的重视不够。二是宁夏是经济欠发达地区，农村绝对贫困人口和低收入人口达33.6万人，由于自然灾害频发，返贫现象比较突出。许多优秀学生失去了上大学的机会。三是师资队伍的薄弱和不稳定成为困扰山区基础教育的一大因素，一些山大沟深的乡村学校由于教学条件差，许多教师纷纷外流，由此导致的后果是教育质量只能在低水平上重复。

（3）养老问题已成为农村社会面临的重大难题。

目前，宁夏农村养老方式正在面临着土地保障功能日益弱化的巨大挑战：一是家庭结构逐渐趋于小型化加剧了家庭养老功能的萎缩。进入21世纪以来，在灌区以及山区经济条件较好的农村地区逐渐出现了“4-2-1型”的家庭结构，意味着一对夫妇要赡养4个老人，显然难以满足养老的需求。二是家庭结构趋小化导致宅基地建设规模不断扩张。以隆德县为例，该县与甘肃静宁县为邻，由312国道相连，两县之间20千米范围内的川道地是隆德县最精华的产粮区，1970年初，沿国道北侧只有10个村庄，彼此相隔约2千米，2009年初，在不到40年的时间里，由于小家庭的出现，宅基地的建设扩张，公路沿线的10个村庄已基本连为一体，这只是该县宅基地占用耕地的一个缩影。三是经济社会的快速发展加速了土地资源的不断流失。土地是农民生存的基础，随着工业化、城镇化的快速发展，交通用地、开发区、工业园区的建设占用了大量的土地，尤其是对耕地的征用，使农民失去了基本依靠。人增地减加速，使土地已经很难承担起日益沉重的养老负担。四是农田耕作成本加大，增产不增收现象十分突出。宁夏是一个干旱缺水的省区，尤其是占宁夏“半壁河山”的中部干旱带和南部山区，十年九旱使得广大农民广种薄收，加之土地的细化无法实现规模经营，同时，近年来农产品价格不断下降，土地经营的成本上升，农田劳作只能解决温饱，土地对农民的养老保障作用正在弱化。五是农村富余劳动力的大量外出，加大了养老保障的难度。2001—2008 年，宁夏外出务工人员 8 年之间由 50 万人次增加到 78 万人次，平均每年外出 3.5 万人，随着农村经济结构调整和我国城镇化进程的加快，今后每年向外转移的数量也将不断增多，这将意味着农村留守老人的数量也会上升，农村社会负担和社会责任也将逐年加大。

（4）农村纯女户再生育意愿强烈已成为制约低生育水平稳定的突出因素。

宁夏人口文化素质普遍较低，农村则更低，几千年来根植于农民灵魂深处的旧观念旧思想还没有彻底转变。据资料显示，宁夏贫困地区农民多生多育者 95% 以上为纯女户，“养儿防老”、“传宗接代”、“生个男孩就是生产力”是他们根深蒂固的传统观念，这在一定程度上刺激了农民多生多育的愿望。2008 年，笔者参与了一次全区范围的农村计划生育调研活动，共调查 4541 人，调查结果表明，家庭劳动力需要为 1235 人，占 27.2%，心理需要的 1143 人，占 25.17%，履行社会责任的 669 人，占 14.7%，长辈要求的 284 人，占 6.25%，无法说清的 1210 人，占 26.65%。由此看来，心理、生产需要、传统观念和养儿防老观念的影响还较大。生育意愿受生育观念的影响很大，以上数据表明纯女户再生育意愿强烈。一是“生个男孩就是生产力”。由于农村贫困面积大，贫困人口多，许多农家子女由于家庭经济困难而失去上学机会，即使上了大学也无门路就业，女孩出嫁后家中农田只能依靠男孩，家庭经济收入源于农业生产，赡养老人的义务必然落在男孩身上。二是为了延续血脉而产生的续嗣心理。目前，人口和计划生育宣传教育对农村群众生育观念的引导和传播力还不够，新型婚育文化还没有占据主导地位，出于“延续香火、传宗接代”心理需求使得她们对生育男孩的目标坚定而执着。三是农村抚养孩子的成本很低。农村抚养孩子的成本主要体现在直接成本的抚养费用上[91]。如孕妇生产时的医疗费比城市低很多，加之近年来对农村学生学杂费用的减免等，至于对孩子后期的养育成本绝大多数农民都不作过多地考虑。间接成本在农村表现得十分模糊，由于农村老人盼“抱孙子”心切，照料孩子的时间充裕且投入不大，从心理上乐于接受。对于违反计生政策带来的特殊成本，许多农民都怀着侥幸心理，即使罚款也因贫困而告终。由于以上原因，导致了农村纯女户的再生育意愿，这已成为制约低生育水平稳定的突出因素。

2.3.3　人口与生态环境建设的基本思路

宁夏是一个少数民族地区，基本区情是人口增速快、底子薄，自然灾害频发、水资源贫乏和人均国民生产总值较低的欠发达省区。只有保持较快的经济发展速度，才能尽快消除贫困，提高人民生活水平，增强综合实力。然而，宁夏庞大的贫困人口群体及人口的快速增殖状况，在相当长时期内是难以彻底扭转的。同时，宁夏经济基础差，生态环境脆弱。因此，以较低的生态代价和社会代价取得较高的发展速度，并保持人口与生态环境相互协调，是落实科学发展观的重要内容。

（1）对少数民族人口进行宏观调控，实施新的民族人口政策。

我国是一个多民族国家，截至2011年底，人口超过500万人的少数民族已达9个，其中回族人口已达981.68万人。欧洲是世界上最发达的地区之一，共有46个国家和地区，和中国的面积差不多，总人口2.7亿人，若俄罗斯不计在内，45个国家和地区的人口平均数不到1300万人。目前，我国回族人口总数已接近（俄罗斯除外）欧洲平均数，也就是说，我国回族人口数如果与欧洲相比，已属于一个中等偏上的“人口大国”。宁夏是中国回族人口聚居区，从这方面讲，回族更应该严格实行计划生育政策。计划生育政策具有一定的特殊性，要充分认识和科学判断人口与计生工作发展面临的形势和任务，调整思路，与时俱进，推动人口和计划生育事业又好又快发展。

（2）完善利益导向机制，为“少生快富”工程持续发展提供强劲动力。

计划生育是国策。要引导群众自愿实行计划生育，实现国家利益与群众利益的有机统一，这是控制人口过快增长、统筹解决人口问题的治本之策。近几年来，宁夏人口计划生育利益导向机制建设取得重大进展，“少生快富”工程的实施收到了显著成效，并作为宁夏首创经验在西部省区推广，起到了显著的人口控制效果。随着经济社会的发展和形势的变化，为了使“少生快富”工程持续发展并取得良好的经济社会效益，原有的政策措施还需要不断调整和完善，才能发挥持续的政策效应。一是在国家政策范围内建立并完善利益导向机制[91]。对于遵守国家生育政策和主动放弃生育指标的，给予一定的物质奖励和精神奖励，对于违反生育政策的要征收计划外生育费和有关惩罚费；利益导向机制的建立，要着力体现在各种机会获得上的优先权和政策倾斜的特殊性，通过政府行为对自愿自觉计划生育户的各种激励政策和对违反计生政策户的各种处罚对比，让群众真真切切看到党的政策的科学性和严肃性，从而转变育龄妇女的生育观念并影响和带动更多家庭实行计划生育，同时在社会上要大力营造尊重实行计划生育群体的氛围。二是为“少生快富”工程持续发展提供强劲动力。纯女户是宁夏农村计划生育工作的重点和难点，如果能解决他们的后顾之忧，使纯女户家庭老有所养，那么对实行计划生育工作的难度就会大大降低。要对政策规定范围内而出现的“独女户”和“纯女户”家庭，应制订更多的优惠政策和措施，要建立家庭风险基金，即使发生意外，也使其父辈有一个较稳定的生活来源。可实施社会扶助政策，在生产扶持、困难补贴、农村经营等方面给予特殊照顾。三是建立计划生育家庭养老保障制度，从而解除他们的后顾之忧。四是将计划生育困难家庭优先纳入低保，保证困难家庭的经济安全。要探索将落实长效节育措施的少生户纳入“少生快富”工程，同时开展形式多样的“少生快富”工程示范户创建活动。

（3）提高人口素质是转变生育观念的关键所在。

人口过快增长与人口素质不高是导致经济落后的直接原因，因此，发展经济、提高生产力及教育水平，改变人们的生育观念，是彻底解决人口过快增长问题的根本途径。一是大力发展教育事业，提高农村人口尤其是提高农村女性人口的文化素质。根据宁夏人口素质低尤其是女性群体文化素质更低的状况，在招生政策上要向女性倾斜，逐步提高女性在各类学校中比重。二是从法律上保障女性受教育的平等权利。重点抓好农村9年义务教育，确保适龄农村女孩不失学。进一步提高女童入学率、升学率，减少甚至杜绝女童辍学。三是加大宣传力度，通过各种形式教育农民破除重男轻女的封建思想，要教育农村妇女让她们更新观念，消除传宗接代的思想禁锢。通过就业培训让她们积极参与社会实践，从而挖掘她们的潜质、潜能和潜力，使她们在社会的竞争中变被动为主动并逐步提高她们的社会地位。四是发挥政府在女性教育方面的主导作用。提高女性文化素质是人类文化进程中最终结束社会分工中性别意识的必然环节，是一种社会文化变迁[67]。政府要为推动这一文化的变迁做出努力。鉴于宁夏山川之间、城乡之间不断拉大的教育差距，政府要重点追加对农村学校的财政拨款和专项经费，从而让农村学校的学生共享改革发展带来的经济成果，最终实现社会公平。

（4）把医疗扶贫、医疗下乡、医疗援助有机地结合起来。

因交通不便、财力不足，特别是宁南山区8县医疗卫生设施建设落后而导致服务不足是过去宁夏计生工作不能适应当地经济社会发展的重要因素。因此，建议自治区在今后的工作中，应加大医疗卫生方面的投入，可向中央政府申请一定的投资援助，地方政府给予一定的政策倾斜，改善基础性医疗设施，努力使县乡级医院从事计生工作的医务人员在服务手段上有所提高。目前，宁南山区部分农民家庭小病扛着，大病无钱医治，许多农民家庭全家一年的口粮田不及一些垄断行业每人半月的收入，如遇住院治疗则全家返贫，由于农民文化素质不高，封建思想严重，对“少生快富”工程认识不足，使计生工作更加艰难的同时也加大了人口对环境的压力。近年来，宁夏农村电影放映工程取得了很好的宣传作用，建议在放映中多增加计生和生态环境方面的科教影片，让农民真正体会到人口对环境造成的威胁使我们的生存空间急剧缩小的现实。要从正面用喜闻乐见的形式影响农民、教育农民，使“少生快富”工程深入人心。宁夏农村在医疗卫生建设方面应该借鉴农村电影放映的经验，争取国家投入一点，政府支持一点，地方财政补贴一点相结合的办法，组建医疗队。建议自治区党委、政府能否每年向农村地区特别是宁南山区8县每年派一次医疗队，同时向当地医疗卫生机构特别是向农民赠送一些药品。要摸清家底，对长期患病而得不到救治的患者给予多方面的照顾，对于既有病而又实行计划生育的家庭给予一定的政策救助。如果政府每年能组织一次医疗下乡再加上当地的卫生力量就能基本上解决贫困农户在计生方面的服务需求，也会对提高当地医疗卫生队伍的素质，改进和提高服务水平产生积极的影响。

（5）实施区域生态移民，增加生态存量，减少人口生态赤字。

生态移民是党和国家在新时期探索实践的一项重要扶贫举措。自2001年起，在国家的大力支持下，宁夏组织实施了生态移民试点工程。借鉴多年来“吊庄移民”经验，尝试把居住在重点生态区位或居住在土石山区、高寒山区和严重缺水的干旱地区、在当地难以解决温饱的人口，整村搬迁到新建的扬黄灌区等有水源的地方。目前，宁南山区人口增长高于全国平均水平的9‰，其中水资源超载30万人，土地超载127万人，人均生态赤字达到0.63，中部干旱带人均生态赤字高达0.82，生态超载80万人。通过实施异地搬迁，可使迁出地在增加生态存量的同时也可减少人口的生态消费，从而达到在根本上摆脱贫困的目的。2007年自治区党委、政府决定，将移民搬迁重点由以往六盘山水源涵养林区调整到中部干旱带，移民生产方式由以往传统农业转变为高效节水设施农业；将以往插花搬迁、插花安置转变为整村整乡搬迁，集中安置的方式；将以往人均2亩水浇地转变为依据安置地的水、土资源条件合理而确定人均耕地面积。通过改善安置地的生产条件，不仅可以帮助移民脱贫致富，还可以缓解迁出地的人口压力，为改善和恢复生态环境创造条件。在搬迁过程中肯定会遇到许多问题和困难，因此，统筹兼顾、合理安排、因地制宜、分类指导、整合资源、稳步推进是基本原则，对搬迁群众要坚持增加收入和提高素质并重，迁出区生态恢复和迁入区生态建设并举，逐步实现消除贫困和改善生态的双重目标。特别要重视迁入区的人口与计划生育工作，防止因人口压力过大而导致生态环境的新恶化。人口既是生态消费者，也是生态建设者。[72]因此，生态建设要与减少生态消费同时进行。在农村要积极发展以循环经济，提高资源的利用率。鉴于宁夏农村人口居住分散的现状，农村基础设施如水、电、路、广电通讯等建设，投资大而效益低，一些山大沟深的偏僻村子，独门独户者甚多且相距甚远，因此，结合生态移民搬迁，可实施人口的适当收缩，人口收缩可使农民脱离生态脆弱区，摒弃以环境为代价索取烧饭取暖的陋习，以电、煤、沼气为主要原料取代柴薪，通过调整农民的生活能源利用结构和改变生活消费模式来构建人口与生态环境的和谐。人口收缩可为城镇化建设创造有利条件，进而对于生态修复和生态重建，缓解生态压力，恢复生态平衡具有重要意义。

2.4 生态安全视域下人口迁移与经济社会发展

宁夏生态安全视域下人口迁移与经济社会发展受到党和国家的高度重视。自20世纪80年代初实施扶贫开发战略至今，宁夏的扶贫开发之路走了近30年。为了解决生活在生态环境极度恶劣地区的人民生活生产问题，从20世纪80年代开始，宁夏以政府主导方式，先后组织实施了吊庄移民、“1236工程移民”、易地扶贫搬迁移民、中部干旱带县内生态移民等，有效缓解了南部山区的生态压力。随着南部山区人口的增加，环境超载，生态恶化，导致经济社会发展整体滞后，脱贫—返贫恶性循环。为了彻底解决南部地区人民群众的生产生活和生态问题，宁夏区党委、政府决定，在原有移民工程的基础上，2011年启动了宁夏“十二五”最大的民生工程——西海固35万人生态移民。

2.4.1　宁夏生态移民的重要意义

（1）打破资源约束，促进农民脱贫致富。

宁夏地处我国内陆，自南而北，由半湿润区渐变为半干旱区、干旱区。地表径流由南向北逐渐减少，北部平原虽然地表径流少但有引用黄河过境水之利发展了灌溉农业，粮食生产稳产高产，南部山区则因严重缺水和自然灾害频繁导致了农业生产水平低而不稳。全区国土面积6.64万平方千米，平原面积仅1.39万平方千米，且集中分布在黄河沿岸。宁夏90%以上的能源资源和非金属矿产资源都分布在北部和中部的引黄灌区及扬黄灌区。而较为丰富的土地资源，恰好也集中分布于该区，引黄灌区是宁夏农业精华之地。相反，在水资源和矿产资源都十分匮乏的宁南山区，广大农民除拥有贫瘠的土地资源和与其相伴而生的各种自然灾害外，限制土地资源开发的不利因素如沟壑纵横导致水土流失等，再别无选择。资源的刚性贫乏本已形成大面积贫困，然而在相对封闭的环境里，由于人们思想观念的落后，导致了低素质人口大量出现和人口的超计划增殖。资源贫困和低素质的智力贫困构成南部山区经济社会发展的双重困境。实行生态移民，克服资源约束，是从根本上解决南部山区双重困境的有效手段之一。生态移民以保护生态环境为出发点，把扶贫开发与生态建设结合起来，在帮助移民脱贫致富的同时，缓解人与环境的紧张关系，为生态恢复和重建打下基础，进一步在人与自然的和谐中寻求发展。2011—2015年是我国也是我区“十二五”规划的五年时期，我区已把生态移民作为这一时期的重中之重。因此，积极推进生态移民工程，对于加快我区跨越式发展步伐，缩小与发达地区差距，具有重大的现实意义和深远的历史意义。

（2）有利于民族融合，对经济社会发展和维护社会稳定具有一定的促进作用。

宁夏是少数民族聚居区，尤以宁南山区表现最为突出。以宁夏人口自然增长率9.76‰为基准，增长率由高到低依次排名的县区是西吉、海原、红寺堡、同心、泾源、原州区、彭阳共7个县（区），这些县（区）无一例外地都地处宁南山区，尤其是西吉、红寺堡、海原、泾源、同心等少数民族聚居区，少数民族人口依次分别占总人口的55.71%、62.49%、73.17%、76.70%、85.97%。这些县区少数民族人口均超过总人口的一半以上。因此，少数民族地区是人口增长速度最快的地区。在居住方面，宁南山区独门独户者甚多，由于高山和河溪的阻隔，人们之间的交流十分困难，封闭的环境同时形成了封闭的心理和落后的观念，导致了自然与文化上的双重封闭。纵观中外发展历史，任何国家和地区的民族都无法在封闭的状态下发展强盛起来，我国改革开放 30 多年来实践充分印证了这一点。宁南山区的封闭使人们的思想观念和行为模式囿于小农经济的圈子，不仅使自身无法摆脱贫困，还严重制约了地方经济的发展。实践证明，人口迁移是促进经济社会发展的积极因素，经济社会的发展会打破人们故步自封传统观念，有利于进一步解放思想。宁南山区是生态移民的重点迁出区域，大多县区少数民族人口占到了 55% 以上，移民搬迁后必将要与当地居民在经济社会以及生产生活方面产生各种交流，在共同致富中，不断融合不断增进民族情感，这对消除历史上造成事实上民族间的不平等，促进少数民族经济社会发展和文化交流，实现各民族共同繁荣和维护社会稳定具有一定的促进作用。

（3）具有显著的生态效益、经济效益和社会效益。

人可以改造环境，环境也能改造人。1983 年以来，宁夏组织实施的吊庄移民，成功地将山区特困户逐步搬迁到宁北有开发潜力的地区，吊庄移民的实践证明，开展生态移民，对于缓解贫困、改善生态环境发挥了十分重要的作用。实施新一轮西部大开发，把生态移民放到战略高度，一是生态效益，移民搬迁后，对迁入地来说，移民迁入后，即可调整社会内部结构关系，也可把灌区丰富的大片荒废退化沙地变成万顷良田；对于迁出地来讲，人口迁出减轻了山区人口超载的压力，缓解了人与自然失衡的矛盾，有利于生态环境的恢复和良性发展。二是经济效益，通过生态移民，把世代生活在不适宜人类居住的生态恶劣地区的贫困人口和低收入人群从社会负担转变为国土资源开发的积极力量，使移入区的农民由被动受穷到自觉创造财富。这样既减轻了国家负担，也体现了党和政府以人为本的执政理念。三是社会效益，通过移民搬迁，可促进山川交流、城乡交流和人际间交流，成为地区之间开展横向联系和经济协作的纽带，使山区封闭的社会系统转化为开放的社会系统，使潜在的劳动力对象转化为现实的生产力。

2.4.2 宁夏移民迁出地生态环境状况

（1）生态环境状况。宁夏按地貌特征和自然条件大致可分为山地、沙地、川地三种类型。北部引黄灌区国土面积占全区 25%，耕地面积占全区的 30%，而生产的粮食和创造的农林牧渔业总产值占全区的 2/3 以上，创造的地区生产总值接近 9/10。中部风沙干旱区、南部黄土丘陵沟壑区国土面积占全区的 75%，由于自然条件恶劣，经济社会发展十分缓慢，是国家重点扶持的 18 个贫困带片之一。长期以来，宁夏的荒漠化防治受到国际社会的广泛关注，在国际社会的大力支持和中央政府的高度重视下，经过全区人民长期艰苦努力，宁夏荒漠化防治取得了显著成效，据第三次全国荒漠化监测结果显示，全区沙地面积由20世纪70年代的1.65万平方千米减少到1.18万平方千米，是中国少数几个实现了人进沙退的省区之一。

（2）中部干旱带人口与生态环境状况。中部干旱带是宁夏三大分区之一，重点区域包括盐池县、同心县、海原县、红寺堡开发区、原州区北部、西吉县西部和中宁县、中卫市城区的山区部分，涉及8个县（市、区）64个乡（镇、区），总面积约2.85万平方千米，占全区国土面积的43%，总人口143.4万人，占全区总人口的23.8%。中部干旱带水资源总量2.43亿立方米，可利用水资源量只有0.76亿立方米，是全国干旱缺水最严重的地区之一。新中国成立61年来，干旱年数接近50年，90年代以来呈现出重大旱灾频繁发生、间隔时间缩短、危害加重的趋势。中部干旱带现有耕地面积1004万亩，其中旱耕地占耕地面积的87.5%，由于沙化严重，土地贫瘠，平均亩产不足50千克，生产能力低下。受自然条件制约，中部干旱带产业结构单一，经济发展缓慢。2007年农民人均收入不足自治区人均收入的2/3，年纯收入千元以下的低收入人口26万人。由于长期的人口压力和经济贫困相互作用、互为因果，导致这里成为全区甚至成为全国贫困面最广、贫困程度最深的地区之一。

（3）宁南山区人口与生态环境状况。宁南山区8县（区）中，其中盐池、海原和同心3县也地处中部，其生态环境状况与人口发展方面，与中部干旱带有着类似的情况。宁南山区属于黄土高原的西南边缘，北部为干旱风沙区，中部为半干旱黄土高原丘陵区，南部虽属于六盘山阴湿半阴湿区，但气温低，土地瘠薄，水土流失严重。新中国成立以来，宁南山区人口持续快速增长，不仅给环境造成了极大的压力，而且形成了“一方水土养活不了一方人”的生态环境恶劣地区，资料显示，宁南山区8县，农民的生育水平基本保持在户均3个孩子，今后人口数量还将继续增幅，如不能较大幅度降低该地区人口压力，在目前状况下，扶持当地自救，任何努力都将会被新增人口所抵消。

宁夏回族自治区党委十届十一次会议将着力推进以生态移民攻坚为重点的扶贫开发作为全区“十二五”发展的一条重要议题提上日程表，这既是对国家总体目标的贯彻落实，也是对宁夏现实的清醒判断，既是对宁夏未来5年实现科学发展、跨越发展的关键抉择，也是站在即将进入“十二五”开局之年、对深入实施西部大开发战略的更好解读。国家政策的强力推动和地方政府的高度重视是生态移民的支撑力，也是制度保障。2011—2015年是我国也是宁夏“十二五”规划的五年时期，我们应该审时度势，正确理解中央政策精神，把生态移民作为这一时期的重中之重，积极推进生态移民工程，对于加快宁夏跨越式发展步伐，缩小与发达地区差距，具有重大的现实意义和深远的历史意义。

2.4.3 宁夏移民迁出地环境状况及人口迁移机制

（1）人口快速增殖与生态环境每况愈下是生态移民的驱动力。

生态环境是人类赖以生存和发展的基础，宁夏中部干旱带和宁南山区生态环境十分脆弱，由于农村人口的过快增长，导致小家庭的出现，大量优质农田已被宅基地占用，在山区尤其是对仅有少量的利用水库灌溉的耕地的开发利用已接近了极限。近年来，宁夏人口增长势头虽然得到有效控制，但人口的基数却在逐年增大，相对于自然生态环境而言仍然处于矛盾之中，特别是中南部地区人口增长率（11.16‰）高于全国平均水平（5.17‰）的一倍还多0.82个千分点。加之人口发展的惯性作用以及少数民族人口政策的宽松，使人口对生态的压力十分巨大。从全区来看，宁夏人口过度增殖已超出了刚性土地资源的有效容纳力，今后即使现有耕地一亩不减，由于农村人口压力过大，也会使经济和社会的发展以环境和资源遭到破坏为代价。大量事实证明，目前宁夏农村正面临着史无前例的人口资源承载力的制约，如不减少农村人口，宁夏的生态环境将会不堪重负，如果越来越多的人口因生计再次陷于贫困之中，多年来生态建设成果将会完全丧失。因此，只有通过生态移民，才能减轻人口对环境压力，可以说，改变生存空间是提高山区农民生活水平和生活质量的唯一选择，是激发农民进行生态移民的源泉和动力。

（2）灌区良好的自然条件和基础设施条件是生态移民的吸引力。

自然环境是人类生活、社会发展的物质基础，也是人类社会物质生产活动的必要条件。宁夏平原是自治区境内最大最肥沃的平原，地势平坦，土层深厚，灌排条件良好；光热资源丰富，因有引黄灌溉之利和较丰富的地下水资源，水利条件得天独厚。宁夏平原的引黄灌区及多年来开发建设的扬黄灌区既有水利条件，又有大量连片荒地，土地资源进一步开发的潜力比较大。

除了自然条件外，经济发展水平的差异是人口迁移最重要的动力机制。以黄河流域和包兰铁路线布局为依托的宁夏沿黄城市带，以银川市为中心，以吴忠市、中卫市、石嘴山市3个地级市以及所辖的青铜峡、灵武、中宁、永宁、贺兰、平罗县城和若干个建制镇为基础形成的大中小城市相结合的城镇集合体是宁夏经济社会发展最快的地区。近年来，沿黄城市带已成为拉动区域经济发展的强力引擎，呈现出巨大的发展潜力。当前，沿黄城市带人口集中，交通便利，市场活跃，科技、教育、文卫、人才条件较好，工业化、城镇化、市场化快速发展，承载着宁夏工业化、城市化和新农村建设“火车头”的重任，良好的基础设施条件有利于移民安家落户，发展生产。通过开发土地集中安置、因地制宜插花安置以及在沿黄城市、重点城镇、工业园区、产业基地建设移民周转房等多种方式、将移民搬迁到近水、沿路、靠城的区域。

(3) 国家政策的强力推动和地方政府的高度重视是生态移民的支撑力。

《中共中央、国务院关于深入实施西部大开发战略的若干意见》(以下简称《意见》)中，把构建国家生态安全屏障，实现可持续发展，注重生态建设和环境保护提到了战略高度。《意见》特别指出要推进重点生态区综合治理，着力推进五大重点生态区建设，这五大重点生态区建设中就包括宁夏黄土丘陵沟壑区以防治水土流失为主的综合治理，并指出要在实施坡耕地水土流失综合治理中稳步推进生态移民工程建设。

2.4.4　移民搬迁及稳定就业的路径选择

由于自然的、历史的、体制的、观念的多重原因，从而导致了人口的快速增长和生态环境不断恶化的逆向运转，人口增长过快和生态环境恶化不仅给土地带来了巨大的压力，也制约了经济社会的持续发展。目前，宁南山区人口超载严重，其中水资源超载 30 万人，土地超载 127 万人，生态超载 80 万人。通过实施异地搬迁，可使迁出地在增加生态存量的同时也可减少人口的生态消费和人口生态赤字，从而达到在根本上摆脱贫困的目的。

(1) 对迁入地要进行科学论证和总体规划。

生态移民要统筹规划，合理制定生态移民规划，进行科学评估和论证，在基础设施建设上，要坚持生产和生活设施统筹规划，高起点、高标准，尤其是村庄道路、水渠、学校、卫生院、村级活动场所、农贸市场等公共设施应具有战略眼光，一次规划，一步到位。对人口的增长要进行预测，要预留一定的发展空间，否则将会造成不必要的资金浪费。

(2) 采取多种形式进行移民搬迁。

按照中央的部署，我区要把生态移民工程作为生态建设和扶贫开发的重中之重，要采取县外异地搬迁、县内移民和城郊务工型移民搬迁等方式，优先将居住在偏远分散、生态失衡、干旱缺水地区的贫困人口搬迁到扬黄工程沿线、公路沿线和城郊，积极发展特色农业、设施农业和旱作节水高效农业，切实缓解宁南山区人口与环境的矛盾。要把宁南山区生态移民纳入宁夏沿黄城市带规划，对重点林区和偏远分散村庄实施整体搬迁，对搬迁的移民要提供优惠政策和新的生产项目，加强移民的技能培训，提供新的就业门路，使其增加收入；在六盘山核心林区选址若干个乡镇和若干个村，整建制进行“乡转场”、“村转场”试点，把农民转变为林产业工人。与此同时，结合生态移民积极推进劳务移民、教育移民和自发移民多种模式，多途径转移生态脆弱区、水土流失严重区以及贫困区的人口走出大山，从而使生态移民稳步推进并走上持续健康的道路。

（3）进行农业技术推广，引导移民适应新的生产环境。

世代生活在大山深处农民，突然来到一个陌生的世界，耕种的沙漠地地较之以前的黄土地截然不同，以前的靠天吃饭变成了引黄灌溉，除了心理上的压力外，在耕作方式上无法适从。鉴于此，加大农业科技投入，组织一批拥有农业现代技术和经验的人员做好移民的服务指导，对农民进行农业技术培训，引导农民尽快适应新的生产环境是当务之急。

（4）倡导“一村一品”的主导产业经营模式。

移民迁入区多为引黄灌区，山区有地缺水，灌区有水缺地，在种植面积大量缩减的状况下，按传统农业生产模式，只能解决温饱，但要致富奔小康，就必须发展农业产业化。发展农业产业化，“一村一品”则是最适合的经营方式。[16]“一村一品”贵在特色经营，要在政府的引导下进行，要做好三方面的基础工作：一是做好规划研究。规划要从本地自然地理环境等实际出发，引导农民发展本地切实可行的项目。二是遵从移民意愿。政府不能大包大揽，不能独断专行。三是做好市场研究。在收集信息，分析行情前提下，选择销路好、效益高、前景广、在市场上有优势和有竞争力的项目。“一村一品”最重要的理由是避免市场风险带来的惨重损失。例如，作者在调研中发现，红寺堡朝阳行政村共有1325户家庭，调研户数118户，2010年由于各种原因全村由小麦全部改种葡萄，导致98%的家庭绝产。鉴于这种情况，“一村一品”可以村民小组为单位种植，要在政府的引导下征求农民的意愿，从而减少政府不必要的责任承担。

（5）做好劳动力培训工作，实现农民工稳定就业。

生态移民移入区，由于土地少，就意味着农闲时间多，因此，大量农村富余劳动力外出打工就成为必然。为此，对移民要进行有针对性、有计划有组织劳务培训，引导和鼓励农民外出务工创收，实现农民工稳定就业，使他们尽快脱贫致富。要建立有利于推动定居移民培训工作的机制，广开就业门路，提高致富能力。同时，要积极探索生态移民后续产业发展，加大移民后续产业发展扶持力度。从不同层面上解决移民的生计问题。

（6）加大对宅基地和生产用地的管理力度。

一要深入调研，现场指导，倾听基层干部和广大村民的意见和建议；二要加强宣传教育，引导农民知法、学法、懂法、守法，和依法办事；三要严格执法，加大对宅基地和生产用地的管理力度，在移民搬迁中要坚决杜绝违章建筑；四要分类指导，区别对待，化解矛盾，同时要加强监督约束，发动群众广泛参与公共管理事务，切实保障集体利益不受损害；五要教育群众珍惜土地，要本着集约，高效利用的原则，提高土地利用率。

（7）收缩人口，建设城市宁夏，恢复生态平衡。

宁夏是一个面积仅为 6.64 万平方千米的小省区，人口不到发达城市的一半，资源相对丰富且主要集中在沿黄城市带，具有把全区作为一个城市规划建设的客观条件。水资源、土地资源、煤炭资源等自然资源组合优势在沿黄城市带表现明显。因此，人口向沿黄城市带收缩可为城镇化建设创造有利条件，从长远考虑，可把宁夏作为一个城市来规划，以沿黄城市带为核心使城市向周边辐射，把固原市作为次城市带进行建设，腾出生态脆弱区土地进行生态修复和生态重建，这对于缓解生态压力，恢复生态平衡具有重要意义。

（8）从“输血式”扶贫向“造血式”扶贫方向转变，增强移民持续发展能力。

宁夏移民过程经历了吊庄移民、国营农场异地移民、政策性扶贫移民、自发移民、务工移民、教育移民、工程移民和生态移民等各种主要的移民过程类型；混合了政府主导、优惠政策引导、经济条件诱发、人口超载和生态压力促使等多种移民动力和推力；这为研究移民系统的动态过程提供了全方位样本范式[70]。宁夏自吊庄移民以来，已积累了许多宝贵经验可自借鉴，然而，新一轮的移民开发中还面临着居住形态、生活模式、经济方式的巨大转变，不同的民族风俗、文化背景、思想观念、生活状况等都给迁入区的规划提出了更高更新的要求。迁入区不仅要妥善安排，还要考虑发展农业，以及对农村剩余劳动力的就业问题也要全盘考虑。因此，借助西部大开发的强劲东风，抓住这个历史机遇使居住在生态脆弱区的贫困人口，从单纯救济型“输血”扶贫转向以区域开发为主的“造血式”扶贫方向转变，让移民真正“搬得下、稳得住、能致富”，使其增强持续发展能力而安居乐业。

2.5　移民安置地村落建设实证分析

1998 年以来，一个在宁夏中部旱塬上快速崛起的移民新区受到世人的广泛关注。这就是宁夏区党委、政府贯彻落实国家“八七”扶贫攻坚计划，为从根本上解决宁夏南部山区贫困群众脱贫问题，于 1998 年 9 月开发了宁夏红寺堡移民安置区。将宁南山区生态恶化、生存条件很差的区域，先后迁出 19 万人入住移民新区。经过几年的建设，这里已形成千顷绿洲和富有生机的座座村落，社会主义新农村建设初见端倪。本文立足于宁夏红寺堡移民安置地村落和住宅方面的研究，从建设社会主义新农村的视角，探讨了村落住宅建设的基本发展方向。得出的结论是：移民进入新的环境后，给移入地的建设规划提出了新的要求，笔者认为，村落及住宅不仅要反映出新农村建设理念，更要体现农民对生产和生活需求。本文通过对存在现象的阐述和对存在问题的剖析，提出了相应的对策建议，这不仅对移民安置地建设有参考价值，也对其他村落建设具有一定的借鉴作用。

2.5.1 移民安置地村落形成的基础

众所周知，制约宁夏经济社会发展的关键因素是水资源，有水的地方是绿洲，无水之处则是荒漠一片。红寺堡移民新区地处宁夏中部干旱带，年降雨量仅 260 毫米，干旱缺水、风沙肆虐是这里典型的写照。但这里区位条件不错，四周与吴忠、中宁、盐池、同心为邻，北距首府银川仅 127 千米，特别是这里有数百万亩集中连片、地势平坦的宜垦荒地，有丰富的煤炭资源，且原驻人口极为稀少，非常符合移民开发的基本条件，自治区正是鉴于此，才实施了扬黄吊水的水利工程，通过 6 级泵站将黄河水源源输入了红寺堡开发区，将万年荒塬变成了大片绿洲。

荒漠变粮田给红寺堡带来了勃勃生机，水、水渠、水浇地、道路构成了村落建设的基础。在自治区统一规划下，历经几年，先后建成 40 多座大型行政村，内含 170 多个自然村落。各村落排排民房坐落有序，条条道路笔直通达，村里有渠有树，文化、医疗、教育配套设施基本齐全，构成了一幅幅美丽而欣欣向荣的新农村画卷。

红寺堡移民村落自 20 世纪末形成之后，经过几年的发展，村容村貌、乡村环境、移民的生活、生产条件又有了很大提升。统计数据显示：2007 年，整个移民区户均拥有住房 82.01 平方米，99.03%的住户拥有自己的住宅。其中砖木结构的 23348 户，占 96.26%；砖混结构的 846 户，占 3.49%；钢筋混凝土结构的有 42 户，占 0.17%；其他结构的 20 户，占 0.08%，完全改变了移民原居地土木和石木为原料的房屋结构状况[44]。山区移民来到新区，住上了新房，喝上了自来水，用上了电器，走上了平坦的道路。特别是弃掉了祖祖辈辈靠天吃饭的坡耕地，种上了旱涝保收的水浇地，收入有保障，发展有奔头，实现了他们梦寐以求的愿望。

2.5.2 移民安置地村落建设的特点

（1）村落依渠而建。

红寺堡移民安置区属于宁夏扶贫扬黄灌溉区域，村落均是依灌渠和公路线两侧而建。按灌溉程度划分，建在灌渠两侧的村落因地势高低不同可分为不具备灌溉条件的“旱庄台村落”和具备灌溉条件的“通灌村落”。“旱庄台村落”分布在高于渠道两侧的台地上，渠水无法流入农户庭院，这类村落虽利于排水，但庭院蔬菜林果需抽水灌溉，费用较高，影响了农民的经济收入，这类村落仅占全部村落的 10%。占 90%的“通灌村落”分布在低于渠道两侧的平地上，村落树木及各户庭院的经济田可直接引水灌溉，村落环境及庭院收入均高于旱庄台村落。

（2）村落依路而排。

红寺堡移民新区现辖红寺堡镇、太阳山镇、大河乡和南川乡 4 个乡镇，42 个行政村，176 个自然村或村民小组。境内大小公路纵横交错，已建成 2 条省道和 3 条县道，铺设 60 千米乡道和 200 千米村道，形成了四通八达的交通网络。规划建设中的中（中卫）太（太原）铁路，途经红寺堡 80 千米也即将建成。道路的村村通不仅为移民外出提供了方便，也加强了各行政村、自然村之间的联系。特别是为村落的发展建设提供了基础，各村落内扩建、新建房屋及村落整体发展基本都是依路而排、趋路而展。

（3）村落结构合理。

村落布局合理，体现了人与自然和谐共存的生存理念。从村落形态平面看，红寺堡移民区绝大多数村落为块状布局。每个村落都有主干道、环村道和绿化带。村落大小不同，主干大道和环村道的宽度也不同，道路均为硬化的沙砾路面。每户东侧或西侧的环村道为 6 ~ 8 米，两侧各留有 1 米绿化带；东西方向每 6 排住宅前修建一条宽10 ~ 15 米或 20 ~ 30 米的主干大道，两侧各留有 1 ~ 3 米绿化带（见图 2–1）。每 12 户人家为一个小单元，每个单元的庭院经济田连在一起，为方便灌溉和充分利用水资源，每个单元的庭院中修建了灌溉渠道，在每户入口处留有阀门进行计量用水（见图 2–2）。在给排水上，沿东西向道路设主管网，向两侧主路延伸，由各户自行将自来水接入家中。各住户厕所设在沼气池旁，排水接入沼气池内充分利用。整齐划一的村落、科学化的用水及“绿色”的住宅理念，使村落不仅美观有序，而且还折射出现代农村的气息。

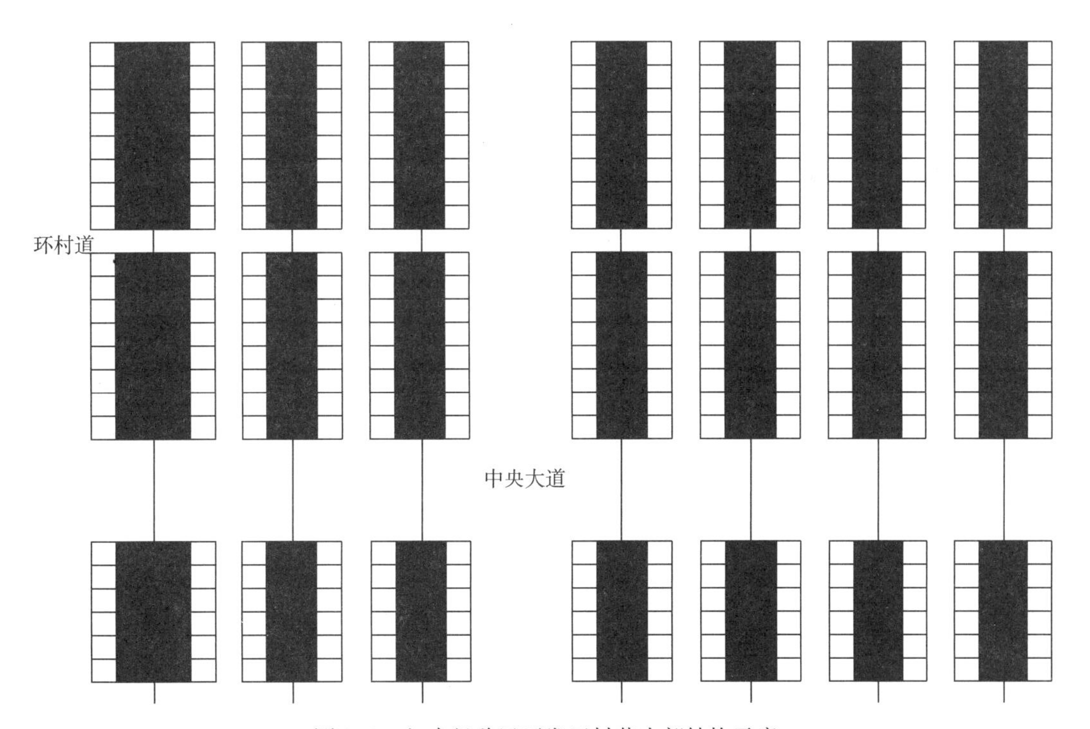

图 2–1　红寺堡移民开发区村落内部结构示意

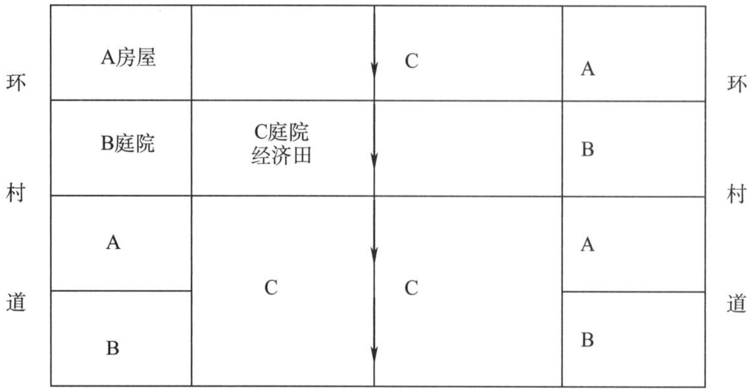

环村道	A房屋		C	A	环村道
	B庭院	C庭院 经济田		B	
	A	C	C	A	
	B			B	

图例：A房屋、B庭院、C庭院经济田、➛灌溉渠道（是两个家庭的分界线，也是两个家庭共用的渠道）、ABC所在范围为一个农户家庭

图 2–2　红寺堡村落一角

（4）入住移民多为回汉杂居。

据扬黄办统计，红寺堡共安置移民 38419 户，18.78 万人，其中少数民族占总人口的 57%。在 4 个乡镇中，有 3 个乡镇 80% 为回汉杂居，回族比例高的大河乡 10 个村，也仅有 3 个村是纯回民村，其他为回汉杂居村。这种安置既照顾到回族“大分散、小聚居”的传统居住方式，又注意了回汉历史上形成的相互依存关系，有利于打破民族之间的封闭，有利于移民间的相互交流。同时促进了不同地域的文化交融和碰撞，形成独具特色的新型移民文化。回汉杂居的安置方式，使回汉群众原来的一些生活陋习得到改变，他们相互学习，认识得以提高，视野得以拓宽。伴随着移民经济的发展和劳务输出的增强，移民群众的价值取向和道德准则出现了多元化趋势，进取性、科学性因素增强，传统的、情感的因素逐渐弱化。村落人际关系从传统的亲情关系，转变为在生活和生产环节上的实用关系为主。这一安置方式也大大弱化了宗教和家族势力的影响，对和谐社会的构建起到了积极的作用。

（5）建筑风格各异。

红寺堡开发区移民主流来自固原市 5 县区和同心、海原、中宁八县，因迁入地文化历史的差异，村落内房屋建筑风格在整体砖木结构框架，横向中线起脊双坡屋面趋同的基础上带有明显的地域风格。海原、同心移民的建房多为高脊大架子房，门高窗大面积大，大胆追求楼房化设计，起步就是四间以上，各房内套间较多，厨房设在套间的背光一侧，建筑上多使用新型材料，装修上个性化特色突出，一户一个样，类同极少。隆德、西吉、彭阳三县移民多倾向于小脊架子房，主房与侧房连为一体，结构紧凑，实用性强。但总体气势上明显低于前者，建房使用材料普通，房内结构单一，套间较小或没有套间，外部装修简洁。泾源县移民则沿用了山区老家高地基的风格。

无论是砖木结构还是砖混结构，都用石头砌出高高的房基，显得敦厚结实。房屋内部简洁明快，显现出回族特有的干净利落，但建筑材料随行就市，结构比较单调。从总体上看，搬迁移民由于受原居地生活习俗的影响和思想观念以及经济条件的影响，村落建筑风格各异。

2.5.3　移民安置地村落建设存在问题分析

随着移民迁入数量的稳定，移民村落建设中的一些问题也逐渐显露出来，突出表现如下：

（1）宅基用地与庭院经济田界限不明确，乱搭乱建现象严重。

扬黄指挥部对各县移民点规划时，基本的模式是每户宅基地与庭院经济田连为一体，靠路的一侧供移民建房，另一侧供移民发展庭院种植业，每户占地 1.5 亩。由于对庭院经济田的大小没有进行严格规定，许多农户随心所欲将房建在了经济田里，有侧房、农机具停放用房、辅助用房等大小不一，位置不同，东盖一间，西建一棚，杂乱无章。像这样侵占经济田的违章建筑村村都有。如太阳山镇永泉村违章建筑已占总户数的 80%。为了遏制这种势头，当地政府已责令拆除部分建筑，回收院落经济用地。然而，这种状况由于新建房批地的困难，实在难以根治，现已成为新农村建设中的一大顽症。

（2）村落建设规划不到位，发展空间狭小。

在移民新村建设中，预留发展空间、村容整洁是一个极其重要的方面。红寺堡移民新区，在初期规划设计时，除住宅区、道路、村委会驻地、学校、医疗站、自来水供应点外，对农民最基本、最急需的秸秆堆放地和粮食打、碾、晒场地没有纳入规划，更没预留未来发展空间，导致农民作物收割后将柴草任意堆放。除了每个农户家中堆满了草垛外，草垛已挤占了村道两侧的林带，对环境造成了严重的污染，影响了村容村貌。由于没有粮食的打、碾、晒场地，凡是村落中被水泥硬化了的道路及穿村而过柏油公路，都变成了碾粮晒草的场地，这不仅影响了车辆通行安全，也为村落的消防埋下了隐患。发展空间狭小也制约了村落的未来建设和前景。

（3）村落巷道的标识化建设滞后。

红寺堡每个移民村落都分布着若干个纵巷和横巷，从而形成了若干个十字路口，由于是统一规划，十字路口十分相似。例如，红寺堡镇团结村，内有南北巷 8 条，东西巷 6 条，相互组成 48 个相似的十字路口，由于没有标识，就连本村人也往往迷路，如果外村人前来走亲访友，当地村民大多数都表述不清方位，这给群众的出行和相互间的交往带来诸多不便。一个新型移民村落，统一规划、整齐划一固然需要，但同时也应具备和城市相似的道路标识特征，如果标识化建设滞后，无疑会对村民的生产生活造成影响。

（4）村落的垃圾和污水治理亟待解决。

红寺堡移民区在建设初期，只对村落的布局、道路、巷道及林带渠系、电网、自来水管网等方面进行了总体设计，而对村落中的环境保护欠缺考虑，没有统一的垃圾堆放地，更没有污水排放设施，由于庭院的地势普遍高于门前的巷道，各家排出的污水肆意流入村中，至于垃圾各家都随意堆放于道路两侧，久而久之村落的环境受到极大污染。红寺堡移民区人口居住比较集中，每个行政村至少有700户在一起聚居，大概估算，日产生活垃圾达10吨之多，日排出污水约20吨，此况如不及时治理，将会使移民的生存和身心健康受到很大影响。

2.5.4 规范移民安置地村落建设的对策

通过对村落建设的现状分析，本文从建设规划和环境保护等方面提出以下4个方面的对策。

（1）村落规划要长远考虑，统筹兼顾。

红寺堡移民区村落规划大局已定，要做大的改建已不现实，然而，作为一个具有近20万人将世代延续血脉的大型移民开发区，在今后发展规划中必须长远考虑，统筹兼顾。一是统筹兼顾并逐步完善排污排洪和解决农民粮食堆放场所问题。二是妥善安排村落、林带、庭院和经济田的土地利用问题。移民安置是一项巨大工程，不确定因素多，已规划了但不到位的应尽快进行改造并趋于完善，未规划的应留有余地，为将来建设提供可能。

（2）以环境优美为载体，改善村容村貌。

村落作为人、自然、社会相统一的生态系统，必须协调好经济与社会，人口与环境之间的关系，要尽快改变先污染后治理，边污染边治理的状况。目前，红寺堡移民区村民热衷于营建自己的房舍，改善自己的居家小环境，对院落外围公共环境缺乏保护意识。因此，应从治理村落杂、乱、散；脏、乱、差；庭院布局乱搭、乱建、乱改等问题入手，按照布局优化，道路硬化，四周绿化、河道净化、环境美化和院落房屋有序整洁的要求开展整改。要将改居（改造不合理的住房）、改厨（利用沼气或省材灶）、改水（庭院的污水处理）结合起来，对院落周围堆积的生活垃圾，或燃烧处理，或填埋处理。要尽快筹措资金，布建排污管道，创造条件修建污水处理厂，并以此带动村容村貌建设，给村民营造一个优美舒适的环境。

（3）加大对宅基地的管理力度。

在移民村，违章建房是一种既成事实的违法行为，它的存在不仅仅意味着只是一个严格执法问题，还涉及公共利益的合理分配和农村社会是否和谐的问题。面对部分村民各自为政、自我意识膨胀，未经报请土地管理部门审批同意，便随意占用耕地自行建房的问题，有关部门一要深入调研，现场指导，倾听基层干部和广大村民的意见和建议。二要加强宣传教育，引导农民知法、学法、懂法、守法，和依法办事。三要严格执法，加大对宅基地的管理力度，坚决拆除违章建筑。四要分类指导，区别对待，该罚则罚，该补则补，化解矛盾，同时要加强监督约束，发动群众广泛参与公共管理事务，切实保障集体利益不受损害。五要教育群众珍惜土地，要本着集约，高效利用的原则，提高土地利用率。

（4）建好移民档案。

移民搬迁政策性强，涉及部门多，不仅涉及户主，而且与他们的子孙后代密切相关。因此，建立健全搬迁移民档案显得尤为重要，按照一户一袋的要求，分乡（镇）、村、组分门别类，精心管理。为移民户建好档案，其内容包括移民户申请书、审批文件、审批表、协议书、资金兑付票据、宅基地批复文件、验收表等[42]。移民档案的细节要求准确无误，如民族、家庭人口、计划生育状况、特困户、文化程度、原户籍地、个人信誉等。所有这些，都作为长期的永久性档案，经得起历史见证，经得起时间考验。且要正规化、规范化、全面化、系统化。

红寺堡移民新区自 1998 年开发建设以来，已成为宁夏最大的移民安置地，它的成功开发，标志着宁夏对山区贫困农民从单纯救济型“输血”扶贫转向了以区域开发为主的“造血式”扶贫模式，为我国扶贫事业探索出了一条很好的发展之路。与移民密不可分的村落建设成就有力地促进了农村政治稳定，经济社会发展和各项事业的进步。然而，随着移民新区的发展，诸如居住环境的提升、生活生产方式的提高和变革，给安置地的村落和建设提出了更高的要求。这就意味着就移民工程而言，将有更多的问题需要我们去调研、去创新、去面对。

2.6　移民安置地生计可持续保障机制

生态移民是指原居住在自然保护区、生态环境遭受严重破坏地区、生态脆弱区以及自然环境恶劣、基本不具备人类生存条件地区的人口、搬离原来的居住地，在其他自然环境较好的地方定居，并重建家园的人口迁移[1]。也是指为了保护某个地区特殊的生态或让某个地区的生态得到恢复或某个地区因自然环境恶劣，不具备就地扶贫的条件将当地居民整体迁出而进行的移民。新一轮西部大开发战略的实施，党中央把生态建设作为一个高频词加以强调，并把宁夏、六盘山、民族地区、水土流失区、贫困地区等涉及生态建设方面的内容与生态移民紧密联系起来，通过实施异地搬迁，可使迁出地在增加生态存量的同时也可减少人口生态消费和人口生态赤字，从而达到在根本上摆脱贫困的目的。

目前，宁夏中南部地区约有 150 万贫困人口，特别是有 34.6 万人（通常表述为 35 万人）居住在生态脆弱区的贫困人口，为响应党的号召，宁夏区党委、政府审时度势，抓住机遇，迎接挑战，把生态移民作为这一时期的重中之重，积极推进生态移民工程，这对于加快宁夏跨越式发展步伐，缩小与发达地区差距，具有重大的现实意义和深远的历史意义。

新中国成立以来，南部山区人口出生率一直保持在较高水平上，沉重的人口包袱拖了经济发展的后腿，使宁南山区在现有的基础上难以在短期内彻底摆脱贫穷落后的状态。因此，只有通过生态移民，才能减轻人口对环境压力，可以说，改变生存空间是提高宁南山区农民生活水平和生活质量的唯一选择，是激发农民进行生态移民的源泉和动力。

宁夏平原是自治区境内最大最肥沃的平原，宁夏平原的引黄灌区及多年来开发建设的扬黄灌区既有水利条件，又有大量连片荒地，土地资源进一步开发的潜力比较大。除了自然条件外，经济发展水平的差异是人口迁移最重要的动力机制。以黄河流域和包兰铁路线布局为依托的宁夏沿黄城市带，呈现出巨大的发展潜力。宁夏近30年的移民搬迁，让农民真实地感受到了搬迁对命运的彻底改变，由起初的政府动员到如今的争先恐后，正是因为灌区良好的自然条件和完善的基础设施条件对移民的引力所致。

过去的10年，受惠于西部大开发政策，宁夏在移民开发方面做了大量工作，积累了许多宝贵经验，为实施新一轮西部大开发做好生态移民工作奠定了坚实基础。《中共中央、国务院关于深入实施西部大开发战略的若干意见》中，把构建国家生态安全屏障，实现可持续发展，注重生态建设和环境保护提到了战略高度。《意见》专门就大力扶持六盘山区集中连片特殊困难地区生态脆弱、经济落后、贫困程度深地区，要全力实施这些地区开发攻坚工程，积极支持民族地区重大项目建设，积极推动宁夏等民族地区加快发展。中央文件把生态建设作为一个高频词加以强调，而宁南山区的原州、西吉、隆德、泾源、彭阳、海原、同心、盐池和中卫沙坡头等9县（区）91个乡镇684个行政村1655个自然村的7.9万户约34.6万居住在生态脆弱区的贫困人口，实施移民搬迁，正是响应党的号召的应有之举。

需要指出的是，“十二五”时期，宁夏对中南部地区实施移民搬迁，不论是生态移民还是劳务移民，都是将生态脆弱区的贫困人口搬离原来的居住地，在其他自然环境较好的地方定居，并重建家园的人口迁移。二者的共同点：第一，都是搬离生态脆弱区，都属于生态移民的范畴；第二，都有县外移民和县内移民之分；第三，都安排住房。不同点：生态移民属于开发土地的安置（包括开发土地集中安置、适度集中就近安置、因地制宜插花安置三种方式）；劳务移民属于无地安置，依托沿黄城市、重点城镇、工业园区、产业基地，建设移民周转房，集中安置部分移民。劳务移民是在拟搬迁的34.6万人生态移民中选择，安置移民2.01万户8.65万人，占全部移民的25%。兴庆区“十二五”期间共承担彭阳县4000户1.68万人，全部为有土安置，即属于生态移民的范畴。而彭阳县确定的劳务移民仅119户，共500人，且都是县内安置。需要说明的是，劳务移民与生态移民中的农村富余劳动力属于同一类型，关于劳务移民涉及的情况将在本文“移民过程中存在的问题”和“移民生计可持续保障的实现途径”两个内容中作专门讨论。

本文对宁夏彭阳县居住在生态脆弱地区的 1.68 万贫困农民通过生态移民形式在“十二五”时期移入银川市兴庆区月牙湖乡安家落户，对移出区和移入区生态环境状况、迁移机制、生产生活条件的变化、移民的安置状况进行了调研，对移民生计的可持续发展进行了分析和预测，提出了推动生态移民建设和移民生计可持续保障机制的政策建议。

2.6.1　“十二五”时期宁夏兴庆区移民工作面临的形势

（1）月牙湖移民地区基本状况和绩效评价。

1）历史沿革及区划。银川市兴庆区月牙湖乡位于银川市东北部 58 千米，自然地理上地处毛乌素沙漠与黄河交接处；行政区划上以黄河为界，西与兴庆区的通贵乡和掌政镇及贺兰县为界，东与内蒙古鄂尔多斯额托克前旗接壤，南以明长城为界与灵武市毗邻，北与平罗县高仁乡相连。因此处有一湖状如月牙而得名。月牙湖乡的前身系原宁夏陶乐县月牙湖村。1989 年，自治区党委政府为解决我区南部山区群众脱贫致富，决定对海原县郑旗乡、罗川乡的 8062 人，实施整体移民搬迁至月牙湖，并投资新建了月牙湖吊庄扬水工程（一、二泵站）项目和学校、医院等公益设施。1993 年成立海原县月牙湖吊庄公所，隶属海原县人民政府管理，1999 年 12 月移交陶乐县人民政府管理，2001 年正式成立月牙湖乡党委、政府。2004 年 2 月，区划调整时整体划归银川市兴庆区政府管辖。月牙湖移民区自开发以来在自治区、银川市、兴庆区及海原县、原陶乐县各级政府的关怀下，不断探索适合月牙湖乡发展的产业道路，经过 20 多年的发展，使移民群众由贫困走向了温饱有余。群众的生产生活发生了翻天覆地的变化。

2）生态移民安置区基本情况。月牙湖乡总占地面积 333 平方千米，南北长 58.8 千米，东西宽 9.3 千米，是一个典型的沿黄小城镇。月牙湖乡共有耕地 2.2 万亩，林地 1120 亩，饲草面积 5400 亩，黄河湿地 2.3 万亩。全乡现辖 7 个行政村，分别为海陶南村、海陶北村、大塘南村、大塘北村、小塘村、塘南村和月牙湖村共 43 个村民小组，现有 2461 户，13360 人（除原来的月牙湖村外，其他 6 个移民村 1846 户 11822 人，占总人口的 88.5%）。

根据自治区党委、政府关于实施中南部地区生态移民的决策部署，兴庆区“十二五”期间共承担彭阳县 4000 户 16800 人的生态移民安置任务。根据《宁夏“十二五”中南部地区生态移民规划》和自治区、银川市移民工作部署，规划总占地面积 2 万亩，建设用地 1656 亩，建筑总面积为 21.46 万平方米。兴庆区生态移民安置区距月牙湖乡政府 5 千米，位于月牙湖乡小唐村以北区域，该区域北到兴庆区与平罗交界，南到胡杨林保护区边界，西到203省道，东到鄂尔多斯台地，属于国有荒地，移民安置区紧邻黄河，生活、交通、农田灌溉均十分便捷。

3）生态移民安置工程总体建设规模和内容。项目的建设内容主要包括移民住房、农田水利、劳务产业、特色产业、公共服务和生态建设六个方面。“十二五”期间计划内容有：新建移民安置房4000栋，每户54平方米住房，人均一亩水浇地和户均1栋温棚或1处养殖圈舍；新建移民安置区村庄中央大道610米、干道4464米。新建6个村级活动场所，配套村级文化大院800平方米；完善月牙湖扬水工程，修建沟渠、防洪坝、泄洪沟等农田水利设施，改善2万亩田地，解决安置区1.68万人的饮水问题。开展安置区劳动技能培训6000人次；建设幼儿园2所、小学2所，建设1个卫生院、6个村级活动场所、农贸市场等公共设施。

2011年，一期建设计划安置1106户4278人，户均54平方米的住房和1栋设施温棚，人均1亩水浇地。安置工程结合新农村建设，坚持生产和生活设施统筹规划，高起点、高标准、一次性规划建设房屋、道路、农田、水利、农村新能源等基础设施，配套建设1所小学、1所幼儿园、1个卫生院等公共设施；改造月牙湖一二级泵站灌区功能，新发展农业灌溉面积3500亩，庭院经济灌溉面积300亩，完成1200人的劳务培训。

4）现阶段工程进展情况。该建设项目经面向社会招标后由宁夏红宝集团代建，截至2012年6月底，施工现场已实现三通：通水、通电、通路；600米中心路、2.3千米南北主干道路和7千米施工便道土方铺垫已全部完成；安置区一期工程已在650亩建设用地上基本完成了安置房屋的建设任务；安置区入口处需绿化的沙丘地带已完成了草方格固沙工程；民政局已组织规划设计单位对安置区的墓地（汉墓）进行了选址；为了能够使移民“稳得住、能致富”，加快河东地区跨越式发展，兴庆区委、政府细化了产业规划，把劳务输出产业作为第一产业，积极与彭阳县移出地对接，提前做好用工信息收集，把对移民的培训放在重要位置上，加大劳动力转移力度，增加移民收入。把发展适宜农业、黄河东线旅游业和促进第三产业进行通盘考虑，使移民安置和生态保护同步推进。

（2）月牙湖优势分析。

1）兴庆区经济社会发展的基本情况与优势分析。宁夏沿黄城市带是宁夏境内沿黄河分布的带状区域，包括银川市兴庆区、金凤区、西夏区及所辖贺兰县和永宁县，石嘴山市大武口区、惠农区和平罗县，吴忠市利通区和青铜峡市，中卫市的中卫城区和中宁县。宁夏沿黄城市带涉及我区5个地级市中的4个，占全区国土总面积的40%，生活着占全区60%的人口，其中城镇人口占全区城镇人口总数的80%。这里是宁夏人口集中度和城市化程度最高的区域，是宁夏人口密集度和城市化程度最高的区域，也是宁夏转移农业人口最多、吸纳能力最强、城市化水平提高最快的区域。银川市是宁夏回族自治区首府，是自治区政治、经济、文化、信息中心。辖三区两县一市，即兴庆区、金凤区、西夏区、永宁县、贺兰县、灵武市，总面积 7470.9 平方千米，其中市区面积 1667 平方千米。兴庆区是银川市的文化、教育、金融、信息、商贸物流中心区，被誉为“宁夏第一区”，是宁夏沿黄城市带的中心区域。从兴庆区向北到贺兰县的 10 多千米内、向南到永宁县的 20 多千米内，以及向西到西夏区、向东到宁东的荒芜之地，这些看似相对距城市中心区偏远的地方，却随着特色产业的孵化、一个个园区的崛起，成为县域经济发展的主力军和增长极，更成为银川经济崛起的新“板块经济”。

从人口发展上看，第六次全国人口普查结果显示，银川市人口密度为每平方千米 208 人，其中兴庆区每平方千米高达 820 人，远远高于全区每平方千米 95 人的平均水平。兴庆区仍然是银川人口最集中的地区。10 年来，宁夏常住人口共增加 68.57 万人，银川就占了近九成。主要原因是银川市建设“两宜”城市、积极改善投资环境、大力发展服务业，导致流入人口较多。随着银川市“兴工强市”战略的进一步推进，加快了银川市工业发展步伐，银川市国家级经济技术开发区、贺兰县德胜开发区、宁东能源化工基地等一批工业园区及房地产业的大投资、大发展，带来大量外来经商、打工人员，使流动人口规模不断扩大。

兴庆区地处沿黄城市带的中心，宁夏沿黄城市带与国内其他城市群相比，地域范围较小，城镇数量较少，城镇发展水平接近，城镇之间不存在经济断带，空间布局结构较简单。这有利于协调机制的建立和形成一体化发展的格局。从银川市内部来看，兴庆区作为城市中心区域，其在区域中心的地位还不够突出，受经济发达地区的影响较大，在人才的流动和投资方向上的表现尤为明显。人才流动方面单方向流动的趋势占主导，宁夏的高技术人才由各市县向银川流动，而兴庆区的高技术人才向全国发达地区流动。由于各地区间比较利益的客观存在，在市场经济条件下，资源、资金、劳动力、技术手段等生产要素总是具有向能取得最大效益的区位流动的趋势。于是就产生了高科技项目向发达地区集聚，而不发达地区在承接发达地区产业转移的过程中得以发展壮大。这也是经济全球化和区域经济一体化背景下产业发展的一种世界性现象。认识到这一点，有助于形成正确的发展定位，准确把握发展机遇，及时调整发展思路，循序渐进，不断发展壮大。对促进向全球经济发展具有十分重要的意义。

2）月牙湖优势分析。目前正在建设的建“黄河金岸”构筑六大功能线——生命保障线、抢险交通线、经济命脉线、特色城市线、生态景观线和黄河文化展示线。“黄河金岸”兴庆区段沿线是回族聚集区，以农业为主，黄河标准化堤防既是堤，起到防洪、防涝的作用，又是路，带动沿线经济的产业化、规模化发展，兴庆区段作为银川市“黄河金岸”的唯一城市段，随着工程的建设，兴庆区的经济优势和生态效应将更加凸显。

黄沙古渡位于银川市兴庆区月牙湖乡，紧靠203省道，距银川市直线距离25千米，与贺兰山遥遥相望。27平方千米的规划范围内，汇集了黄河、大漠、湿地、湖泊、田园为一体的自然景观。这里规划建设了生活区、沙漠运动区、生态观光区、湿地保护区、黄河码头等。惊险的沙漠欢乐谷、古老的羊皮筏子、现代的黄河飞梭、舒适的古渡人家，成为旅游胜地。中国原生藏獒展示基地、宁夏民俗文化博物馆、宁夏黄河古渡奇石馆、宁夏沙漠野生动物救助中心落户于此。黄沙古渡将以其独特的塞北风光、黄河文化及回族风情成为宁夏东线旅游的一颗新星。黄沙古渡原生态旅游景区是宁夏新兴的王牌景区，是国家AAAA级旅游景区、国家级湿地公园，是中国最佳生态休闲旅游胜地、明清宁夏八景之一。随着移民的迁入，为劳动力转移和农民治穷致富提供了更加广阔的空间。

2010年9月，兴庆区万亩奶牛基地在月牙湖乡东山坡开工建设。该基地占地1万余亩，建成后将成为宁夏首府最大的养殖业发展基地。由于月牙湖乡空气干燥、人畜分离、饲草供应相对充足和防疫等发展奶牛养殖产业的优势。借助打造首府万亩奶牛基地，这对于该地区调整产业结构，重点发展饲养种植、劳动力就近转移和输出起到了重要作用。

兴庆区在地理位置，经济发展水平方面和周边各市县相比都具有明显优势，这些优势奠定了月牙湖未来的发展基础。然而受土地的限制，加之人口密度最大的原因，整个兴庆区发展空间狭小。在工业发展方面，兴庆科技园经过不断发展，土地基本用完，园区周围在城市化过程中已经成为城市区，无法向外拓展。黄河以西是城市和现代农业区，基本没有发展工业的空间。随着月牙湖移民的迁入，农业生产开发利用，用水量将会增加。随着月牙湖地区地下煤炭资源的开采利用，自治区和银川市在兴庆区建立了临河工业园C区，30平方千米的工业园将成为宁东能源化工基地的重要组成部分。这将使兴庆区的工业拓展空间缩小。近年来，拉动兴庆区地区生产总值增长的要素中，资本投入、劳动力投入贡献率所占比重大，而科技含量的效率较低，与发达地区相比还有很大差距。缺少大中型骨干型高新技术企业对经济发展的带动力。在兴庆区大中型工业企业中，较大的是公益垄断企业，真正的工业企业所占份额较少，一些小型企业由于科技含量低竞争能力差，形不成凝聚力。由于工业园区少，加之缺少创新型和领军型人才和企业，GDP增长则主要靠投资拉动，影响了兴庆区的经济发展。

2.6.2 移民过程中存在的问题

“十二五”时期，宁夏规划县内安置2.84万户12.11万人，占移民总规模的35%，县外安置5.04万户22.49万人，占65%。规划安置区274个，其中：生态移民安置区234个，安置移民5.87万户25.95万人，占移民总规模的75%；劳务移民安置区40个，安置移民2.01万户8.65万人，占25%。宁夏为解决众多的贫困人口问题，举全区之力，开局之年，生态移民工作有条不紊，已取得了一定成效。但移民并非仅仅是简单地改变居民的居住地点，它涉及生产生活条件的变更、生活习惯的调整、生活前景的预期判断、迁入地对移民结构性影响和移民社会管理等诸多文化适应、社会适应问题[92]，以及迁出地的生态恢复和迁入地的区位选择对移民根本利益的保证等。目前，面临的急需解决的问题有如下方面。

（1）安置过程中存在的困难和问题。

宁夏移民安置包括开发土地集中安置、适度集中就近安置、因地制宜插花安置、劳务移民无地安置和特殊人群敬老院安置五种方式。“十二五”时期宁夏对中南部地区生态脆弱区的贫困人口的安置属于集中安置，是将整村或整组搬迁到新的安置区统一安置。目前在安置中存在的问题表现为：一是建设工程难度大。移民安置区大多都是沙丘地或其他荒地，推平后需要从远处拉来黄土覆盖其上，其他荒地需要开挖铺垫，工程量大。安置区的各项基础设施（水、电、路等）均需要零起点规划并组织施工建设，投入大。二是建设资金紧张。建设资金需求量大，但申报及审批流程较慢，上级资金拨付不及时，代建企业的垫资压力大，原材料费用及用工工资不能及时发放，影响工程进程。同时地方政府财政压力大，支付困难。三是灌溉用水偏紧和农水灌溉渠道严重老化。改造渠道的跑、冒、漏或扩建扬水泵站需要一定的资金支持。四是规划一步到位问题。“十二五”时期中南部地区生态移民迁出县，回族人口占总人口的48.9%，涉及宗教问题，对清真寺的建设用地及回汉民族墓地的安排牵一发而动全身。另外如预留发展空间（考虑到入住移民粮食打碾场地建设、污水处理问题），对未来新农村的村容村貌有着重要影响。

（2）观念的转变还需要一个过程。

移民来到新的环境后，由于经济基础差，文化素质低等原因，适应环境还需要一个过程，因此，观念的转变也需要一个过程。表现为：一是职业观念的转变。迁入新居后移民的职业分化、劳动力的流动在较大程度上不能及时实现。二是生育观念的转变。对移民原有的落后生育观念所进行政策调整是一项重大工程。三是消费观念的转变。要对移民的市场经济行为给予及时引导，进一步激发他们的经商意识，帮助农民尽快脱贫致富。四是政治观念的转变。加强移民群众的政治参与度，使移民理解政府在搬迁过程中的诸多困难，提高他们参与的积极性。五是教育观念的转变。要让移民群众深刻地认识到只有知识才能改变命运，提高移民的整体素质，发展教育事业才是长久之计。

（3）社会管理面临巨大挑战。

1）政策接续和完善问题。在移民的管理方式问题上，要继续政策衔接，否则将会造成新的社会矛盾。一是档案建设问题。包括户籍管理的档案建设、拆迁之前房屋折算价格（防止搬迁后出现不必要的经济纠纷）、土地的补偿（涉及退耕还林还草补偿问题）。二是社会保障问题。包括低保政策问题、养老政策问题、民政救助政策问题等方面。三是计划生育问题。由于地域原因和民族政策原因，迁出区和迁入区计划生育政策有所不同。因此，人口问题是生态移民中的重中之重。超生、孕产妇和育龄妇女的摸底排查等，迁入区和迁出区续接工作繁杂。要在移入区制订新的政策措施，防止超计划生育的再次复制、反复和延伸。

2）户籍管理存在着许多既成事实问题。在调研中发现，迁出县（区）许多移民存在着分灶吃饭，但未办理户口分离手续的问题。他们面临的困难是搬迁后只按照一个家庭54平方米的统一分配方式入住。目前，在迁出县（区）待搬迁的移民中还有许多四世同堂的问题存在，分灶吃饭但户口还没有分离的家庭普遍存在，他们希望政府深入调研，在实事求是的原则下对症下药，按既成事实解决户口问题。

（4）产业发展问题。

一是受传统生产程式的影响缺乏适应环境的能力。由于搬迁到安置地的农业生产方式和消费方式的变化所引起对劳动力质量要求的变化，原居地和安置地之间的气候、土壤、水分等存在着明显的差异，在新的自然环境下要形成新的农事生产系统，由于自身受教育程度、生产技能等方面的不足而不能适应新环境下的农业生产，导致产业发展受阻。二是劳动者自身素质较低，适应产业化发展受到了影响。由于农业劳动力的转移，使很多农民到城市从事第二、第三产业，剩下的人对农业新技术如良种、良育等新生产技术很难接受，尤其是经营管理理念欠缺，市场意识、合作意识和法律意识普遍淡漠，不能适应农业产业化发展的需要。三是农民获取信息渠道十分有限，导致农民农业生产发展上处于盲目被动状态。绝大多数农民获取信息的途径多是与别人交谈、收听广播，所获信息的渠道大都是文化层次趋同的人，信息相对滞后在很大程度上影响了农民生产、创业思维。信息闭塞，市场行情一无所知，致使农民对农业生产和结构调整、发展经济处于人云亦云、盲目被动状态，出现雷同投资，重复建设，市场竞争力弱，经济效益低，甚至无效益现象，严重影响了农村经济发展。四是受经济条件的限制缺乏发展产业的主动性。搬迁的农民都是山区的贫困户，在安置地重新生产和生活后，几乎没有了资金积累，受经济困难和传统观念的影响，在缺资金的情况下也缺乏发展产业的主动性和积极性。

（5）劳动就业问题。

移民外出打工属亦工亦农性转移，具有明显的兼营性和“候鸟型”的特点。随着经济社会的发展，用人单位对劳动力素质的要求越来越高，劳务需求中已明显由“体力型”向“智力型”、“技能型”方向转变。然而移民劳动者的整体素质状况与现实的需求存在着较大的差距，移民文化素质不高、缺乏技能是其就业的最大障碍。移民就业主要面临以下困境：一是文化素质问题。农村劳动力文化素质普遍较低，发展起点低，职业拔高的时间将会很慢，这将影响了移民向深层次转移的竞争力。二是劳动技能问题。移民劳动力大多属于体力劳动，属于“生存型”就业，没有时间、精力和财力实现自身的提高和发展。三是劳动力转移与土地流转过程中的矛盾。农村劳动力转移是引发土地流转的主要原因。由于农村土地流转制度落实较难，将会导致大部分移民家庭选择“兼业”的方式，移民对新开垦的土地还处于摸索经营阶段，把土地作为最后的就业保障，不愿割断同土地的“脐带”，使他们无法从根本上割舍与土地的联系，处于选择的两难境地。

（6）潜在的障碍问题。

从一个环境到另一个环境，在发展过程中潜伏着许多障碍，一是移民增收的资金和技术障碍。尽管国家已经先期投入大量的资金，为移民群众在移民安置地配套建设水浇地、道路、供电、饮水、学校、卫生等基础设施，但由于在扬水灌区的农业生产投入（种子、肥料、灌水）、生活开支（自来水）等费用要远远高于原耕地的投入，加上搬迁初期土地产出率偏低等综合原因，将会导致移民群众自力更生谋发展的能力弱，移民在短期内没有机会更没能力获得有关灌溉、种植技术和新品种的生产技术。因此横亘在移民的增产增收前面的第一个障碍就是资金和技术瓶颈。二是移民增收的风险意识障碍。由于新技术、新项目在实施中都具有很大的风险，而移民群众普遍缺乏资金和技术指导，在移民区推广设施农业和现代养殖，还需要政府的推动和正确引导。三是移民在搬迁中的心理障碍。调研中还发现，许多移民家庭，农民通过打工新盖了房子，舍不得遗弃用自己的血汗钱新盖的房子，按政府的搬迁要求是自然村整体搬迁，他们都处于搬迁的矛盾之中。个别家庭放弃了责任田的耕种，在耕地中种植了上千棵经果林，希望政府给予一定的补偿，像这样的家庭多年来举家在外打工，现在耕地回收，经果林也给山区绿化做了贡献，如果政策不当，将会造成树木被毁的可能。这样的家庭也处于对政府政策观望和搬迁的矛盾之中。

2.6.3　移出区生态环境及经济社会状况描述

（1）经济社会概况与贫困成因。

1）自然环境及经济社会概况。彭阳县位于宁夏东南部边缘，六盘山东麓。北、东、南三面分别与甘肃环县、镇原和平凉接境，西面和西南面分别与固原市原州区和泾源县相连，毗邻县区都是国定贫困县。地形分为北部黄土丘陵区、中部河谷残塬区和西南部土石质山区三个自然类型，海拔1248～2418米，年平均气温7.5℃，≥10℃积温为2500～2800℃，无霜期140～170天，降水量350～550毫米，属典型的温带半干旱大陆性季风气候。土地总面积2528.65平方千米，其中耕地100万亩。现辖3镇9乡，156个行政村，808个村民小组；总人口26.3万人，其中农业人口23.5万人，占89.4%，其中少数民族人口7.9万人，占30%。由于受自然环境制约和长期发展失调影响，目前，按照每人1196元/年的全国贫困线标准，全县有55087人处于贫困线以下，贫困人口占总人口的21.27%；按照每人每年1350元的宁夏贫困线标准，全县有64651人处于贫困线以下，贫困人口占总人口的24.96%。彭阳县贫困人口大多居住在交通不便、饮水困难、土壤贫瘠、沟壑交错的六盘山水源涵养林外缘区、水库淹没区、地质灾害区、北部偏远山区的煤矿塌陷区。一期建设计划安置1106户4278人（其中少数民族297户1297人，占本次移出人口的30.32%），涉及冯庄、罗洼、孟塬、古城和新集5个乡镇11个行政村18个村民小组。由于迁出区山大沟深、交通不便、信息闭塞，待移村庄除了古城镇以外，其他乡都距离彭阳县城在60千米左右，道路大多都是崎岖陡峭的羊肠土路，除六盘山外缘部分村落外，其他村落的农户都是依山坡而居，窑洞是典型的居住形态，村民居住分散，村与村间隔都在2千米左右。在极度缺水的情况下，许多农户都是靠肩挑畜驮在离村较远处取水，在一个封闭的社会环境里，生活着封闭的农民，经济社会发展也显得十分缓慢，村民生活非常困难。

2）生态环境恶化因素分析。彭阳县位于宁夏南部山区，属于黄土高原干旱丘陵区，山地、塬地与河谷地相间，属于我国北方农牧交错的生态脆弱带的组成部分。气候干旱、降水时空变率大以及黄土基质疏松多孔、遇水易塌陷和易于被侵蚀的地理环境，决定了彭阳县生态环境的脆弱性。

新中国成立以来，在30多年的乱挖滥垦之中，生态环境急转直下。1983年以来，彭阳县坚持以“生态立县”方针使生态环境面貌有了较大的改变，但终因历史欠债太多而无法在短期内彻底扭转恶化的局面。

由于环境的日益恶化，彭阳成为自然灾害多发地区。干旱、冰雹、洪涝、风沙和霜冻五大灾害严重威胁着当地农业生产和人民生活。当农业受到灾害威胁时，又导致了脱贫农户重新返贫，在灾害面前，脱贫与返贫形成了持久的拉锯战。

彭阳县1983年10月由原固原县（今原州区）分设直县，当年人口为18.7万人，到2010年人口达到26.3万人，27年间人口净增7.6万人，人口密度104人/平方千米，每平方千米超出宁夏9人（全区人口密度95人/平方千米）。在贫瘠的土地上孕育出了超载的人口，是生态环境恶化的又一根由。

（2）移出区人口状况分析。

1）人口发展与生态环境之间的问题和矛盾日渐突出。近年来，彭阳人口增长势头虽然得到有效控制，但人口的基数却在逐年增大，相对于自然生态环境而言仍然处于矛盾之中，2010年，宁夏人口出生率和自然增长率分别为14.14‰和9.04‰，而彭阳人口出生率和人口自然增长率则分别为21.94‰和16.11‰；彭阳县人口出生率和人口自然增长率分别高于宁夏平均水平的7.8个千分点和7.07个千分点，尤其是16.11‰的人口自然增长率几乎接近宁夏的一倍。

彭阳县少数民族人口占30%，由于人口发展的惯性作用以及少数民族人口政策的宽松，使人口对生态的压力十分巨大。从全县来看，彭阳人口过度增殖已超出了刚性土地资源的有效容纳力，今后即使现有耕地一亩不减，由于农村人口压力过大，会使经济和社会的发展以环境和资源遭到破坏为代价。大量事实证明，目前彭阳农村正面临着史无前例的人口资源承载力的制约，如不减少农村人口，彭阳的生态环境将会不堪重负，如果越来越多的人口因生计再次陷于贫困之中，即使我们有回天之力也不可能再建一个像月牙湖这样的生态移民开发区，因为全区的水和土地资源是有限的，而人口的增长是持续的。

2）人口增长对生态环境形成的压力。彭阳县人口数量与人口素质、人口数量与生态存量和生态消费之间表现出了明显的此长彼消的关系。由于自然的、历史的、体制的、观念的多重原因，从而导致了人口的快速增长和生态环境不断恶化的逆向运转，人口增长过快和生态环境恶化不仅给土地带来了巨大的压力，也制约了经济社会的持续发展。

调查表明，彭阳县回族妇女早婚、早育十分普遍，在 15 ~24 岁年龄阶段生育率大大高于其他民族，虽然近年来生育率有所下降，但人口出生率和人口增长率仍高达 21.94‰和 16.11‰，早育和密育型的生育，不仅使人口增长速度快，而且缩短了世代间隔，加速了人口增殖。在人口总量继续增长的态势下，育龄妇女的总量也在持续增加，2010 年，育龄妇女总量已达到 49717 人，未来 10 年内，彭阳县育龄妇女人数将持续增加；20 ~29 岁生育旺盛期妇女人数大，育龄妇女所占比重大意味着潜在的人口增长速度快。人口过快增长，一是使经济成果大打折扣，尽管年年扶贫，但每年扶贫资金、新增产品和国民生产总值的相当部分被不断增长的人口所抵消。二是极大地加重了劳动就业压力，尤其是遇到灾害年份，对于经济底子薄、干旱缺水的大山深处，就业难度就会显露。三是严重影响了人口素质和人民生活水平的提高，造成了衣食住行等方面的问题。四是降低了自然环境的质量，由于废弃物排放量的增加，加剧了环境污染和生态环境的恶化。

3）人口素质低及基础教育困扰。由于受地理区位的制约和贫困等方面的影响，多年来彭阳县与全区教育水平差距长期累积，造成了人口素质低及基础教育困扰。彭阳县是少数民族地区，少数民族人口占 30%（其中回族占 29.98%），回族善经商但对教育重视不够，尤其是对女性的重视不够。彭阳县是国定贫困县，农村绝对贫困人口和低收入人口达 64651 人，由于水资源短缺，广种薄收的原因，返贫现象十分突出。由于贫困使许多优秀学生失去了上大学的机会。由于基础教育及教学条件差，教师外流现象严重，由此导致了教育质量的低下。

4）落后的思想观念成为脱贫致富的阻碍因素。与人口快速增长致贫相比较，另一个致贫原因则是长期贫困状态下形成的落后思想观念。表现为：依赖思想、胆怯思想、平均主义思想、故步自封和因循守旧思想、自给自足的小农经济思想、温饱即安满足思想。上述主观因素造成了当地贫困人口缺乏个人效能感，缺乏突破陈旧方式的创造性想象和行为。这些落后思想观念在一定程度上阻碍了当地经济效益的提高，成为贫困状况长期以来难以根本改变的主要因素之一。2010 年，外出务工人员 5 万人次，随着农村经济结构调整和土地经营的成本上升，今后每年向外转移的数量也将不断增多，这将意味着农村留守老人的数量也会上升，农村社会负担和社会责任也将逐年加大。

5）经济基础薄弱，自我发展的能力不足。彭阳县建县迟、底子薄，经济社会发展水平与宁夏全区相比较，还存在着巨大差距：一是人均国内生产总值和农民人均纯收入少，2010 年人均国内生产总值是 7051 元（宁夏全区是 26073. 8 元），2010 年农民人均纯收入是 3556. 46 元（宁夏全区是 4674. 9 元）；二是传统农业比重大，特色优势产业发展规模小、层次低，农民增收渠道单一；三是能源开发力度不够，尚未形成产业化工业链条，对县域经济实力的贡献不大；四是城乡二元格局依然突出，基础建设、社会事业发展滞后，统筹城乡发展、加快改善民生的任务艰巨；五是市场发育程度低，传统服务业比重偏高，现代服务业发展缓慢，招商引资难度大；六是受自然资源（尤其是水资源）的限制，经济自我发展的能力十分有限。（该数据根据各种统计手册汇总而成，由于统计口径不同，与作者入户调研数据有出入）。

2. 6. 4 研究区域的调研

（1）调研区域和调研对象。

在研究中，对移出区的彭阳县、移入区的红寺堡开发区和兴庆区共计 3 个县（区）6 个乡镇的 19 个行政村作了入户调查。彭阳县是“十二五”时期宁夏确立的生态移民移出区域，作者选择了该县将要移出的孟塬（高岔村、双树村）、冯庄（茨湾村、上湾村、小园子村、崖湾村、石沟村）、新集（谢寨村）、罗洼（张湾村、马涝村、寨科村）4 个乡 11 个行政村的 163 户农民家庭进行了入户调研，被调查户占总户数（951 户）比重的 17. 14%；兴庆区是“十二五”时期宁夏确立的生态移民移入区域，作者对该区已经移入的月牙湖乡（海陶南村、海陶北村、大塘南村、大塘北村、小塘村、塘南村）的 6 个行政村的 137 户海原县农民家庭进行了入户调研，被调查户占总户数（1846 户）比重的 7. 42%；红寺堡开发区是宁夏落实国家“八七”扶贫攻坚计划，于 1998 年开发的移民安置区，作者对该区已经移入的红寺堡镇（朝阳村、兴旺村）2 个行政村的 164 户彭阳县移民家庭进行了入户调研，被调查户占总户数（2535 户）比重的 6. 47%。

（2）调研对象选择的缘由和参照。

彭阳县“十二五”时期共选择迁出 4000 户 16800 人的生态移民，落户兴庆区月牙湖乡，作为一期建设计划安置的 1107 户 4680 人，将要告别世代生活的土地，初次走出大山，来到一个陌生的环境开始新的生活。选择一期迁出的 163 户作为调研对象将成为对比分析的最原始数据。由于彭阳县的移民还没有来到新的环境，对于早期（1986

年）迁入月牙湖乡的海原县郑旗乡和罗川乡的移民来说就成了对比研究的主要选择对象。为了使研究更具说服力，同时把早期（1998年）迁入红寺堡的彭阳县移民也作为选择对象。

在移出区（彭阳县）即将移出，移入区（兴庆区月牙湖乡）即将接纳。为了进行有效分析，以海原县已迁入月牙湖乡的6个行政村和以彭阳县已迁入红寺堡镇的2个行政村作参照。移入前，海原县和彭阳县均属于宁南山区国定贫困县，其生态环境和农民生活条件处于同一水平，因此，选择的对象具有一定针对性和极具参考价值。

（3）调研结果分析。

1）彭阳县欲迁出区的调研结果。彭阳县一期安置工程，安置移民1107户，涉及5个乡，除古城乡外，对其他的4个乡（951户）进行了随机入户调研，入户家庭163户，被调查户占总户数951户比重的17.14%。所调查的孟塬（高岔村、双树村）、冯庄（茨湾村、上湾村、小园子村、崖湾村、石沟村）、新集（谢寨村）、罗洼（张湾村、马涝村、寨科村）4个乡11个行政村的163户农民。罗洼、冯庄和孟塬三个乡地处彭阳北部，典型特征是山大沟深、居住分散、干旱少雨、十年九旱、广种薄收、靠天吃饭。村与村、户与户之间最近的都在2千米左右，远的约10千米，由于居住十分分散，给国家基础设施建设带来很大困难。户与户之间相对封闭，缺乏沟通，导致信息不灵，在一定程度上是造成农民经济困难的原因之一。新集乡地处彭阳县东南部，属于六盘山外缘的土石山区，待搬迁的149（636人）户居民，除8人是汉族外，其他全为回族。自然特征是降水较多，年降水量在550～600毫米之间，虽降水较多，但土质差、土地产出率低，自然环境极其恶劣。

从调查中可以看出，该县待迁出的移民户种植作物主要是小麦、玉米和小秋杂粮（马铃薯、胡麻、荞麦、莜麦）。小麦和玉米的亩产分别是114.8千克和183.2千克，户均现金收入分别是1944.8元和900.6元，完全属于广种薄收。2010年，全部的种植作物折合现金户平均为3667.4元；退耕还林补贴1412元，养殖业和林果业户均226.3元，打工收入户均2253.4元，工资和副业户均391.6元；从调查数据看，彭阳县待迁出的农户户均全年毛总收入为7950.7元，除了打工收入较多外，国家退耕还林补贴占了很大份额，退耕还林补贴是农民最稳定的收入来源，工资和副业收入主要是乡村的中小学教师工资收入、村干部工资性收入、个别家庭开办的门市部和磨面机房收入等。迁出户户均耕地面积较大，虽然薄收，但由于广种而牵制了农民的外出，导致了农民在外务工的“候鸟式”的短期行为，不稳定的务工现象是经济收入增长的最大“瓶颈”。

2）彭阳县已迁入红寺堡镇的调研结果。红寺堡是1998年开发的移民安置区，安置区的居民是从南部山区迁移而来，为了对彭阳县向外迁出的农民收入状况进行了解，调研组对已经移入红寺堡镇（朝阳村、兴旺村）的2个行政村164户彭阳县移民家庭进行了入户调研。为了使调研结果更具准确性和说服力，所选择的调研对象全是彭阳县（孟塬、冯庄、新集和罗洼）已迁入的农户。经过12年的发展，移入红寺堡朝阳村和兴旺村居民的生产生活水平有了很大提高。

从彭阳县已迁入红寺堡生态移民户均收入的调查情况可以看出，移民在红寺堡的种植作物除了增加葡萄以外，其他都类同于原来，主要是小麦、玉米和小秋杂粮。朝阳村2010年将小麦改种葡萄后，由于缺乏种植技术等原因，葡萄绝产。两个村玉米的亩产分别是524千克和1000千克，最低亩产高出当年彭阳县平均亩产的2.86倍，最高亩产高出当年彭阳县平均亩产的5.46倍。红寺堡移民仍然享受着当地的退耕还林补贴。养殖业和林果业户均2002.1元，打工收入户均10918.1元，工资和副业户均2985.7元；从调查数据看，迁入红寺堡（朝阳村）农户在葡萄绝产的情况下户均全年毛总收入为22798.7元，毛总收入是当年彭阳县的2.87倍。打工收入户均收入为8944.9元，是彭阳县的3.97倍，这得益于红寺堡经济建设的快速发展，农民就地就近打工的缘故。工资和副业收入主要是副业收入，由于农民消费高，这里的服务业都比较兴旺。迁出户户均耕地面积较小，但由于有水灌溉则亩产较高，腾出的劳动力促使其向外转移，增加了农民的收入。

3）海原县已迁入月牙湖乡的调研结果。月牙湖乡现有7个行政村，除原来的月牙湖村外，海陶南村、海陶北村、大塘南村、大塘北村、小塘村、塘南村6个行政村是1989年从海原县郑旗乡和罗川乡搬迁而来的。目前，月牙湖乡共有2461户，13360人，其中移民村1846户，11822人。

选择海原县移民作对比分析，一是海原县和彭阳县都属于宁南山区，与彭阳县有着十分相似自然环境；二是海原县未搬迁前，人们的思想观念、生产生活都处于同一水平；三是彭阳县要迁入月牙湖乡，海原县移民是参照物。

所调查的6个移民村地处银川市兴庆区东北部，典型的地理特征是地处平原、光照充足，虽干旱少雨但有黄河灌溉之便，农业生产条件良好。由于政府统一规划，村落整齐划一，户与户相连，田地都在自家门口，粮食收割打碾十分便捷，并且都已使用上了现代化的脱粒机等农机具。由于地处银川市的外缘，发展农业生产的条件较彭阳县和红寺堡都有很大的优越性，土地产出率相对较高，人们的思想观念发生了根本转变。海原县已迁入月牙湖乡移民的户均收入有了很大提高，从调研得知，种植作物主要是小麦套种菟丝子、玉米和小秋杂粮。小麦（套种菟丝子）和玉米的户均现金收入分别是17128.8元和5152.4元，户均现金收入分别是彭阳县的8.8倍和5.72倍，相比之下，农民的经济收入翻了几番。2010年，全部的种植作物折合现金户均为22441.5元，是彭阳县户均现金收入的6.12倍；养殖业和林果业户均2401元，是彭阳县户均的10.61倍；打工收入户均13398.2元，是彭阳县户均的5.95倍；工资和副业户均17115.9元，是彭阳县户均的43.7倍；从调查数据看，海原县已迁出的农户户均全年毛总收入为 55356.6 元，是彭阳县待迁出的农户户均全年毛总收入的 6.96 倍。工资和副业收入主要是海原移民村的副业收入，据不完全统计，海陶南村共 420 户村民，约有 50 辆小车，21 辆不同种类的大卡车跑运输，每当夏季夜晚全村举家外出捉蝎子（仅捉蝎子年户均增收约 6000 元）。海原县 1986 年搬迁时还没有退耕还林补贴政策，虽然缺少了国家退耕还林补贴，但其他收入都比较高。综上数据可以看出，海原县移民村种植业、外出务工和副业性收入都在万元以上。究其原因，一是该移民村占据了优越的区位优势，二是回民善于经商，三是便利的交通条件刺激了移民的致富欲望之故。

（4）一期移民中劳务输出状况分析。

从调研情况看，近年来彭阳县农村富余劳动力外出务工的主动性明显增强，对政府的依赖性在逐渐减弱。这主要是因为山区农民为摆脱贫困而在思想观念上发生了深刻的变化，农民不愿外出而固守本土的传统习惯正在逐渐转变。一些农民为了致富，纷纷走出家园，收到了“出去一个人，养活一家子”的效果，受经济利益的驱动，农村劳动力外出的主动性和积极性明显增强。根据调研情况看，政府组织的劳务输出与自发输出存在很大差异，有组织输出在数量上表现为逐年增长的趋势，但自发输出仍占绝对数量。以孟塬乡高岔行政村为例，高岔行政村位于彭阳县东部偏北，是一个极其偏僻贫困的村子，全行政村共有 4 个自然村，199 户，862 人，农村劳动力虽大多属于“候鸟式”转移，但从 2000 年以来，自发输出一直占输出总量的 80% 左右，在整个外出务工人员中仍占绝对数量。2011 年高岔行政村共有外出务工人员 292 人，其中政府有组织输出的为 48 人，占该村输出总量的 16.4%，自发输出的为 244 人，占该村输出总量的 83.6%。又以彭阳县为例，2011 年，在 1107 户一期移民中，外出务工人员共 1027 人次，即基本上达到了户均输出一人的目标，其中政府有组织输出的为 195 人，占该县输出总量的 19%，自发输出的为 832 人，占该县输出总量的 81%。再以劳务输出占宁夏输出总量近 2/3 的宁南山区 8 县（范围上具有一定的典型性）为例，2004 年宁南山区 8 县当年共输出 61.53 万人，其中政府有组织输出的为 12.31 万人，占输出总量的 20%，自发输出的为 49.22 万人，占该村输出总量的 80%[39]（时间上具有一定的代表性）。政府有组织地主要输往东南沿海，其中输往福建的占多数。自发输出的主要就业途径是依靠投亲靠友，即以血缘、地缘、人缘关系为主。

2.6.5　移民生计可持续保障的实现途径

（1）总体规划、统筹兼顾、稳步推进。

总体规划是移民迁入区最为重要的环节，要加强区位选择的合理性，保证项目的可行性。一期的迁入已接近尾声，但后期的迁入还在进行。迁入地的区位选择对移民根本利益的保证和最优目标的实现是十分重要的，在后期的选址中，要组织专家和科技人员，对预选地址进行筛选，选定的地址要达到预期的目标或效果。要有百年大计的规划远景，要从水、电、路以及基本自然生存条件等未来发展的去向上进行通盘考虑。要把生态建设、土地利用、小城镇建设以及未来人口增长进行充分论证。要规范移民安置地的村落建设，在新一轮的移民开发中应从建设规划、环境保护等方面考虑。村落规划要长远考虑，统筹兼顾。一是统筹兼顾并逐步完善排污排洪和解决农民粮食堆放场所问题。二是妥善安排村落、林带、庭院和经济田的土地利用问题。移民安置是一项巨大工程，不确定因素多，已规划了，但不到位的应尽快进行改造并趋于完善，未规划的应留有余地，为将来建设提供可能。移民在搬迁过程中会遇到许多问题和困难，因此，统筹兼顾、合理安排、因地制宜、分类指导、整合资源、稳步推进是基本原则，对搬迁群众要坚持增加收入和提高素质并重，迁出区生态恢复和迁入区生态建设并举，逐步实现消除贫困和改善生态的双重目标。

（2）加快产业结构调整，促进协调发展。

产业是生态移民项目（尤其是有土安置移民）能否可持续发展的基础与保障，因此，在“十二五”期间指导生态移民产业发展时应着重从后续产业的市场风险、技术风险和劳动力素质三方面进行研究。这三方面是生态移民后续产业发展面临的最大问题，也是生态移民项目能否持续发展的最重要因素。产业结构调整对生态移民的生态效益、经济效益和社会效益的提高，走向富裕之路至关重要。目前，宁夏中南部地区待迁的移民维持生活的费用基本是依赖于农业生产和外出务工，农业生产主要是种植小麦、玉米和土豆；这样的种植结构和完全靠天吃饭的状况只能在贫困线上挣扎。务工主要是近距离和“候鸟式”，由于经常变换打工地点和企业，务工者的收入普遍不高。这样的经济结构无法达到真正脱贫的目的。因此，生态移民产业发展方向应从以下几个方面考虑：

1）调整农业内部产业结构。推行效益型种植结构以解决移民农业效益低下的问题。效益型农业产业结构是以土地的高效开发利用为前提，以资源保护与合理开发为原则，突出资源特色和市场需求，以经济高效和生态安全为目标，建立起适合移民村生态经济特征的农业产业结构体系。例如，通过作物套种发展立体复合种植模式，提高单位面积土地的产出率，使有限的耕地资源得到充分的利用，使单位亩产产生更大的经济效益。例如月牙湖乡原海原县移民在小麦中套种菟丝子，小麦亩产 200 千克，单价 2.2 元；菟丝子亩产 100 千克，单价 20 元；即套种每亩折合现金为 2440 元。如果仅仅种植小麦，亩产平均约为 300 千克，折合现金每亩仅为 660 元，和套种相比每亩只是套种现金收入的 27%。

2）发展高效生态农业。宁夏生态农业的发展，从生态户、生态村、生态乡镇开始，很快步入了以县级为单元的阶段，即在较大规模范围内实施生态农业的阶段，在不同生态类型的地区，出现了一批较好的典型，提供了可贵的经验，但很不完善。近年来，发展生态农业已成为宁夏不同生态类型地区的共识，在移民开发新区，面对许多尚未开垦的土地，在具体落实、实施和推进过程中要创新发展模式，走可持续农业发展的道路。一是由传统增长向创新增长转变。依靠农业科技手段，实现农业增产增收。二是由粗放增长向绿色增长转变。要努力实现建立在生态环境容量和资源承载力约束条件下的新兴发展模式，实现人与自然的和谐发展。三是从单纯追求经济增长向更为全面的增长方向转变。应更加关注民生，使所有移民既能对农业经济发展过程积极参与，又能以提高移民总体收入而安居乐业。四是从短期生态效益向持续生态效益迈进。发展高效生态农业不仅需要科学的理念，更需要建立一套科学的指标体系和评价标准使生态农业走上持续发展的路子。五是充分利用当前资源，注重挖掘潜在资源。大力发展草畜业，利用荒地或沙地修建牲畜集中养殖区，以规模养殖提高养殖效益。以产品为龙头，实行生产、加工、销售一体化。在房前屋后充分利用有限的空间，形成立体配置、交叉种养的物质循环利用的综合生产体系。如种植果、菜、药，养猪、牛、羊、兔、狐，配置沼气、太阳能灶等，将各种资源综合利用，形成较为完整的农村庭院生态系统。

（3）加大劳动力培训力度，提高劳动力素质。

1）选择梯次培训多渠道转移的方式。迁出区安排第一次培训，主要从基本素质、思想观念、法律常识、道德行为、务工常识等方面进行；迁入区安排第二次培训，主要针对就业岗位开展技能培训，提高移民岗位适应能力，提高收入水平，也可以减轻移入区培训的压力。就业岗位的选择可从以下方面考虑：农业内部就地转移消化；依靠迁入地区位优势向沿黄城市带转移；向周边省区和沿海地区转移；建立稳定的输出基地；与区内外的企业签订劳务合同输出；能人带动、亲友帮助输出，抓住生态、道路、市镇等基础建设项目和集体、个人、私营企业对劳动力的需求，促进更多的移民向工业、贸易、餐饮、交通、旅馆等第二、第三产业转移。要积极探索与境外劳务输出的合作机制，借助中阿论坛的机遇，发展与中东、中亚和周边国家的劳务关系。要充分利用东西协作的有利时机，把劳务经济发展为对口帮扶的重要基地，要全面扩展国内劳务市场，与之建立长期稳定的合作关系，确保农民工实现稳定就业。

2）强化农村基础教育，构建教育长效机制。虽然免费义务教育在很大程度上减轻了农村家庭的受教育成本，但各级政府仍要不断加大对生态移民乡村基础教育的投资力度，进一步完善基础教育设施建设，改善教学环境和教学条件，提高教学质量，以保证学生顺利完成九年义务教育。对部分特困家庭的子女可采取增加生活补贴，提供助学贷款，或呼吁社会力量资助等措施，切实解决他们在学习、生活中的困难，使其安心完成学业。如果在学校教育上力度不大，投入不够，那么第三代、第四代文盲农民工就会随着时间的推移层出不穷，后期的培训将会给政府带来更大的财政压力。因此，抓好学校阶段的教育既是基础工程，又是提高人口素质的重要方面。在加强基础教育的同时积极推进劳务移民、教育移民和自发移民多种模式，多途径向异地转移人口，保持人口的均衡发展。

3）积极探索劳务输出的新途径，最大限度地转移农村富余劳动力。

1）转变劳务输出的思维定势。既要着眼长远，也要立足现实，要以科学发展观引领劳务经济的发展，在劳务输出中，按照追求效益最大化的市场法则，把农村中年轻有为、文化素质较高和最有潜质的劳动力转移出去，从而获得比种地更加丰厚的回报。要改变“输出的劳力是富余劳动力”的想法，要树立优先输出农村中最优秀的劳动力的观念，要把发展劳务经济，加快农村劳动力转移就业放在发展经济全局的高度去抓，要改变以往的思维惯式，要从“剩余输出”转向“大部分输出”，由“主力输出”转向“全部输出”；由“体力型”转向“智力型输出”和“技能型输出”，由“年轻型输出”转向“壮年型输出”；由“无序输出”转向“劳务派遣输出”；由“自发输出”转向“合同制输出”以及“岗前培训输出”，真正突破“以农为本的守旧思想”。在加强基础设施项目建设时，银川市的重点工程建设项目，在同等条件下应优先使用当地农民工，使劳动力充分就地就业。要积极探索与境外劳务输出的合作机制，借助中阿论坛的机遇，发展与中东、中亚和周边国家的劳务关系。要充分利用东西协作的有利时机，把劳务经济发展为对口帮扶的重要基地，要全面扩展国内劳务市场，与之建立长期稳定的合作关系，确保农民工输得出、留得住，实现稳定就业。

2）推动当地第二、第三产业的发展。新农村建设的首要任务是发展生产，农村经济的未来是发展第二、第三产业，积极推进企业与农村联合，鼓励引导农村和企业充分发挥双方优势，因村因企制宜，在农村兴办村企合作企业，发展一项产业，不仅可以实现农民就地就近转移，农忙季节进行农间耕作，农闲季节走入工厂，寻找时间差使务工务农都兼顾起来，从而达到了农民增收的目的，而且还把农村劳动力创造的剩余价值转化为建设家乡的财富，有效地推动了当地第二、第三产业的发展。近年来，宁夏村队企业化建设在吸引当地富余劳动力就地就近转移方面得到了有效尝试，并发挥了很大的经济社会效益。发展农村第二、第三产业，是促进农村富余劳动力就地就近转移的有效途径，要建立农民工返乡创业的激励机制。要积极支持和鼓励具有一定经济实力的农民工回乡创业，开发农业资源，兴办农村第二、第三产业，带领更多的农民富起来。各级工商、税务等部门对回乡投资办厂、兴办企业的农民，要在同等条件下给予优惠；国土资源、城管部门在小城镇建设规划上，要把回乡投资的农民，作为加快小城镇建设步伐的主要对象，合理编制发展规划，制订切合实际的优惠政策，鼓励他们向城镇集中，推进农村城镇化。凡回乡投资从事农产的养殖业、农产品加工业以及农村高新技术开发的农民，各级党委和政府应给予一定的支持和各种优惠政策。

3）多途径促进劳务移民工作顺利开展。一是完善劳务移民政策。在《宁夏“十二五”中南部地区生态移民规划》政策的基础上，补充完善劳务移民相关政策，重点是劳务移民周转房购买政策、补助政策、城市落户政策、社会保障政策、技能培训政策、鼓励企业安置政策等。二是放开劳务移民“县对县”地域界限。劳务移民的安置点应不受地域限制，在全区范围内放开。只要是 1655 个搬迁自然村的务工家庭，在自治区内城镇、工业园区和产业基地稳定就业的，均可让劳务移民就近安置。三是落实保留土地承包政策。保留进城落户劳务移民土地承包经营权和宅基地使用权。落户在县城和中心镇的劳务移民，其土地承包经营权和宅基地使用权在第二轮承包期内不变。在设区的市落户的劳务移民可在 8 年内保留其土地承包经营权和宅基地使用权。8 年后，承包土地退回村集体，村集体根据土地流转收益给予一次性补偿。

（4）积极推进土地流转，解除外出农民工的后顾之忧。

农村中大量富余劳动力从土地上转移出来，农村土地出现了撂荒现象，与此同时，土地的小规模经营，既不适应农业现代化的要求，也在很大程度上束缚了农民的手脚，使得农村富余劳动力在转移中兼业现象比较普遍。然而土地又在一定程度被农民视为最后的生活保障，不愿轻易放弃。因此，应按照“依法、规范、自愿、有偿”的原则，积极稳妥地处理好土地承包中出现的问题，探索土地流转的新形式，加快建设农村土地流转市场。鼓励企业和大户在兼顾公平与效率的前提下，通过农业开发、置换、兼并、收购、转包、转让、租赁、入股、托管等形成，加快土地的规模经营，不愿承包的可以退包，由村集体或承包人等根据合同约定重新发包，对尚未完全转移出去的农户，在农忙季节要组织好帮扶助耕队，帮助有困难的外出务工人员抢种抢收，不断完善农村土地的流转机制，对有意向外出的农村劳动力尽最大限度地向非农产业转移。近年来，宁夏一些市县对土地使用权的和流转机制进行了有益的探索和创新，把农村富余劳动力从土地的束缚中解放出来。使他们无后顾之忧外出务工，为建设社会主义新农村注入了活力。

为了挖掘整合农村土地资源优势，加强农村土地管理，积极推动农村土地经营权合理流转，率先推行农村土地信用合作社试点，既可有效规范农村土地流转，又可为推动农村土地规模经营、壮大集体经济、发展现代农业和农村富余劳动力异地转移搭建平台。月牙湖乡土地资源丰富，但人均分配标准为 1 亩水浇地和户均 1 栋温棚，不考虑温棚因素，以 1 家 4.2 口人计算，每户只占耕地 4.2 亩，参照海原县已迁入月牙湖移民的种植情况，按 2010 年每亩玉米纯收入 1289.8 元计算，只种地每户年纯收入 5417 元，如果将土地以每亩 150 ~200 元（估计数）存入土地信用合作社，可得 630 ~840 元，每户 1 ~2 个劳动力外出打工从事第二、第三产业，每户每年可得纯收入 3 万元左右，每户存地和外出务工的收入则是 30840 元，是种地的 5.69 倍。

经过测算，推进土地流转，对促进农业产业结构调整、加快农村劳动力转移、增加农民收入会起到积极的作用。迁入地政府要结合本地实际，让农民意识到土地流转的重要性，在稳定土地承包关系的前提下，因地制宜地确立土地流转形式，通过典型示范，使广大移民看到土地流转带来的实际利益，从而转变观念，加快土地流转。比如，在具体实施过程中，可根据当地的实际情况，以“年”为单位，按照当年平均市场价格，给农民按征收的亩数返还现金；流转的时间以合同为准，合同将产生同等法律效应。每年年终兑现流转现金，让农民吃上“定心丸”，消除后顾之忧。时间可遵从农民的意愿，以5年、10年、15年为期限，对农业产业优势特色突出、农民人均收入较高、非农产业较大的地区，可按照“明确所有权、稳定承包权、搞活使用权”的原则，在坚持“依法、自愿、有偿”的前提下积极推进较大范围内的土地流转。目前，宁夏部分市县在土地流转中已经作了探索性尝试，迈出了重要的一步，但在移入区（如月牙湖）全面推广还须政府给力。

（5）发挥政府掌握信息方面的优势，完善信息服务机制。

在农业产业化的过程中，及时准确的信息起着关键作用。政府应该充分利用其掌握全局信息资料的优势，建立相关机构（这个机构可以是政府组织的；也可以是企业行为，如咨询公司），完善信息服务机制，为农民提供详细及时的信息。通过提供信息服务，引导农民理性规划，有选择地发展产业。在信息网络建设中，要发掘多种渠道，充分利用电视、广播、报刊书籍覆盖面广的优点，同时注重新兴网络资源的开发利用，建立专门网站和数据库，供农民了解相关资料，为农民决策提供参考。在信息引导方面，需要在三个方面下工夫，一要信息及时，二要信息准确，三要方便获取。

（6）依托大型煤矿企业，扩大劳务输出。

红墩子矿区位于宁夏东部，隶属兴庆区管辖，北起银川市和石嘴山市，南至灵武市北部的水洞沟，西以黄河为界，东与内蒙古接界。矿区煤炭储量约20亿吨，年产总量约1500万吨，整个矿区可容纳劳动力近1万人，在煤矿开采中可发展洗煤、焦化等相关产业，可容纳劳动力5000人。兴庆区政府可以有针对性的提前与煤炭技术学院等学校联系，建立培训事宜，同时还可以鼓励移民到矿区从事餐饮、运输、商业等性质的各种服务业。

（7）利用区位优势，发展旅游产业。

充分利用兵沟和月牙湖黄沙古渡风景旅游区的优势资源，搞活经济，解决富余劳动力的就业问题。一是通过现有景区的不断发展，对用工需求增多的趋势，就地就近解决月牙湖乡部分人员就业问题。二是围绕黄沙古渡景点建设需要相关的配套设施和产业链的延伸，在景点附近建立黄沙古渡一条街，集购物、住宿、餐饮、娱乐于一体的旅游服务体系。三是通过广泛宣传，招商引资等方式对景点旅游纪念品进行开发、研制、生产、加工、销售，丰富景区的旅游商品。四是针对旅游景点旅游业的需要，进行相关的服务技能培训，可采取办短期培训班、专题讲座班、夜校培训班等方式进行培训。如旅游职业技能、导游、旅游纪念品制作及相关旅游技能培训。

（8）“少生快富”是移民搬迁的重要内容。

特别要重视迁入区的人口与计生工作，防止因人口压力过大而导致新的生态环境恶化。计划生育是国策，要引导群众自愿实行计划生育，实现国家利益与群众利益的有机统一，这是控制人口过快增长、统筹解决人口问题的治本之策。近年来，宁夏人口计划生育利益导向机制建设取得重大进展，“少生快富”工程的实施收到了显著成效，并作为宁夏首创经验在西部省区推广，起到了显著的人口控制效果。为此，移入区要继续实施“少生快富”政策，制订详细法律条文，不断完善计划生育政策，坚决杜绝超计划生育现象的发生。随着经济社会的发展和形势的变化，为使“少生快富”工程持续发展并取得良好的经济社会效益，原有的政策措施还需要不断调整和完善，才能发挥持续的政策效应。

（9）创新政策机制，推动生态移民进程。

第一，制订和落实好土地政策，完善土地承包合同，有利于稳定移民，实现长远发展的目标。迁入地的土地要留有余地，以备长远调整或规划，同时要组织和引导移民继续搞好土地的整治和综合投入，防止土地沙化。第二，鉴于移民移入后在短期内很难脱贫，因此在移入区要继续落实扶贫政策，防止移民返贫。第三，制定优惠政策，使移民享受各项税费优惠政策。第四，鉴于移民的生产生活恢复需要一定时段，在生态移民过渡期，要把移民困难户优先纳入当地救助等社会保障体系。第五，在公共资源利用方面，要把移民纳入全方位的救助范畴，如信贷支持、教育、医疗卫生、养老和失业保险、社会救助、社会福利等社会保障政策方面，要优先考虑移民群体。

（10）发展循环经济，建设现代新农村。

人口既是生态消费者，也是生态建设者。因此，生态建设要与减少生态消费同时进行。在移民迁入区要积极发展循环经济，提高资源的利用率。摒弃以环境为代价索取烧饭取暖的陋习，以电、煤、沼气、太阳能等为主要原料取代柴薪，通过调整农民的生活能源利用结构和改变生活消费模式来构建人口与生态环境的和谐。

移民入住区的村落作为人、自然、社会相统一的生态系统，必须协调好经济与社会，人口与环境之间的关系，要根除先污染后治理，边污染边治理的状况。要按照布局优化、道路硬化、四周绿化、河道净化、环境美化和院落房屋有序整洁的要求开展移民搬迁工作。要布建排污管道，创造条件修建污水处理厂，并以此带动新农村建设，给村民营造一个优美舒适的环境。要加强环境教育，培养移民的公共意识和环境意识。

第3章　经济社会发展研究

3.1　西部经济的市场体系建设研究

竞争、开放、统一、有序的市场体系是社会主义市场经济体制框架的基本构件之一。当前我国西部地区各类市场发展很不平衡，要素市场发展滞后于商品市场的发展，生产要素价格市场形成机制尚待建立，商品市场也存在着许多要解决的问题。要建立健全完善的市场体系，不但要继续培育和发展商品市场及要素市场，而且要进一步深化价格改革，发展市场中介组织，健全市场法制，维护市场公平竞争。

3.1.1　西部市场体系建设情况

（1）进展情况。

改革开放以来，西部10省市区作为全国统一大市场的一部分，与我国东部、中部地区一样，各类市场有了一定发展。主要表现在以下几个方面：

1）商品市场持续、快速、稳定发展。1997年，商品市场仍保持了快速、平稳的发展势头。其突出特点是：①商品市场物价涨幅平稳回落，顺利实现了全年物价控制目标。以人口大省四川为例，全年商品零售价格比上年上涨2.9%，比上年回落4.8个百分点；居民消费价格上涨5.1%，涨幅回落4.2个百分点。又以最小的省区宁夏为例，市场物价也表现出平稳回落的态势，与上年相比，全区零售物价上涨幅度2.2%，较上年回落4.5个百分点；居民消费品价格上涨幅度3.8%，较上年回落3.0个百分点。农业生产资料价格、农副产品收购价格分别比上年下降1.8%和6.5%，零售物价和消费品价格总水平平均控制在预定目标之内。全年物价波动小，从而为经济发展和各项改革措施出台创造了良好的条件，表明治理通货膨胀取得了显著成绩。②社会消费品零售总额继续增长。社会消费品零售总额1997年各省区分别为：四川1212.4亿元，贵州265.5亿元，云南467.1亿元，陕西490.5亿元，甘肃278.5亿元，青海66.7亿元，宁夏 71.2 亿元，新疆 310.4 亿元，当年增长速度分别为 -16.4%、14.4%、19.4%、11.4%、11.0%、7.4%、7.4% 和 7.6%。数据表明，除四川省为负增长外，其余均有增长，平均增速为 7.78%[106]。各类商品货丰价稳，供求平衡，有一些商品甚至供大于求。在经济高增长的同时，实现了物价低增长。③流通体制改革取得明显成效，市场建设迈出新的步伐，部分省区已建成上百个省级重点商贸市场，培育和发展了一批要素市场，社会化服务体系逐步健全。随着生产力的发展，短缺经济在大多数领域已基本结束，买方市场初步形成，社会供给比较充裕，供大于求的商品增多。④国有流通企业的主渠道作用有所增强，在保证重要商品的市场供应、促进市场繁荣和物价稳定的同时，提高了自身的市场竞争能力。⑤商品市场的营销方式的创新取得较大进展，各种先进的经营方式出现并显示了明显的竞争优势。新的营销方式在冲破地区封锁、形成规模优势方面做了有益的探索，商品市场上的上市商品、购销方式、价格形式、市场功能、市场主体、市场设施等都已发生了深刻变化。⑥一些新的市场形式出现并正逐步规范。各类批发市场平稳发展；拍卖、旧货市场出现；利用先进的电子系统进行的无形市场交易也正在探索中。

2）要素市场发育平稳，有的已形成一定规模。

第一，金融市场的发育较快。自 1996 年全国金融市场出台了一系列的改革政策和措施后，西部 10 省市区像全国一样，一是各省市区均已建立了有形的资金拆借市场，标志着银行同业拆借市场改革进入了一个新的阶段。从总体情况看，市场运行良好，交易活跃，提高了资金使用效率，促进了国民经济的发展。二是商业票据的贴现与再贴现市场得到较快发展，票据明显扩大，汇票承兑、贴现和再贴现的结构逐步改善。三是运用利率这一金融手段调节经济取得效果。通过利率的调整，较好地调整了国民经济各部门的分配关系，对于保证币值稳定，促使经济平衡增长起到了重要作用。

作为长期的资本市场，虽然西部资本市场的发展远落后于东部地区，但历史已赋予了西部地区发展资本市场的特定机遇。

宏观经济发展调控战略西移。《中华人民共和国经济和社会发展“九五”计划和 2010 年远景目标纲要》中决定，在今后 15 年内，要对西部实行更加优惠的政策，为振兴西部经济要采取更大的工作力度，以促进区域经济的发展。1995 年底，江泽民同志在陕西慰问时指出“没有西部的全面振兴，就不可能有整个中华民族的振兴。”这充分说明党和国家对发展西部经济，促进西部经济发展的决心和勇气。它既为西部经济发展开出了政策“药方”，又为西部地区经济发展带来了一个难得的历史机遇。

西部资本市场发展开端良好。一是股票市场发展一枝独秀。尽管西部资本市场发展一直很“原始”，但目前股票市场的发行和上市规模有了长足的发展。仅 1996 年，西部在上海、深圳证券交易所上市的企业就达 23 家和 19 家，分别占两所该年新上市企业的 22.5% 和 19%，与 5 年前相比，增长率为 100%。这一比重虽然不高，但却使西部企业在我国股票交易市场上占有了一席之地，为今后西部资本市场的进一步发展奠定了良好的基础。二是债券市场发展潜力巨大。西部有一批国家重点投资的建设项目，现有企业也需要大面积进行技术改造，发展企业债券市场是一个前景广阔的市场。虽然当前该市场的发展停滞不前，但只要政策扶持，企业债券市场将会上一个新台阶。三是投资基金发展从无到有。作为资本市场的高级融资工具，投资基金在西部地区也经历了一个从无到有、不断壮大的过程。四是长期信贷市场向西部倾斜，这将使西部地区资本市场发展的条件更加宽松。

第二，劳动力市场发展较快，再就业工程取得初步成效。《劳动法》颁布实施以来，西部劳动力市场在有法可依的情况下加快了步伐。一是劳动力市场主体地位进一步明确，通过双向选择实现就业的机制逐步确立。二是劳动力市场中的价值规律和供求关系已成为调节劳动力流动的重要因素。三是就业服务事业发展迅速，再就业工程得到普遍实施。1997 年，四川省通过建立健全社会保障机制，召开下岗职工专场交流会，加强对下岗职工的职业技能培训等多种渠道，全省再就业工作取得较大的成绩。1997 年，全省有 18.3 万名失业职工和下岗职工实现了再就业，比上年增加了74%；其中实现分流安置和再就业的下岗职工达 15.6 万人。重庆市 1997 年全市各级政府采取多种措施解决就业问题，全市 40 万企业下岗人员中，已有 21.3 万人通过多种渠道、各种方式实现了再就业[106]。1999 年，陕西省已通过多种渠道安排下岗职工 14 万人。青海省通过实施再就业工程成立了各类职业介绍所，介绍城乡劳动力 15.69 万人次就业，组织了 2.52 万人次参加了各类就业培训。

第三，房地产市场稳步发展。经过几年的宏观调控，1997 年西部 10 省市区房地产市场进入稳步发展的轨道。从开发总量上看，保持了比较稳定的发展速度，扣除物价上涨因素，房地产开发完成投资比上年均有增长，销售面积占竣工面积的比例比上年有所提高。1999 年底，西部房地产开发已经开始转入以经济适用房为主，严格控制了高档项目的开工，投资结构趋向合理。对投资结构调整的同时，房地产市场其他方面的工作也有进展。一是加强了对房地产项目的管理，使房地产开发管理由原来注重企业管理转向对房地产开发项目的全过程管理。二是商品房促销和盘活空置房的工作初见成效，各省市区相继出台了一系列消化空置商品房和鼓励居民住房消费的政策措施。三是重点组织了国家安居工程的实施工作。四是清理整顿了商品房价格构成，取消不合理收费项目的工作取得进展。五是物业管理工作被提上重要日程，许多地方和部门对物业管理制定了相关的管理规定，落实了具体措施。同时，产权、产籍的管理工作也得到加强，部分省市区对房地产“隐形”市场做了摸底调查和清理工作。六是房改逐步深化，为住房商品化提供了条件，也为房地产市场培育了买主。以宁夏为例，1997 年，自治区房改领导小组新批了石嘴山、青铜峡、永宁、灵武、西吉、陶乐、海原、盐池等 8 市县的房改方案，至今全区已有 11 个市县房改方案开始实施。除石嘴山、银川市外，其余 9 市县的公房已基本售出，累计售出公房 6468 套，39.7 万平方米，收回售房资金 9526 万元。与此同时，提高了住房租金，虽然幅度不大，但起到了实行住房商品化的宣传作用，为房地产市场培育了更多的买主。以四川省为例，1997 年全省住房改革取得了突破性进展。主要表现在：①建立住房公积金制度成效明显。1997 年底，全省有 18 个地市建立了住房公积金制度，住房公积金的管理使用也开始走向规范化、科学化、电算化。②以成本出售公有住房全面展开，多数市地州和单位部分产权转换为全产权售房基本完成。1997 年，全省停止了标准价售房，实行了按房改成本价售房。全省公房出售面积达 70% 以上，高于全国平均水平。③公房租金改革力度加大，租售比价不合理的矛盾得到缓解。④国家安居工程实施规模超过前两年总和。⑤制定了房改规划和方案，完善了配套政策。

在上述市场的发育取得较大进展的同时，技术市场、产权转让市场、期货市场等有了不同程度的进展，表明整个市场体系得到了较全面的发育。

3）各类市场中介组织陆续兴起，并有较快发展。

1997 年市场中介组织得到较快的发展。其特点是：①发展速度快、范围广，组织的个数有了较快的增加，且范围广泛。注册会计师、审计师事务所，律师事务所，仲裁机构，资产评估机构，资信评级机构，信息咨询事务所，人才劳务中介机构，商标代理机构，自律性的各类协会以及其他市场中介组织都有较快的发展。②中介组织的体系逐步完善，所有制形式出现多元化。③有关部门对市场中介组织的规范化管理进一步加强，许多监管的法律、法规相继出台。④中介市场与国际接轨的步伐有所加快。西部各省市区的各类市场中介组织已陆续兴起，并有较快发展。以宁夏为例，目前，全区已有会计师事务所、审计师事务所、律师事务所、经纪人事务所、房地产评价事务所、公证事务所等 100 多个，共拥有注册的会计师、审计师等人员达 1000 多名。市场监督和中介组织的建立和发展，对完善市场功能、规范市场行为、提高市场交易效率、促进市场有序运行发挥了重要作用。

4）市场保障体系初步形成，市场管理力度加大。进入 20 世纪 90 年代以来，西部地区社会保障制度进一步完善，以养老、失业、医疗保险制度改革为重点的各项社会保险制度改革稳步推进。

四川社会保障制度的继续发展和完善，使城镇企业职工实行社会养老保险的覆盖面继续扩大。截至 1997 年底，全省有 163 个县（市、区）实现了工伤保险费用社会统筹；基本养老保险实行社会统筹与个人账户相结合的办法已在全省开展。失业保险工作得到进一步加强，参加失业保险的职工达 413 万人。生育保险已在 106 个县（市、区）实行了社会保险一体化，比 1996 年增加 20 个县。年末全省农村建立社会保障网络的乡（镇）1583 个；城镇社区服务设施数 10284 个，国有福利单位床位 8824 张，收养人数达 6046 人。重庆市 1997 年以来，保险事业险种不断增多，承保金额也不断增加，年末全市保险公司承保总额达 2736 亿元，保险业务收入 22.47 亿元。到年底全市参加基本养老保险、失业保险和离退休人员参加离退休费社会统筹者已分别达到 163 万、159 万和 55.4 万人。云南省社会福利事业不断发展，1997 年末参加养老保险的农村人，已有 160 万。陕西省保险事业在全省经济社会发展中发挥了积极的作用。同时，社会福利事业也得到继续发展。1997 年，城乡各种社会救济对象得到国家救济的达 94.3 万人次。全省已有 16.2% 的乡镇建立了农村社会保障网络，城镇社会服务网络也有较大的发展，建立起各种服务设施 9471 个，妥善安置了退伍军人的生活就业。宁夏以实行社会统筹与个人账户相结合的职工基本养老保险覆盖面进一步扩大，全区养老保险覆盖面达 85%，参加社会统筹的职工达 35.6 万人。社会统筹与个人账户相结合的基本养老保险制度的实行，已为 22 万在职职工建立了个人账户，全区 95% 以上的市县公布了个人账户清单，提高了基本养老保险的透明度。失业保险制度不断完善，加大了失业保险工作的力度，为停产、资产重组和破产企业职工提供生活保障。目前，宁夏职工医疗制度改革试点已启动运行。列为国家医改试点的城市——银川市和青铜峡市，经过一年时间的准备，调查测算、方案设计、实施细则制订等前期工作已经完成。青铜峡市经国务院医改领导小组审核、自治区人民政府批准，于 1997 年 7 月正式启动，运行正常。银川市医改准备工作也已就绪，总体方案已制定，并经过讨论、修改，对银川地区医院、药店的调查，计算机网络建设的招标、投标等项准备工作已全部完成，为银川市医改正式启动奠定了基础。总之，西部 10 省市区社会福利、社会救济、优抚安置已初具规模，市场保障体系的建设对稳定市场粮价、加快国有企业机制转换、促进劳动力流动和劳动力市场建设，都起到了一定的作用。

进入 20 世纪 90 年代以来，市场法制建设和规范化管理力度加大，立法质量进一步提高，法律实施制度也得到进一步推进。国务院及政府主管部门对市场的监督法规措施和办法也相继出台，如《反不正当竞争法》、《消费者权益保护法》、《公司法》、《专利法》、《股票发行与交易管理暂行条例》、《中华人民共和国外汇管理条例》、《商业银行承兑、贴现及再贴现管理办法》、《物业管理公共服务性收费的规定》，等等。西部 10 省市区各自结合本地区的实际，也相继制定了一批地方法规，一些市县又根据当地实际制定了必要的市场法规和管理办法。这些市场法规、管理办法的制定和实施，对规范市场行为、维护市场秩序、健全市场机制、强化市场功能起到了积极的作用，基本做到了有法可依、有章可循。

（2）成效评价（进行纵向和横向的比较分析）。

1）市场结构进一步向合理方向调整。从市场体系的发育结构看，商品市场发育较快，要素市场发育滞后、迟缓的状况正在逐步改变。西部金融市场近年来也在稳定中得到了发展，无论在货币市场、资本市场的发育方面，在金融政策对经济调节作用加大方面，还是在金融手段、方式多样化方面都迈出了较大步伐，取得了显著成效。劳动力市场的发育和再就业工程的实施，缓解了企业效益滑坡、下岗待岗人员大幅度增加带来的困难，成为社会稳定的重要因素之一。

从某一类市场内部的结构看，也在逐步调整，并向合理方向发展。例如，在商品市场内部，近年来存在的突出问题是大型、豪华零售百货商场建设过多，效益普遍不理想，受到有关部门的关注。1997年尽管大型零售百货商场投资仍占较大比重，但无论是地方政府投资还是民间投资的结构都有所变化，对连锁店、便民店、超市、仓储式商店、精品店等的投资明显增加。一些省市区也加大了对物流配送、商品批发网络的探索和投资。在批发市场建设中，一些地方政府都突出地把农产品批发市场作为投资重点。

从市场规模结构看，大型市场建设和中小型市场的发展有机结合效果显著。大型商场的发展并没有影响小型便民店、超市和精品店的发展，后者小型、便民的特点是前者无法替代的，在市场发育中发挥了应有的作用。

2）市场开放度进一步加大。1997年以来，市场化进程的一个重要特点是开放度进一步加大，各省市区针对本地的地理位置、资源等特点，各自发挥其区域优势，拓宽开放领域，提高开放实效，全方位、多层次的对外开放格局得到进一步巩固和发展。

四川省对外贸易实施“大经贸”战略取得了新成效。全年进出口总额27.1亿美元，比上年增长3.8%，进出口商品结构进一步改善，出口商品种类进一步扩大，出口商品结构中，工业制成品已占75%，初级产品占25%。对外经济技术合作继续增加，1997年底，全省与120个国家和地区建立了经济贸易关系，国（境）外机构驻本省代表处达400多个。对外交流与合作的范围逐步扩大，全年合同利用外资13.4亿美元，增长7.1%，到1997年底，全省共与75个国家和地区签订对外工程与劳务合作合同，累计合同金额41.9亿美元，1997年当年就签订对外承包工程和劳务合作合同147个，累计合同总金额4亿美元。同时，省际特别是与沿海发达地区的经济技术合作与交流也取得了突破性进展。国际旅游又有新的发展，全年接待来川访问和旅游的外国朋友及华侨、港澳台同胞27.1万人次，比上年增长51.1%，旅游创汇7895.1万美元，增长12.4%。

贵州省在扩大开放中，确定走“政策优惠、互惠互利”的“以项目换资金”、“以产权换资金”和“以资源换投资”的路子，1997年进出口商品贸易品种增多，效益提高。全年实际利用外资达1.38亿美元，比上年增长30%；进出口总额达6.8亿美元，比上年增长4.8%，有力地推动了国有企业的改革和能源、矿产的开发并对增强农业基础、发展旅游业、改善投资环境和提高人民生活水平都产生了积极的影响。

西藏自治区1997年全年完成进出口总额1.18亿美元，比上年增长13%。在横向联合与经济协作方面，通过多种形式，吸引了大批国内经济组织和个人来藏投资，外商直接投资项目7个，协议利用外资1673.9万美元，比上年增长53.9%。审批外引内联项目 15 个，协议引进资金 5.2 亿元，引资渠道逐步拓宽。

从横向比较分析看，西部 10 省市区尽管各自存在着许多差异，但在对外开放中都能各自发挥本省市区的优势，市场开放度都有明显加快加大的趋势，归纳起来有许多共同特点：①对外贸易在调整中平稳增长。除云南和青海省外，其他 8 个省市区 1997 年进出口总额均有不同程度的增长，平均增速为 9.62%。进出口商品结构进一步改善，呈现出初级产品比重下降，工业制成品比重上升的趋势。②对外经济技术合作取得新成绩，外贸市场多元化格局已初步形成。表现在各省市区均与许多国家和地区建立了经贸往来关系，如陕西省已与 120 个国家和地区建立了经贸往来关系。③各省市区广泛开展了招商引资活动，培育了本地区新的经济增长点。如宁夏，1997 年全区共完成经济技术协作项目 65 项，引进资金 1.61 亿元。如四川，1997 年全省共与 75 个国家和地区签订了对外工程与劳务合作合同，累计合同金额 41.91 亿美元，输出劳务人员 97975 人次。重庆市全年引进外商投资企业 32 家，投资总额 8957 万美元，招商引资取得了新的成绩。④各省市区旅游业现良好的发展势头，较上年均有增长。仅以四川、重庆、云南、陕西、青海五省市为例，1997 年旅游外汇收入分别比 1996 年增长 12.4%、49.0%、19.5%、13.6% 和 32.5%。通过旅游业，带动了西部各省市区相关产业的发展，改善了投资环境，使市场开放度进一步加大。

3）市场组织化程度有所提高，组织形式出现多样化。组织化程度低一直是困扰中国西部市场体系发育的障碍之一。一是集团化的趋势越来越明显，大企业具有组织程度高、规模经济效益好等特点。二是新型市场组织形式出现，如连锁经营。近年来城市合作银行、农村信用社等组织发育很快，一些合作银行的实力迅速扩大。三是近年来，贸工农一体化的组织形式在逐步发育之中，取得了较好的效果。

4）市场竞争日趋激烈。市场竞争日趋激烈已成为目前市场体系发育中的一个突出特点。这主要是：①由于法律法规建设加快，给市场上的公平竞争创造了有利条件。②由于企业效益普遍下滑，工业企业产销率低，因此，开拓市场，通过竞争占领更多的市场份额成为企业的重要任务。③原来传统的带有垄断性质的行业面临更多对手的竞争。如金融市场，原有的几家专业银行之间的有限竞争格局被打破，城市合作银行、股份制银行、民营银行和农村信用社都参与了竞争，迫使原有的国有专业银行必须加快改革，迎接挑战。④随着体制改革的进展和市场经济的发展，许多产品生产经营单位自主权益增强，这些生产经营者（市场主体）和 90% 以上的产品（市场客体）都可自由进入市场，交易由市场通过竞争形成商品价格的机制已初步形成，价格扭曲现象逐步得到改观，通过市场对资源进行优化配置的机制已开始发挥作用。⑤开放的进一步扩大，使国外的资本和企业进入中国西部地区，并以其雄厚的资本、先进的技术和管理经验与国内企业竞争，加剧了市场竞争的激烈程度。

3.1.2　西部市场体系建设的问题及根源

（1）市场主体发育迟缓问题。

1997 年末，中国西部 10 省市区市场主体的发育尽管有了一些进展，但从总体上看，仍存在很大问题。表现在：①作为各类市场主体的国有企业，1997 年出现较大范围的经营困难，产品产销率较低，亏损面很大，下岗待岗人员增多。虽然企业改革力度较大，出台了若干企业改革措施，但部分企业仍举步维艰，亏损严重等问题仍较突出。②市场主体的地位不明确，有些企业还存在着产权关系不清的问题。③一些市场主体的行为不规范，未能成为独立的市场主体，对市场的参与程度和适应能力差，在市场竞争中处于被动地位。另外，商品市场在发展中仍存在一些不容忽视的问题，表现在市场主体发育不充分，市场信号机制不健全，市场交易行为不规范，各类商品市场发展不平衡等。

（2）市场组织化程度低问题。

西部地区综合类市场组织化程度低，采用的技术、设备和管理手段落后，有的市场没有固定的经营场所，形不成规模。如技术和产权市场，有的有场无市，有的没有交易机构，缺少中介服务；有的由于技术设备落后，市场信息不能及时与大的区域市场和全国其他市场对接、沟通和联网。

（3）要素市场发育相对滞后于商品市场问题。

改革开放以来，西部各省市区市场体系建设已有长足的进展，表现在商品市场持续、快速、稳定发展，要素市场发育平稳，有的已形成一定规模。

以宁夏为例，1997 年，全区市场蓬勃发展，市场体系已初具轮廓。全区共有商品交易市场 296 个，成交额 29. 4 亿元，生产资料市场 25 个，成交额 5. 8 亿元，房地产市场 1 处，房地产咨询评估 7 家，中介机构 13 家；各类中介金融机构 1100 余家，资金融通中心 1 家，外汇调剂中心 1 家，信托投资公司 3 家，股票交易所 7 处；人才和劳动力市场 3 处，职工介绍机构 232 个；信息咨询服务机构 28 家；运输业市场 5 处；产权交易机构 2 个；技术市场 2 处。从总体上看，市场仍呈现“供略大于求”的格局。目前，宁夏的证券、拆借、票据、外汇、黄金、保险等金融市场已全面建立起来，金融市场的发展对宁夏的生产建设已发挥了重要作用。目前存在的主要问题是：供方主体还不活，市场机制对资金分配尚难发挥调控作用，票据贴现及证券市场规模偏小，拆借市场行为还不规范，市场机制应有的作用还未发挥出来。劳动力市场的双方主体还不具备完全自由进场双向选择的条件，不能完全真实地反映供求关系。房地产市场目前仍然存在着出让、转让制度不健全，农村土地有偿流转制度还没有建立，城镇职工住宅商品化进展缓慢等问题。正规的有形市场尚未建立，隐形的房地产市场发展很快，造成大量财政收入流失，虽设有技术指导机构，但对大量分散、形式多样的交易、组织沟通、提供服务的能力较低。信息市场尚处于萌芽阶段，是薄弱环节。

（4）市场秩序混乱问题。

由于对市场管理和调控力度的加大，近年来市场秩序有所好转，但是，市场秩序混乱的问题并未根本解决，而且在形式上还有所变化。市场秩序不再仅仅表现为转手倒卖、假冒伪劣、欺行霸市等，而是出现了一些新形式。如在证券、期货市场上，大户联手造市，套牢散户；制造虚假信息扰乱市场，采用不正当手段抢拉客户；以大量回扣牟取暴利；假人民币充斥市场。一些地方近年来画地为牢、占路为王、雁过拔毛的乱罚款盛行，这些行为给市场秩序带来了很大的破坏，严重地扰乱了经济秩序，造成了各方面的损失。由于立法不及时，国家调控无法可依，从而造成旧体制的弊端未能消除，在新形势下又产生了新的弊端，新体制的作用未能发挥，使市场难以健康发育。

（5）法制建设步伐加快与有法不依的现象并存问题。

近年来，随着改革开放的深入发展，在市场经济方面的法制建设步伐也在加快，各类市场的相关法律、法规相继出台，表明法制建设已步入了快车道。但是，在现实运行中，有法不依、执法不严的现象仍大量存在。执法队伍不健全，人员不整、素质不高以及权力进入市场，政令不通，有令不行，有禁不止，置法律和政令于不顾，各行其是，地方保护主义、部门保护主义严重等。这些问题的存在，在相当大的程度上阻碍了市场化进程的推进。因此，立法与执法如何更好地结合起来，将是迫切需要解决的问题。

3.1.3 培育和发展市场体系的任务及措施

（1）市场体系建设的任务。

经过多年的改革实践，中国西部的市场体系已初步形成，但仍然很不完善，有待在实践中继续发展。针对市场建设中存在的问题，主要应做好以下几项工作：

1）培育和发展商品市场。

第一，消费品市场的建设。要坚持因商品、行业和因地区制宜的原则，重点抓好各类批发市场的建设。西部10省市区经济不发达，商品的自给率低，人口稀少，市场容量小，这些客观条件决定了西部各省市区发展工业消费品市场既要坚持各自的统一性，又要注意地区的差别性。当前，主要应以实力较强的国有大中型批发企业和零售企业为主干，以集团（联合）经营为方向，以社会、个体经营为补充，形成上下通联、互相依存、合理竞争、开放的工业消费品市场。西部地区农牧业具有相对优势，一些农副产品无论是在省际周边市场还是在全国市场，都有一定的知名度和竞争力。因此，大力开展农副产品的深加工、精加工，发展区域辐射力强、交易量大的农副产品批发市场，对西部地区农牧业的发展和农民收入的提高都有现实意义。对于粮油、蔬菜、生猪、水产品、皮毛、药材等大宗产品，既要充分发挥现有产区、销区和集散地批发市场的功能，也要根据实际情况再发展一批。

第二，生产资料市场的建设。现阶段主要是发展为供需双方提供直接交易服务的现货市场，重点是培育和建设好钢材、机电产品建筑材料、木材、煤炭、汽车及配件、装饰材料等市场。对现有的生产资料专业市场，主要是搞好配套服务，增强其辐射能力。也可以设想以股份制的形式组建西部统一的生产资料交易所。

第三，集贸市场的建设。各省市区在条件较差的山区要继续抓好集贸市场的普及，重点是各主要公路及铁路沿线的市场建设。在条件优越、人口稠密的地区要着重搞好集贸市场配套设施的建设，搞好配套服务，增强现有市场的功能。

第四，深化国有商业物资企业改革。根据建立现代企业制度的要求，国有流通企业要切实转换经营机制，真正成为市场主体，积极参与市场竞争，提高经济效益，并在完善和发展批发市场中发挥主导作用。

2）注重培育和发展要素市场。当前培育市场体系的重点，是发展生产要素市场，即发展金融市场、劳动力市场、房地产市场、技术市场和信息市场等。

第一，发展和完善金融市场。在生产要素市场中，金融市场处于核心地位，金融市场的存在是劳动力等生产要素成为商品并进入市场的前提[105]。目前，我国还处于经济体制转轨时期，西部更是如此。金融市场起步不久，首先应更好地发挥现有银行的作用，发展和完善以银行融资为主的金融市场。要在各省市区证券管理委员会的领导下搞好证券市场的立法、监督和调控。通过建立这些监督和服务机构，促使证券市场走向规范化。随着外汇管理体制改革的逐步深入，要进一步发展和扩大西部的外汇调剂市场，使外汇汇率机制通过结汇、售汇和开户、存贷业务更好地为经济建设和企业发展服务。西部资本市场建设的任务是：①有效分配长期资金，促进资源合理流动。从目前看，西部地区的资源还处于大面积沉积的状态，其流动速度大大慢于东部地区，资源存量的利用率低下，大量资源闲置浪费，严重制约了西部经济的发展。因此，培育西部资本市场，首要任务是通过资本市场的启动使这些资源由“死”变“活”。②协调资本价格，形成良性发展。改革开放以来，西部地区一方面是经济发展对资金的巨额急需，另一方面则是区域内资金的流失。形成这一怪圈的根本原因是经济的不发达，但资金价格不合理，管制利率的负效应是直接原因。因此，发展西部资本市场的主要任务应是通过价格回归价值，使西部的“水”能首先在本地“蓄”起来。③联系区外市场，提高市场灵敏度。区域资本市场不能脱离全国统一资本市场的发展。西部资本市场的发展既影响到全国市场，又受制于总战略，因此，加强与区域外资本市场的联系，既可丰富区内市场信息，又可增加市场发展的灵敏度，提高市场发展的质量。④提高自控能力，防止旧体制复归。西部资本市场从诞生那天起，就被打上了“不发达”的烙印。如果仅靠国家想办法、给优惠，既不符合市场经济规律，也无法改变被动局面，甚至会形成新一轮的旧体制复归。因此，西部人必须提高自身适应市场经济的能力，以市场经济为目标发展自身资本市场。

第二，建立和完善劳动力市场。通过改革劳动用工制度，逐步形成劳动力市场，使市场在劳动力资源配置上，能发挥基础性作用。西部地区劳动力充足是经济社会发展的优势，同时也存在着较大的就业压力。要把开发利用和合理配置人力资源作为发展劳动力市场的出发点，广开就业门路，更多地吸纳城镇劳动力就业。鼓励和引导农村剩余劳动力逐步向非农产业转移。同时引导好地区间劳动力的有序流动。发展多种就业形式，要根据国家的产业政策，运用经济手段调节就业结构，逐步形成用人单位和劳动者的双向选择、合理流动的就业机制。着重加强以职业介绍、就业训练、失业保险、劳动服务为主要内容的就业服务体系建设。同时，应加快劳动立法，强化劳动监督。

第三，规范和发展房地产市场。房地产市场在西部是一个新兴的市场，由于法制不健全和宏观管理滞后，在其发展过程中曾出现滥用土地、结构不合理、交易行为混乱和国家收益流失等问题。今后发展房地产市场，必须重视规范化管理。一是加强对城乡土地交易的管理。西部地区虽然地广人稀，但本区因位于我国大地貌格局中的第一级和第二级阶梯上，地形以山地、高原为主。青海和西藏地表大面积分布有冰川，在西北地区沙漠、戈壁、裸地广布；云南和贵州两省的大部分则以喀斯特地貌为主。可见西部地区能够真正利用的土地已十分有限，因此必须十分珍惜和合理使用土地资源，加强土地管理，切实保护耕地，严格控制农业用地转为非农业用地。城镇土地属于国家所有，国家垄断城镇土地一级市场。同时加强土地二级市场的管理，建立正常的土地使用权价格的市场形成机制。通过开征和调整房地产税费等措施，防止在房地产交易中获取暴利和国家收益的流失。二是调整房产结构，控制高栏房屋和高消费娱乐设施的过快增长，加大民用住宅的建设。三是加快城镇住房制度改革，控制住房用地价格，促进住房商品化建设的发展。

第四，进一步发展技术、信息市场。一是要进一步开拓农村市场，提高农村商品经济发展中的科技含量。二是活跃大中型企业技术交易，推动企业技术进步，发展高新技术产业。今后凡有新产品开发、技术攻关和技术改造项目，都应充分运用市场机制，实行技术招标，吸收与扩散成熟的技术成果。三是要积极创造条件，建立西部技术市场常设服务中心和西部技术信息集散地。四是引入竞争机制，保护知识产权，实行技术成果有偿转让，实现技术产品和信息产品的商品化、产业化。

第五，积极创造条件建设企业产权市场。西部地区企业产权市场发育较晚，有形的公开的企业产权市场近几年才陆续起步。企业产权市场的作用不仅为本省市区内企业产权交易提供场所，而要与其他省市区产权交易机构联网，及时了解信息，加速企业产权的合理流动。目前，视发展情况，西部各省市区可在本地相对较发达的县市建设具有覆盖全县市的企业产权市场，以满足建立社会主义市场经济体制和当地经济发展的需要。

3）发展市场中介组织。市场中介组织是指介于市场主体之间的中介组织，在一定意义上也可看做是介于政府和企业之间的中介组织。市场中介组织为各市场主体服务，沟通市场主体之间的关系，公证和监督市场交易行为。中介服务组织在协调经济矛盾、扩大市场融通、实行市场监督、保证市场运行有序等方面有着重要作用。西部中介服务组织需要着力发展的主要有：市场自律性组织，如各种形式的创业协会、商会等；直接为市场交易活动服务的经纪行、拍卖行、典当行等；保证市场公正交易、公平竞争的会计师事务所、审计师事务所、律师事务所、资产评估机构；促进市场发展的研究咨询和信息服务机构、报价系统、结算中心、物资配送中心、贸易货栈等；调节市场纠纷的仲裁机构、为监督市场活动服务的计量、质量检查、生产检验等机构；此外还有人才交流中心、流通协会、职业介绍所等。中介组织要依法通过资格认定，依据市场规划，建立起自律性运行机制，承担相应的法律和经济责任，并接受政府有关部门的管理和监督。

（2）培育和发展市场体系的措施。

1）在东西合作中促进西部市场体系建设。改革开放以来，我国经济与社会发展迅速，取得了举世公认的巨大成就。作为全国主要组成部分的内部地区，经济和社会发展也以前所未有的速度引人注目。但由于历史和现实的种种原因，西部地区的发展速度已远远落后于东部沿海地区，在全国所占份额处于下降趋势。为此，中央确定东西部地区协调发展的战略方针，向西部地区实施政策倾斜，提出了加快西部发展的明确目标和政策措施，并已具体部署实施，为西部地区经济发展展现了新的前景，同时，也将有力地引导东部沿海发达地区向西部地区的经济介入，扩大东西部之间的经济联合与协作，逐步建立长期、稳定、全面的经济技术协作关系，东西合作条件日趋成熟。

第一，东西合作的领域。东西合作的领域表现在三个方面：

A. 依靠利益和市场推动力，大力促进企业间的合作。企业是市场的主体，是生产要素流动的主要载体，也是东西合作中最具生命力的合作因素。在市场经济条件下，生产要素的配置主要是通过市场来完成，应遵循市场法则，东西部地区间的合作，必然是以市场的主体——企业为主角，依照市场机制，依照市场经济的发展规律，相互进行资源交流，并逐步使资源得到合理的配置。自然资源和劳动力资源是西部地区与东部地区进行合作的主要优势，也是东部企业走向西部的主要目标。西部丰富的自然资源和原材料、巨大的市场、低廉的劳动力成本，对东部企业具有强大的吸引力。东部一些劳动密集型企业，产品在东部市场趋向饱和的企业，主要原材料依赖于西部的企业，最具有西进的积极性。通过企业间的有效合作，建立新型的、以双方经济利益为纽带的协作关系，使现行体制和结构中不合理的资产存量，得以进行合理流动和优化组合，获得新的经营机制，使得对市场和资源的开发逐步向深度和广度延伸。企业间的合作除了工业项目外，还可以在农业、商贸、旅游、房地产业等多个方面广泛开展。西部地域辽阔，有着待开发的土地资源。气候昼夜温差大，光照时间长、辐射强，瓜果蔬菜质量上乘，其他农作物也可因地制宜，寻求到广阔的开发利用空间。

B. 开发西部能源资源，有利于东西优势互补，共同发展。我国陆上石油资源集中分布在东北地区和西北地区，其中西北地区占全国储量的40%以上；水能资源集中于西南和西北地区，占全国可开发量的70%以上；陆上天然气储量集中于西北和西南地区；西部能源资源在全国一次能源平衡中居重要地位。由于历史和现实的多种原因，这些丰富的资源开发利用程度很低，而长江以南沿海地区缺煤少油，水能资源不足。这种自然资源客观分布不均与区域经济发展不平衡的状况，形成了“北煤南运”、“西煤东运”、“西电东送”的发展格局。因此，西部能源资源的开发状况对我国21世纪初中叶一次能源平衡、优化资源配置、改善能源结构、改善生态环境、推进全国经济高速和可持续发展具有重大的战略意义。为此，西部地区各省市在加快能源开发建设中，应立足本地优势，改善投资环境，扩大对外开放，发挥规模效益，采取切实措施吸引来势趋旺的外商投资“西进”热潮，并围绕资源开发积极发展加工工业，力争尽快改变历史上形成的西部地区加工工业比重偏低、技术落后、档次不高、效益欠佳的落后局面，在打破以往传统区域分工格局和大力提高企业经济效益的基础上，尽快增强西部地区经济实力。

C. 积极开展以人才为纽带的合作与交流。一是组织与东部地区有密切联系的港、澳、台工商界人士或东部企业家到西部地区考察，从而确立他们对西部的投资信心，同时给予西部企业的经营管理者以有益的帮助和指导。二是东部地区帮助西部地区培养人才，同时，西部地区也要组织广大干部学习其他省市区的经验，这是搞好市场体系建设的关键所在。三是东西部相互之间干部的交流锻炼。另外还有多层次的对口支援与协作等。

第二，在东西合作中促进西部市场体系建设。改革开放以来，西部地区的市场体系的培育和发展大大落后于东部地区。要改变西部落后状态，加快西部经济的发展，一方面需要国家在宏观政策上的支持；另一方面，更主要的是西部地区要深化改革，扩大开放，加大改革开放力度。

A. 西部要深化改革就要深化企业改革，搞活企业。西部地区现有经济实力主要集中在大型工业基地和大中型企业上。目前，西部大中型企业的比例高于全国平均水平，工业布局相对集中，还有一大批规模庞大、技术力量雄厚、设备精良的三线企业和军工企业，这是西部地区产业的特点，也是振兴西部经济的支撑点。由于体制上的问题，西部地区大中企业目前境况比较困难。为了使西部大量企业从根本上摆脱困境，除个别大中型企业外，绝大多数企业最主要的任务在于要实现转机和转制，西部企业转机转制的核心是要建立现代企业制度。我国社会主义市场经济新体制需要建立的现代企业制度是“产权清晰、责权明确、政企分开、管理科学”的现代企业制度。这种现代企业制度的主要形式是公司制，即股份制企业制度。大量西部企业要推行股份制，要组建股份有限公司，就必然要发行股票债券。其股票债券要合理流动和流通，就必须要有相应的证券市场。

B. 中国西部要深化改革，又需要建立完善的市场体系。因为西部经济发展需要全方位的市场开发，特别是各种生产要素市场的开发。一是需要进行生产资料商品市场的开发。通过市场调节、保证西部经济发展对各种物资的需要。二是需要进行金融市场的开发。通过金融商品市场调节，为西部经济发展广开门路和渠道。三是需要进行技术市场的开发。促进技术转让、专利转让和商品商标转让，促进科技成果向现实生产转化。四是需要进行各类专业市场的开发。利用西部资源优势，发展各类特种商品市场，通过市场的繁荣发展，推动西部经济的全面发展，要进行各种市场开发，就需要建立起一个完善的市场体系。而要建立西部地区完善的市场体系，发展金融市场具有关键性的意义和作用。

C. 中国西部要深化改革，还必须深化宏观管理体制改革。在社会主义市场经济新体制下，政府对企业的经济活动，必须实行间接调控的宏观管理体制。为此，必须改革财税、计划、金融等管理体制，而要改革金融管理体制，就必须实现宏观金融调控机制转变，建立一种以经济手段管理金融为主的间接调控机制。只有这样，西部地区的企业才可能通过市场机制融通资金，政府才可能大量采用经济手段调控各种金融活动。

D. 发展西部证券市场也是加快西部经济改革步伐的客观要求。当前，中国西部地区社会经济生活中存在的各种矛盾和问题的深层原因在于新旧体制的矛盾和摩擦。为了解决这个问题，必须全面加快西部地区经济改革步伐，加快企业改革步伐，这就必须加快西部地区以股份制或公司制改革为主要形式的建立现代企业制度改革步伐。加快宏观管理体制改革步伐，就必须加快西部地区金融管理体制改革步伐。无论是前者或后者都需要发展西部证券市场。

2）进一步扩大对外开放，面向国内、国际两个市场。20 世纪 90 年代以来，世界范围的经济结构调整正在加速进行，竞争日趋激烈。西部面对迅速变化的国际形势和激烈的经济竞争，必须解决两大问题：一是加速发展生产力，迅速增强本地区经济实力，迎接 21 世纪国际经济竞争和挑战；二是进一步扩大对外开放，面向国内、国际两个市场，积极走上国际经济舞台，在高水平的竞争中促进西部地区工业化、现代化的发展。扩大对外开放，在国内要抓住东部沿海地区某些资源初级加工和劳动密集型产业逐步向西转移的有利时机，广泛开展与沿海发达地区的经济技术联合与协作；在国外，要拓宽利用境外资金、资源、技术和市场的领域，提高对外开放的层次和效益。吸引外商投资建设基础设施和基础产业，鼓励支持国有大中型企业利用外资进行高起点嫁接改造，进一步改善投资环境，拓展对外经济技术合作的渠道和领域，重视政策的配套与完善，并向国际惯例靠拢。西部地区具有丰富的能源资源和漫长的边界线，新疆位于西北部，与其相邻的有俄罗斯、哈萨克斯坦、吉尔吉斯斯坦、塔吉克斯坦、阿富汗以及巴基斯坦。处于中华经济圈、东盟经济圈和南亚经济圈的云南南部和西南部与越南、老挝、缅甸接壤，边界总长达4060千米，与泰国、马来西亚邻近。此外，西藏还与缅甸、印度、不丹、尼泊尔、巴基斯坦等国相邻。在与中国有共同边界的邻国中，西部地区与除朝鲜之外的所有邻国接壤。因此，西部地区向西开放有着十分优越的资源优势和区位条件，同时，利用这些条件进一步加大对外开放也具有特殊的经济意义和政治意义。

3）建立健全市场法规体系，维护市场公平竞争。我们正处在一个体制转轨时期，市场体系和国家的宏观调控体系都尚不健全，经济运行中还存在着许多无序混乱现象。目前，我国的市场竞争不充分，企业定价行为不规范，尤其是流通秩序混乱，存在着许多暴利现象。以市场价格为例，如不执行明码标价制度，漫天要价；以次充好，缺斤少两，掺杂使假，降低等级以及制售假冒伪劣产品；欺行霸市，强买强卖，硬性索要高价；互相串通，联手抬价，垄断市场价格；等等。这些暴利行为损害了消费者的利益，影响了市场价格机制的正常运行，更为严重的是它提供虚假的价格信号，破坏了市场的供求关系，难以形成公平、合理的市场价格，误导资源的配置，造成了资源的无效和浪费，严重阻碍着经济增长方式的转变。要培育和发展市场体系，还必须改善和加强对市场的管理和监督，维护市场的公平竞争。为此要通过完善市场法制，建立正常的市场进入、市场竞争和市场交易秩序，保护公平交易、平等竞争，保护经营者和消费者的合法权益。

改革开放以来，我国已经制定了一批保护市场主体利益、规范市场行为、维护市场竞争秩序的法律和法规，但总的看，与市场管理有关的法律制度仍很不健全，一些重大的法律尚未出台，市场秩序特别是金融市场秩序有时仍较混乱。这些问题需要通过加强立法和执法予以解决。要继续破除地区封锁和部门分割，坚决依法惩处生产和销售假冒伪劣产品、欺行霸市、市场交易中的行贿受贿等违法行为，提高市场交易的公开化程度，建立有权威的市场执法和监督机构，加强对市场的管理，并发挥社会舆论对市场的监督作用。

3.2 实现小康社会面临瓶颈与经济社会发展

1979年，邓小平同志最早提出建设小康社会，这是邓小平同志对社会主义现代化建设目标的一个简单通俗的描述。党的“十二大”和“十三大”对小康标准在理论上进行了完善。1991 年在党中央、国务院制定的《关于国民经济和社会发展十年规划和第八个五年计划纲要》的报告中，对小康的内涵作了如下描述：“我们所说的小康生活，是适应我国生产力发展水平，体现社会主义基本原则的。人民生活的提高，既包括物质生活的改善，也包括精神生活的充实；既包括居民个人消费水平的提高，也包括社会福利和劳动环境的改善。”所以说，小康是指在一定时期的生产力水平下，人民生活水平高于温饱但还不够富裕，达到丰衣足食、安居乐业、生活舒适便利、精神健康充实的一种程度。

经过 30 多年的改革开放和发展，中国经济社会面貌发生了深刻的变化。因而，小康社会内涵和意义也不断得到丰富和发展。中国共产党“十六大”制定的从 2001—2020 年用 20 年时间全面建设小康社会的纲领，这是中国现代化建设的长期发展战略。2002 年，党的“十六大”报告提出了建设全面小康社会的奋斗时期和目标是：“我们要在本世纪头 20 年，集中力量，全面建设惠及十几亿人口的更高水平的小康社会，使经济更加发展、民主更加健全、科教更加进步、文化更加繁荣、社会更加和谐、人民生活更加殷实。”2007 年党的“十七大”报告，适应国内外形势的新变化，顺应各族人民的新期待，对实现全面建设小康社会奋斗目标提出了新的更高要求。2012 年党的“十八大”报告提出，要“全面建成小康社会和全面深化改革开放的目标”，报告指出“纵观国际国内大势，我国发展仍处于可以大有作为的重要战略机遇期。我们要准确判断重要战略机遇期内涵和条件的变化，全面把握机遇，沉着应对挑战，赢得主动，赢得优势，赢得未来，确保到 2020 年实现全面建成小康社会宏伟目标。”党的“十八大”主题，落脚在“为全面建成小康社会而奋斗”，从“十六大”提出“全面建设小康社会”到“十八大”提出“全面建成小康社会”，一字之改体现了我们党对发展中国特色社会主义伟大事业的坚强决心和信心。“十六大”以来，我国经济总量从世界第六位跃升到第二位，人民生活水平、居民收入水平、社会保障水平再上大台阶。

3.2.1　宁夏经济社会发展的总体状况

经济发展是实现全面小康的基础，是提高城乡居民收入、地方财政收入的前提，也是改善生活环境的保障。能否实现全面小康，在很大程度上有赖于经济的发展。与全国一样，过去 10 年，是宁夏综合实力提升最快、城乡面貌变化最大、人民群众受益最多的历史时期之一。

（1）经济发展势头良好。

党的“十六大”以来，宁夏经济一直保持两位数增长，培育出了一些新优势、新特色，形成了新的经济增长点。工业成为经济增长的主导力量，特别是宁东能源化工基地快速崛起，煤炭、电力、煤化工和新材料产业初具规模，累计投资突破

1700 亿元，年均增长 40% 左右，已成为国家大型煤炭基地、西电东送火电基地、煤化工产业基地和循环经济示范区。现代农业发展势头强劲，服务业日益发展壮大，全区综合实力跃上一个大台阶，富民兴区的物质基础不断夯实。10 年来，宁夏主要经济指标均实现翻两番以上，经济总量连续跨越两个千亿元台阶。其中，生产总值翻了 2.5 番，年均增长 12.2%，高于全国平均水平 1.5 个百分点。人均地区生产总值翻了 2.3 番，与全国平均水平缩小 23.2 个百分点，人均 GDP 居全国排位由第 25 位上升到 16 位，与全国的差距明显缩小。固定资产投资和地方财政一般预算收入增长 7.3 倍，年均增长 26.5%。

（2）各项社会事业发展较快。

一是人民生活持续改善。从 2007 年开始每年实施十大民生计划和为民办 30 件实事，民生计划重点向基层、农村及贫困地区的困难群众倾斜。从 2006—2011 年，城镇居民人均可支配收入从 9177 元增加到 17490 元，农民人均纯收入从 2760 元增加到 5380 元，六年期间城镇居民人均可支配收入和农民人均纯收入基本实现了翻番。二是城乡面貌显著变化。2006—2011 年，城市化率从 43.2% 提高到 49.8%。黄河金岸一批标志性工程陆续完工，扶贫工程进展顺利。基础设施不断改善，公路路网逐步覆盖乡村，全区 73% 的行政村通了沥青（水泥）路，城市市政设施变化显著。三是社会保障及生态文明取得进展。主要表现在大幅度提高了城乡居民低保标准和补贴水平，提高了"少生快富"补贴水平，统筹城乡居民医疗、养老保险制度，社会保障体系逐步建立健全。在生态文明建设中，以节能减排推动经济转型的工作受到人们的普遍重视，惠及中南部地区贫困人口的生态移民工程稳步推进。

从总体上看，党的"十六大"以来的十年，尤其是近五年来，宁夏不断走出了一条符合区情的发展道路，内陆开放型经济、中阿经贸论坛、沿黄经济区、生态移民工程、特色优势产业等一系列战略措施，使宁夏经济社会发展步入了快车道。

宁夏与全国同步进入全面小康社会，是党中央的要求，更是全区各族人民的共同愿望。2012 年 6 月宁夏回族自治区第十一次党代会上明确提出了建设和谐富裕新宁夏、与全国同步进入全面小康社会的奋斗目标。宁夏实现全面小康社会的目标，面临的矛盾和问题还很多，但最突出的是要解决好和谐、富裕的问题。和谐，就是要进一步加强各民族大团结，增进宗教和顺，崇尚诚信友爱，促进公平正义，保持社会稳定，建设生态文明，努力实现人与人和谐相处、人与自然协调发展。富裕，就是要进一步推进科学发展、跨越发展，大幅度减少贫困人口，大幅度提高城乡居民收入，开创富民兴区新局面。

（3）实现全面小康社会目标的任务还十分艰巨。

进入 21 世纪以来，宁夏在推进经济建设、政治建设、文化建设、社会建设和生态文明建设进程中，不断朝着生产发展、生活富裕、生态良好、民生改善、民族团结、社会和谐的方向发展。肯定成绩的同时，在前进道路上宁夏仍面临诸多矛盾和问题，表现为经济总量小，资源环境约束加剧，生态依然脆弱，保持经济持续较快发展的任务艰巨；自主创新能力不强，产业层次较低，转方式、调结构的任务艰巨；城乡居民收入偏低，基本公共服务水平不高，扶贫开发任务重、难度大，保障和改善民生的任务艰巨；制约科学发展的思想观念和体制障碍仍然存在，对外开放水平低，解放思想、改革创新的任务艰巨等。目前，宁夏的发展仍然处于社会主义初级阶段的较低层次，欠发达仍然是宁夏最大的区情。全区的民生水平仍远低于全国平均水平，2011 年全区人均 GDP、城镇居民人均可支配收入、农民人均纯收入分别比全国平均水平低 2691 元、4231 元和 1567 元，加之城乡、山川发展不平衡，收入差距较大，中南部 8 县（区）人均 GDP 仅为川区平均水平的 22%，农民人均纯收入仅为川区平均水平的 55%。整体发展不足和发展不平衡，实现全面小康社会目标的任务还十分艰巨。

3.2.2　实现小康社会面临的瓶颈

（1）城乡差距和地区差距大、区域发展不协调。

1）城乡居民收入差距逐渐拉大。改革开放以来，宁夏城镇居民人均可支配收入增长迅速，农村居民人均纯收入增长缓慢。30 多年来，宁夏的城乡居民人均收入绝对额差距呈逐渐扩大趋势。横向看（表 3-1，包括了纵向），1980 年，宁夏城镇居民人均可支配收入为 464 元，农村居民的人均纯收入为 175 元，城乡居民收入差距为 289，城乡居民收入比为 2. 65 倍。到 1990 年，城镇居民人均可支配收入增长到 1421 元，比 1980 年增长了 957 元；农村居民人均纯收入为 594 元，比 1980 年增长了 419 元，城乡居民收入差距为 827 元，是 1980 年的 2. 9 倍。到 2000 年，城镇居民人均可支配收入增长到 4912 元，比 1990 年增长了 3491 元；农村居民人均纯收入为 1724 元，比 1990 年增长了 1130 元，城乡居民收入差距为 3188 元，是 1990 年的 3. 85 倍。到 2010 年，城镇居民人均可支配收入增长到 15345 元，比 2000 年增长了 10433 元；农村居民人均纯收入为 4675 元，比 2000 年增长了 2951 元，城乡居民收入差距为 10670 元，是 2000 年的 3. 28 倍。截至 2011 年，城镇居民人均可支配收入增长到 17490 元，比 2010 年增长了 2145 元；农村居民人均纯收入为 5380 元，比 2010 年增长了 705 元，城乡居民收入差距为 12110 元。纵向看（表 3-1），2011 年，城镇居民人均可支配收入增长到 17490 元，比 1978 年增长了 17144 元，是 1978 年的 51 倍；农村居民人均纯收入仅为 5380 元，比 1978 年增长了 5264 元，是 1978 年的 46 倍；城乡居民收入差距由 1978 年的 230 元到 2011 年的 12110 元，是 1978 年的 53 倍。

以上以每隔 10 年为一个时间段，对收入差距进行了纵横向的比较，从对比分析看，城乡居民收入差距不仅没有缩小，反而在不断扩大；据资料显示，21 世纪以来，宁夏的收入增长幅度超过全国平均水平；农民人均现金收入也呈现出较大的增长局面。但城乡居民间的收入差距，仍呈现出逐渐拉大的趋势。

表 3-1 宁夏 1978—2011 年城乡居民收入基本情况对比表

年份	城镇居民人均可支配收入（元）	农村居民人均纯收入（元）	城乡居民收入差距（元）	城乡居民收入比（倍）
1978	346	116	230	2.98
1980	464	175	289	2.65
1990	1421	594	827	2.39
1995	3383	1037	2346	3.26
2000	4912	1724	3188	2.85
2002	6067	1917	4150	3.16
2003	6530	2043	4487	3.20
2004	7217	2320	4897	3.11
2005	8094	2509	5585	3.23
2006	9177	2760	6417	3.33
2007	10859	3181	7679	3.41
2008	12931	3681	9250	3.51
2009	14025	4048	9977	3.46
2010	15345	4675	10670	3.28
2011	17490	5380	12110	3.25

表 3-1 根据 2011 年《宁夏统计年鉴》及相关统计资料整理。

2）地区差距大、区域发展不协调问题突出。资料显示，2011 年宁夏经济总量、财政收入分别为 2102 亿元、219.98 亿元，而中南部 9 县区分别为 229.73 亿元、19.98 亿元，分别仅占全区的 11.15% 和 9.08%；表 3-2 从六项监测指标显示了 2000—2011 主要年份宁夏全面小康社会实现程度的情况，六项指标中文化教育的实现程度最低，仅为 60.6%，其次是经济发展和资源环境，分别为 64.1% 和 64.9%；2011 年全面小康社会实现程度为 70.4%，整体水平不高，在六大方面指标实现程度均低于全国平均水平，且与全国差距明显（表 3-2）。

表 3-2　2000—2011 年主要年份宁夏全面小康社会实现程度表　（单位:%）

监测指标	2000 年	2003 年	2005 年	2006 年	2007 年	2011 年
1. 经济发展	45.5	48.7	51.5	53.5	55.3	64.1
2. 社会和谐	52.4	62.0	57.2	34.1	69.5	74.2
3. 生活质量	47.6	55.1	60.5	62.0	65.4	75.9
4. 民主法制	66.6	65.2	68.9	76.8	79.6	90.7
5. 文化教育	48.2	56.2	60.4	59.2	66.7	60.6
6. 资源环境	52.9	37.2	38.9	56.6	38.8	64.9
全面建设小康社会进程	50.5	53.4	55.7	55.9	61.7	70.4

表 3-2 资料来源：宁夏统计局全面小康监测报告。

表 3-3 表明 2011 年宁夏五个地级市全面小康社会实现程度状况，呈现出总体进程逐步加快的特征，但区域发展表现在山川的差距仍然很大。2011 年，银川市、石嘴山市、吴忠市、固原市和中卫市全面小康实现程度均超过了 62%，分别达到 81.7%、78.0%、67.4%、62.1% 和 66.1%。从区域发展来看，2011 年五个地级市的全面小康实现程度中，最高的银川市为 81.7%，最低的固原市仅为 62.1%，两市相差 19.6 个百分点；尤其是在经济发展方面差距更大，实现程度最高的石嘴山市实现程度为 80.3%，固原市仅为 46.1%，两市相差 34.2 个百分点。

表 3-3　2011 年宁夏五个地级市全面小康社会实现程度表　（单位:%）

监测指标	宁夏	银川市	石嘴山	吴忠市	固原市	中卫市
1. 经济发展	64.1	79.9	80.3	56.3	46.1	48.1
2. 社会和谐	74.2	80.4	90.6	80.6	69.2	85.4
3. 生活质量	75.9	92.4	88.7	74.1	60.9	67.7
4. 民主法制	90.7	89.0	80.7	89.7	96.5	96.5
5. 文化教育	60.6	74.8	55.1	49.4	45.9	58.1
6. 资源环境	64.9	72.3	63.8	67.5	81.4	64.4
全面建设小康社会进程	70.4	81.7	78.0	67.4	62.1	66.1

表 3-3 资料来源：宁夏统计局全面小康监测报告。

宁夏中南部地区由于自然环境约束，农业产业化、集约化、生产规模化程度偏低，经济发育程度低，与引黄灌区差距十分明显。从城镇化水平上看，资料显示，2011 年银川市兴庆区、西夏区、金凤区城镇化率分别高达 90%、87%、85%，已达到了很高的水平；而固原市只有 32.75%，除原州区达到 35% 外，其他县普遍在 30% 以下。由于山川之间自然环境差异大，导致区域发展严重不均衡，山区水土流失严重，土地产出率低，南部山区按时实现全面小康社会难度非常巨大。

（2）生态移民对象是全面建设小康社会的重点和难点。

作为全国贫困程度最深、贫困人口集中度最高的省区之一，生态移民是贫困地区人民脱贫致富实现小康的重要途径。宁夏中南部地区是我国最贫困的地区之一，为帮助贫困群众摆脱生存困境，自20世纪80年代以来，宁夏通过“三西”开发建设、实施“八七扶贫攻坚计划”、吊庄移民等一系列措施，共搬迁贫困人口100余万，基本解决了温饱问题。2012年2月，宁夏农村扶贫标准由现行的农民人均纯收入1350元调整为2300元，与国家扶贫标准一致。按照这一标准，宁夏贫困人口规模为101.5万人，占全区农村户籍人口的25.6%，占全区总人口的近17%。解决好这100多万贫困人口的脱贫致富问题，是宁夏与全国同步进入全面小康社会的难点所在。“十二五”期间，自治区党委、政府已启动并实施了中南部地区35万人的生态移民工程。生态移民工程实施两年来，第一批开工的75个安置区已搬迁定居移民5.05万人；第二批59个安置区已陆续开工建设。目前，宁夏生态移民工作有条不紊，已取得了一定成效。但移民并非仅仅是简单地改变居民的居住地点，它涉及生产生活条件的变更、生活习惯的调整、生活前景的预期判断、迁入地对移民结构性影响和移民社会管理等诸多文化适应、社会适应问题，以及迁出地的生态恢复和迁入地的区位选择对移民根本利益的保证等。目前，面临的急需解决的问题有如下方面。

1）由于地域空间的变化，带来环境适应的难度而产生新的贫困。

第一，产业发展问题。一是空间的变化，移民缺乏适应环境的能力。因原居地和安置地之间的气候、土壤、水分等存在着明显的差异，由于自身受教育程度、生产技能等方面的不足而不能适应新环境下的农业生产，导致产业发展受阻。二是劳动者自身素质较低，适应产业化发展受到了影响。三是受经济条件的限制缺乏发展产业的主动性。搬迁的农民都是山区的贫困户，有些家庭极其贫困，他们在交纳了建房自筹款，搬迁需要支付的搬迁费用以及在安置地重新安排生产和生活的费用后，几乎没有了资金积累，又由于周边的群众都是困难群体，融资的能力非常有限，受经济困难和传统观念的影响，在缺乏资金的情况下也缺乏发展产业的主动性和积极性。四是生产方式转变还需要一个过程。贫困农民搬迁后，农业生产方式发生了根本改变，由原来的牛耕驴驮变为机械化操作，由山地变为川地，由小块田地变为规模化生产方式，由雨养农业变为灌溉农业，由粗放农业变为精耕细作，由广种薄收变为集约化经营等等，这些问题的存在严重制约着移民后续产业的发展。

第二，劳动就业问题。移民入住后面临的重要问题就是外出务工，外出务工将是移民家庭经济收入的重要来源。移民外出打工属亦工亦农性转移，具有明显的兼营性和“候鸟型”的特点。但移民劳动者的整体素质状况与新环境的需求存在着较大的差距，从而延缓了移民的尽快脱贫致富。移民文化素质不高、缺乏技能是其就业的最大障碍。

2）劳务移民问题。“十二五”期间，对中南部地区实施的移民搬迁，包括生态移民和劳务移民两种。一是劳务移民的参与意愿很低。生态移民的政策是，移出区移民人均安排一亩地（有土安置），每户一套 54 平方米住房，政府每户补助 2.5 万元，产权归农户所有；劳务移民只有无产权的 40 平方米周转房，移民只能租住，且属于无土安置。由于两者的政策条件差距较大，移民绝大多数不愿意成为劳务移民，导致自治区下达的劳务移民任务在艰难中完成。二是劳务移民保留承包地与整村搬迁发生矛盾。在《自治区党委、人民政府关于鼓励引导农民变市民进一步加快城镇化的若干意见》（宁党发［2011］29 号）中明确规定，农民进城落户 6 年内不收承包地和宅基地。但在生态移民迁出地，为了恢复生态，要求实施整村搬迁，劳务移民也收回承包地，从而造成了劳务移民保留承包地的政策与整村搬迁发生矛盾。三是地域限制影响了劳务移民。生态移民实行县与县定点搬迁，这有利于按计划稳定有序移民。而劳务移民是市场双向选择行为，就业岗位的适应性决定着他们的稳定程度。限定劳务移民就业区域，不利于劳务移民根据自身技能和实际情况选择就业地，也不利于企业招收适合工作岗位的职工，往往造成企业用工短缺而移民又找不到适合自己的工作，从而造成双向选择的困局，因此地域的限制严重制约了劳务移民发展。四是县外劳务移民面临很多困难。由于县外移民在迁出后，不转户、不收地、不拆房，医疗保险、养老保险、计划生育、低保等政策衔接、延续、落实，以及落实退耕还林补植补造任务、兑现农资直补等面临很大困难，既影响迁入地社会管理，又影响迁出地生态恢复。五是劳务移民“县内热、县外冷”。劳务移民在县内工业园区或建筑工地上务工，日工资大多在 100 元左右，既可以在县城住周转房，还给孩子上学提供了方便；县外劳务移民多数岗位技术要求高，工资标准较县内偏低，周转房无产权，加之距离老家远，给孩子上学带来困难的同时，庄稼疏于管理导致经济受损。“两头跑”成本高，严重影响了农民参与县外移民的积极性。六是劳务移民的自身素质低。由于劳务移民的文化素质普遍较低，造成许多务工人员难以适应工作岗位，稳定率不高。尤其是县外劳务移民，达不到企业规定的技术要求，通过短期培训难以适应工作岗位，单靠务工养家，移民心存顾虑，巩固率低。

3）自发移民的问题。自发移民是没有纳入政府有组织移民计划之中的自愿移民。由于自发移民没有纳入政府的统筹管理中而问题很多。突出地表现在：一是政治民主“边缘化”。由于该特殊群体属于“黑户”（无当地户口）、“非法移民”等，不能参加地方基层民主选举，政治民主生活处于边缘化地位。二是引发了许多新的社会矛盾和问题。如农业生产方面属于粗放、松散型，导致人户分离、有房无地、房屋私自买卖和乱搭乱建等情况十分严重，给计划生育、社会治安等方面带来了诸多负面影响，并经常群体上访，引发了许多新的社会矛盾和问题。三是自发移民目前处于“三不管”的状态。四是因自发移民区的合法性有争议而导致管理权限不明确，户籍关系无法理顺，从而造成了生产生活区的“边缘化”。

4）移民新村的社会管理问题。移民新村大多是上千户人口，一个新村容纳了迁出区几个甚至是十几个自然村，人口规模大多在四五千人左右，原有的家庭、家族、宗族、民族结构在地域分布上也发生了较大变化，使得移民村的社会管理难度较大，短期内需要介入较多的工作人员，前期人力投入较大。

5）迁出地的生态恢复和重建问题。生态移民在解决贫困人口问题的同时还要恢复中南部地区脆弱的生态环境，最终实现经济社会的可持续发展。因此，对迁出地生态的恢复与重建是生态移民工程的重要内容，否则将有悖于生态移民的初衷。生态移民是宁夏“十二五”时期的重大民生工程，也是全面建设小康社会的重点和难点。作为全国贫困程度最深、贫困人口集中度最高的省区之一，如何使移民群众有稳定的致富产业是目前各级党委、政府亟待解决的重大问题。

（3）节能降耗和环保任务艰巨，经济结构性矛盾突出，面临的形势严峻。

从《2011 年分省区市万元地区生产总值（GDP）能耗等指标公报》中可以看到，2011 年全国单位 GDP 能耗为 0.793 吨标准煤/万元，降低 2.01%。能耗下降的同时，电耗却在上升。其中宁夏的单位 GDP 能耗不降反升，比上年上升 4.6%。从万元地区生产总值能耗的绝对值看，2011 年绝对值最低的是北京，万元 GDP 能耗为 0.459 吨标准煤/万元；最高的是宁夏，为 2.279 吨标准煤/万元。宁夏的万元地区生产总值能耗指标约为北京的 5 倍。

从宁夏统计局的资料分析来看，目前宁夏单位 GDP 能耗水平是全面小康社会目标值的 5.09 倍，实现程度仅为 19.6%。宁夏完成节能降耗目标最大的难点在于产业结构。长期以来，宁夏工业形成了高投入、高能耗、高污染、低水平、低效益的粗放型增长模式，造成了工业对能源的严重依赖。今后一个时期，宁夏经济快速发展伴随能源消耗高速增长的态势还将持续，宁夏依托煤炭资源优势初步建立起来的倚重型的现代工业格局还不能一时得到扭转。在承接东部地区产业转移过程中，宁夏发展了一批煤化工和西电东送项目，但也使宁夏能源大量消耗。随着一些大型项目开工建设，节能减排任务更加艰难，势必会影响宁夏与全国同步进入全面小康社会的进程。虽然自治区政府投巨资节能减排和加强生态环境保护，但形势仍然严峻。因此，节能降耗和环境保护是一对共生的矛盾，是宁夏实现小康社会目标下发展面临的重要瓶颈问题。

宁夏与全国同步进入全面小康社会，要解决的问题很多，最突出的是要解决好和谐、富裕的问题。没有贫困群众的脱贫致富，与全国同步进入全面小康社会的目标就难以实现。

对于欠发达地区来说，有效克服影响和制约发展的瓶颈问题，是加快经济发展步伐、缩小与发达地区差距的关键。

3.2.3　实现小康社会的着力点

（1）以推进经济发展方式转变为着力点实现小康社会目标。

国家实施西部大开发战略以来，尤其是“十一五”时期的 5 年中，宁夏通过经济结构调整等各项措施，使地区经济快速增长，各项事业也取得了显著成就。但由于历史的惯性作用和人们思想观念的原因，长期以来，宁夏在经济方式的转变上比较缓慢，产业结构大多以资源开采以及初加工为主，产业层次比较低，过分依赖资源开发，资源型经济比重过大，过多的依赖于投资拉动，过多的依赖于国有经济，致使经济增长的内生动力不足。高投入、高耗能、高污染、低产出的粗放型增长方式以透支资源、牺牲环境为代价的发展方式，严重制约了经济社会的可持续发展。发展方式落后是制约宁夏又好又快发展的根本原因。

1）实施优势资源深度开发与转化，加快构建具有宁夏区域特色的现代产业体系。宁夏有丰富的煤炭、非金属矿产、黄河水能等自然资源优势；有建立在丰富的土地资源、便利的引黄灌溉和良好的光热条件基础上的农业资源优势。我们要依托工业资源优势，必须坚定不移的实施工业强区战略，着力发展以煤炭、电力为主的能源工业，以煤化工、石油化工、天然气化工为主的化学工业，做大做强煤化电这三大战略主导产业，以增量调整存量，不断推进产业结构优化升级。以钽铌铍稀有金属、镁及镁合金、电解铝及铝材加工、碳基材料、多晶硅等为主的新材料工业，以数控机床、自动化仪表、煤矿设备、大型轴承、精密铸件、风电设备等为主的先进装备制造业。我们要依托农业资源基础，发展特色优势农产品加工业，提高羊绒、枸杞、清真食品、葡萄酿酒等产业链竞争力。提高生物制药、电子信息、新能源和软件开发等为主的高新技术产业水平。依托上述资源优势，加快构建具有宁夏区域特色的现代产业体系，既是宁夏新一轮西部大开发的重中之重 ，也是大力推进宁夏经济发展方式转变的突破口。

2）坚持把科技进步和自主创新作为加快转变经济发展方式的重要支撑。创新是科学的生命，是一个民族的灵魂，是国家兴旺发达的不竭动力。一个民族缺乏创新能力，就难以屹立于世界民族之林。纵观人类发展历程，科学上的一切新成就，社会生产力的每一次飞跃和经济的每一次繁荣，都离不开科学的重大发现及其技术上的广泛应用。自主创新不仅是驱动经济社会发展的动力，也是托举经济社会的基石和民族赖以存续的源泉。长期以来，宁夏经济增长主要依靠资源和劳动力等要素投入的驱动。随着经济社会的不断发展，能源、资源和生态环境对经济增长的约束逐渐加大，城乡之间、山川之间发展不平衡日渐凸显，如果继续沿袭传统的增长方式，经济增长所产生的巨大需求和对环境的破坏影响，是人们无法接受的。因此，提高自主创新能力，真正实现经济增长方式的转变，已成为我区经济发展面临的非常迫切的重大政策选择。为此，要推动科技自主创新，在职能上，应发挥政府的主导作用，营造创新环境；在发展路径上，要以自主创新为主，不断增强持续创新能力；在创新导向上，要引入市场激励机制；在创新方式上，要加快重点实验室、工程技术研究中心等创新基地建设；在创新体制上，要建立以企业为主体、产学研相结合的创新体系；在队伍建设上，要推进教育创新，培育创新人才，为创新提供智力支持；在发展部署上，要强调科技创新、科技普及与高精尖人才并重的方略，以扩大科技创新的覆盖范围以及科技含量的提高；在区域合作上，要积极主动地、最大限度地利用国内外科技资源，从而有效服务于我区经济建设；在具体运作上，要组织实施一批自主创新工程和重大科技专项，努力实现重点领域、特色优势产业技术水平的大幅度提升。

3）坚持把建设资源节约型、环境友好型社会作为加快转变经济发展方式的重要着力点。建设资源节约型、环境友好型社会既是宁夏转变经济发展方式的着力点也是其必然选择，这是因为，在工业发展方面，宁夏不同程度地存在着对自然资源的过度开发、盲目开采和环境污染等问题。从资源和能源消耗看，以煤炭、电力、电解铝、铁合金、电石、化工、水泥建材等工业为主体的重化学工业在宁夏是主要工业行业，经济增长对能源的依赖程度和消耗水平都比较高。可见，实现资源的可持续利用和工业的可持续发展，宁夏面临着严峻的挑战。因此，必须把节能降耗作为主攻方向和突破口，来促进经济发展方式的转变。按照科学发展观的要求，宁夏在经济发展过程中必须做到如下方面：一是注重资源永续利用与资源节约并重且突出资源节约，减少资源消耗，提高利用效率。二是坚决淘汰落后工艺、技术、产品，大力发展节能、节水、节材型建筑和基础设施。严格限制新上高耗能、高污染项目，严格新上项目的市场准入条件。三是大力发展循环经济。坚持减量化、再利用和资源化的原则，从生产、流通、消费各环节入手，构建资源循环利用体系，大幅度提高资源产出率。清洁生产是发展循环经济的基础和保障，要大力推行清洁生产。四是推广农业生态生产模式，建设农业生态园区，着力发展循环农业。五是积极打造生态工业园区，构建生态工业体系；要引入循环经济的理念和模式，大力培植和发展废气物再生利用 、废旧物品调剂和资源回收产业，推进废弃物的资源化再利用，利用低碳技术和低碳工艺设备改造传统产业，努力建设以低碳排放为特征的产业体系和消费模式。

“十二五”时期是加快转变经济发展方式的攻坚时期。为使宁夏经济不断迈上新台阶就要把握未来发展态势，着眼可持续发展，充分利用好各种资源的基础上，加快转变经济发展方式，以坚实的物质基础推动宁夏实现又好又快发展。

（2）以改善民生为着力点实现小康社会目标。

1）加强创业和再就业政策支持力度，增加城镇中低收入阶层居民收入。在城镇居民中，中低收入层居民占居民总量的绝大多数，增加城镇居民中低收入是改善民生的迫切需要。一要创造更多适宜于中低收入层居民就业的岗位，千方百计增加收入。中低收入层居民往往自我就业能力差，需要政府给予更多关注，在政策上扶持，创造更多公益性岗位，利用城市建设用地置换更多适合中低收入层居民就业的服务性岗位，优先安排中低收入劳动者就业，同时鼓励扶持自主创业和自谋职业。进一步强化政府促进就业的公共服务职能，健全就业服务体系，加快建立政府扶助、社会参与的职业技能培训机制，按需培训，按对象培训，提供培训的针对性和就业率。加大转移支付力度，完善对困难群众的就业援助制度。二要调整城镇居民内部收入分配差距。要按照提高低收入者收入水平，逐步扩大中等收入者比重的目标，建立中低收入层居民收入增长超过经济发展的收入增长机制。加大财政转移支付力度，加大税收在调节收入分配方面的力度，努力缓解地区之间和部分社会成员之间收入分配差距扩大的趋势。

2）积极探索移民新路，不断缩小城乡差距，多途径增加农民收入。长期以来，农民收入增长一直慢于城镇居民，因此，全面建成小康社会的重点应放在增加农民收入上。一要发挥宁夏农业优势资源，充分挖掘农业内部增收潜力。引进国内知名农产品龙头企业，通过推进农村土地流转，建立龙头连基地，基地带农户的发展模式，用工业化理念发展农业，走特色现代农业之路。扩大设施蔬菜、养殖、园艺等劳动密集型产品和绿色食品的生产，突出优势主导农产品，突出无公害无污染农产品生产，在规模效益上求突破，打开农产品生产新领域，确保农民收入来源的基础地位。二要加强农村劳动力技能培训，引导富余劳动力向非农产业和城镇有序转移。抓紧劳务输出不放松，通过政府引导、能人带动、城市需求拉动、政策惠顾，使更多农村富余劳动力进城务工，成为城市的新产业工人。加大农民工就业技能培训力度，对完成初中、高中阶段教育，未能接受大学教育的农村青年劳动力，政府安排他们进行就业技能培训，为今后稳定就业提供保障。对已经就业的农民工，要采取“订单式”培训，提高就业和创业能力。三要加大扶贫开发力度，改善贫困地区基本生产生活条件，提高贫困地区人口素质，开辟贫困地区农民增收新途径。继续实行因地制宜地整村推进扶贫开发方式，对缺乏生存条件地区的贫困人口实行易地扶贫，对丧失劳动能力的贫困人口建立救助制度。对自然条件恶劣、不适宜人居的地区，要探索生态移民的路子，在实施生态移民搬迁工程中，实现居者有其屋、耕者有良田、发展有空间、致富有途径、生活有保障，真正达到“搬得出、稳得住、能致富”。让困难群体尽快告别贫困，走上小康之路。应借鉴“吊庄移民”的经验，在政府主导移民的基础上，采取自发梯度移民和政府规划移民相结合的移民战略方式，在政策上提供更多帮助和创造更有利于山区农民向川区梯度转移的机会和空间，形成山区—灌区—沿黄城市带（城市）自发自愿的梯度移民模式。这必将对加快南部山区、沿黄城市带两个区域发展，统筹增加山川农民收入、缩小山川差距具有重大意义。

3）扩大社会保障覆盖面，着力提高社会保障水平。要建立健全与经济发展水平相适应、与城乡统筹发展相适应的城乡社会保障体系，合理确定保障标准和方式。增加财政社会保障转移支付力度，多渠道筹措社会保障基金，完善城乡居民基本养老和基本医疗、失业、工伤、生育保险制度，提高基本养老保险社会统筹层次。完善大病救助的医疗服务体系、养老保险、失业保险和困难群体子女接受高等教育救助体系，使中低收入层居民享受更多发展成果。深化医疗卫生体制改革，加大政府对卫生事业的投入力度，大力发展社区卫生服务，从根本上解决群众看病难看病贵问题，切实减轻中低收入层居民因病致贫问题。提高社会保障覆盖面，建立居民社会保障转移性收入与经济增长同步机制。要配套出台城市就业农民工住房、子女上学、医疗、失业、养老等保障性政策，为农民工落户城市、定居城市、转移就业创造条件，切实解决进城务工人员社会保障问题，最大程度解除农民工后顾之忧，以减少农村人口和缩小城乡差距，为农民工长期留在城里，成为城市真正的产业工人提供保障[78]。

3.3 固原市国土资源综合开发与利用

固原市位于宁夏南部，辖原州区和西吉、隆德、泾源、彭阳4县、66个乡（镇），土地总面积13458平方千米，总人口153万，分别占自治区总面积和总人口的20.4%和23.8%。人口密度114人/平方千米，低于全国平均水平（135人/平方千米）[104]。农业人口130万，回族人口71万，分别占总人口的85%和46.4%[22]，经济以农业为主，是宁夏的回族集中聚居区之一。农村人均收入远低于全国和自治区平均水平，每年还需国家给予一些财政补贴和返销部分粮食。

3.3.1 自然资源及其地理特征

（1）山地为主的黄土高原地貌。

自治区地处我国大陆由西向东呈阶梯式下降的陡坎部位，是阿拉善地块、青藏地块与鄂尔多斯地块交界处，属于黄土高原的西部边缘，地势以六盘山为脊柱，南高北低、中高东西低。受地势影响，河流均发源于六盘山山地，呈放射状向四周分流，最后注入黄河。境内重峦叠嶂，丘陵起伏，川塬交错，除局部山地外，海拔一般在1500~2000米之间。由于受清水河、葫芦河、茹河等河流及山地大小支流的冲击、切割，形成了山、川、塬、台、梁、峁、岔、垴、沟、壕、坡、掌等多种地貌类型。在这种复杂的地理环境下，土地类型多样，黄土面积广大，以山地地貌为主，主要分为：①六盘山山地。六盘山纵贯本区西部，山高坡陡，气势雄伟，山顶浑圆，山脊平缓，森林葱郁，风景秀丽。主峰米缸山海拔2942米。由于六盘山脉走向与东南湿润气流近于垂直，有利于水分截流，加之六盘山突起于黄土高原之上，所以气温偏低而降水较多。六盘山高寒阴湿，有茂密的森林可以涵养水源，植物生长茂密，被称之为黄土瀚海中的“湿岛”。西兰公路以南，坡陡而阴湿，森林资源丰富，是本区林业的主要基地。西兰公路以北，是一片水甘草丰的森林草原，是本地区发展畜牧业的基地，山前川地及比较平缓的低山丘陵地，土壤有机质多，肥力高，是产粮区。②清水河流域。位于六盘山北侧，包括上游洪积、冲积平原区，中游西侧黄土丘陵盆、堉区，中游东侧黄土丘陵山地区。上游河谷平原区，地势平坦，土质肥沃，适于机耕，为主要的农业区。中游地区由于河流流经干旱少雨区，虽有利于下游解旱，但河水含沙量大，改水治土、保持水土任务非常繁重。③葫芦河流域黄土墚、峁丘陵区。位于六盘山西坡，以葫芦河为界线，西岸水土流失严重，应倡导植树种草，退耕还林，保持水土。东岸应结合林业生产的同时，发展灌溉，建立粮油生产基地。④位于六盘山东侧茹河流域的地形以“塬”为主，塬面宽阔平坦，水热条件较好，是本地区冬小麦和玉米的主要产区。

（2）干旱、半干旱为主的中温带干旱大陆性气候特征。

本区地处我国季风气候区的边缘，自北而南由干旱地区向半湿润区过度，气温与同纬度的东部地区相比偏低，属中温带干旱大陆性气候，年均温1~7°C，年日照2200~2800小时，日照时数由南向北递增；年平均降水量265~675毫米[59]，降水量由南向北递减，多集中在7~9月；无霜期105~150天，生长期短。干旱、冰雹、霜冻、风沙、洪涝等灾害性天气频繁，自然灾害对农业生产的影响很大。本区域内的四条主要河流是清水河、葫芦河、泾河和茹河，属黄河流域，河水的基本来源是大气降水，由于各地降水时空分布不均，地势起伏大，降水集中，地表植被稀少，使得水土流失严重，河水含沙量很大。全地区地下水资源较为缺乏，可开发利用的仅2.44亿立方米。受地下岩层感染，除了隆德、泾源和彭阳三县与固原南部外，其余地方的地下水质差、沙多、水苦、含盐量较高，难于直接饮用和灌溉。

（3）矿产资源比较丰富，生物资源种类繁多的资源优势。

固原具有独特的资源优势。目前已探明的矿产资源有五大类16种40多处，主要有煤9.18亿吨，石英砂16亿吨，石膏6.6亿吨，石灰岩3亿吨，芒硝200万吨以上，具有较好的开采价值。据江汉油田探察预测，六盘山盆地约有近5亿立方米油气储量，开发前景较好。同时还生产大量无污染的绿色农副产品，如马铃薯、油料、莜麦、豆类、荞麦等特色小杂粮蜚声遐迩。马铃薯精淀粉及其制品年产量在15万吨以上，是中国最大的马铃薯生产基地之一。拥有枸杞、党参、黄芪、蕨菜、沙棘等400多种名贵药材和野生植物资源，开发潜力巨大。本区是宁夏野生动植物资源最丰富的地区，植物资源近500种，其中珍贵的近20种。森林中，乔木以白桦、红桦、山杨、辽东栎等温带落叶阔叶林为主，还有云杉、油松、华山松等针叶林。珍贵植物有鬼柏、榛、水曲柳等。名贵动物有金钱豹、林麝、红腹锦鸡、金雕、猞猁、兔狲、旱獭等，列为中日候鸟协定保护的鸟类34种。

（4）独具魅力的旅游资源。

在行政区划上，固原市地处西安、兰州、银川三省会城市所构成的三角地带中心，又处在中原农耕文化和北方游牧文化的交汇处，是丝绸之路东段北道的必经之地，是历史上西北地区的经济重地、交通枢纽和军事重镇。天地之造化，历史之沿革，使固原文化底蕴深厚，旅游资源丰富，特色鲜明，成为宁夏集悠久的历史文化、秀美的自然风光与多样的民俗风情于一体的风景名胜区。

随着西部大开发战略的进一步实施，发展旅游已成为固原经济发展和扶贫开发的重要内容。2000 年 4 月，受国务院委托，国家旅游局、国务院扶贫办、国家计委、财政部等部委批准建立了我国第一个“旅游扶贫试验区”。六盘山旅游扶贫试验区包括泾源县全境，西吉、隆德县和原州区有旅游资源的部分地区，地域面积 160 平方千米，覆盖 21 个乡镇 40 万人口，回族人口占 57%。试验区的中心区有泾河源旅游区、白云寺旅游区和六盘山红军长征纪念馆等面积 70 平方千米，同时辐射须弥山石窟、火石寨（“丹霞”地貌）国家地质（森林）公园 、北魏须弥山石窟被评为国家 3A 级旅游景区。开发形成了“红绿六盘 · 文化固原”为主题的固原旅游整体形象，有“高原绿岛”、“长征圣山”、“丝路重镇”、“回乡风情”四大旅游品牌。

迷人的六盘胜景。六盘山是我国西部黄土高原上的重要的水源涵养林地和国家自然保护区与国家森林公园，森林覆盖率达到 72.8%，素有“高原绿岛”之称，被誉为生物资源的“基因库”、“天然动植物园”，是引种驯化、森林生态、环境保护、中草药等自然科学研究的天然试验室。这里森林茂密，气候凉爽，物种丰富，环境优越，被誉为黄土高原上的“绿岛”和“湿岛”。生态旅游荟萃了宁夏乃至西北地区生态旅游资源的精华，集雄、奇、峻、秀于一体，既具有北国风光之雄，又兼江南水乡之秀。是消夏避暑、森林探险、生态观光、科学考察和科普教育的良好场所。西吉火石寨国家地质（森林）公园和 1920 年“海原大地震”所形成的党家岔堰塞湖（震湖），不仅是黄土高原上的地质奇观，还是了解和学习更多的生态、环保、历史、地质等方面知识的课堂。彭阳县近年来特色农业种植和小流域综合治理所取得的成果已经初步形成了集生态休闲与观光为一体的旅游观光区。

经典的红色旅游景点。六盘山是中国的名山，1935 年 10 月，毛泽东率领中国工农红军长征时翻越的六盘山，一首气壮山河的辞章《清平乐 · 六盘山》名扬海内外；六盘山下的将台堡，记录了中国工农红军长征胜利会师的壮观场面，标志着万里长征的最后的会师；红军四次经过的回乡小镇单家集，是毛泽东走访清真寺、宣讲党的民族政策和红军开展革命工作组建回族红色政权的地方，凝聚着“回汉兄弟亲如一家”的鱼水深情；解放战争期间发生在彭阳境内的任山河战斗悲壮惨烈，掀开了解放宁夏的序幕。这些经典的红色旅游景点已经成为全国革命传统与爱国主义教育基地、国防教育基地和中国经典红色旅游景区。

悠久的历史文化。国家一级的博物馆宁夏固原博物馆、国家重地文物保护单位须弥山石窟、须弥山博物馆、战国秦长城、元代安西王府和固原古城墙遗址、西吉古钱博物馆、萧关遗址文化园、皇甫谧文化公园和王洛宾文化公园等历史文化旅游景点，显现了丰富的历史文化内涵，遗留下大批具有较高文物价值与观赏价值的历史人文资源。还有众多星罗棋布的古遗址、古城堡、古石窟、古寺庙、古宝塔、古建筑等，都是研究和了解固原历史文化的重要遗迹。

浓郁的回乡风情。宁夏是我国回族人口最多的省份，而固原又是宁夏回族人口最聚居的地区，回族宗教、婚嫁、节庆、丧葬、饮食、服饰、民间艺术、武术等民俗特色十分突出，是了解回族文化和风土人情，吸引外地游客的特色旅游资源。

3.3.2　资源开发利用存在的问题

（1）植被破坏严重，生态系统失调。

历史上六盘山区曾是林木葱郁、植物繁茂、水源丰富的地方，但由于历代战乱和近代滥伐森林，使得森林面积减少、林缘后退。尤其是 20 世纪 70 年代以来，许多河谷、缓坡、路旁已辟为农田，有的山区 65%（隆德县）以上的陡坡也被开垦。加之绝大多数农民传统燃料是柴草，有的地方靠挖草根、铲草皮做饭、取暖，导致这一时期一些地方成了光山秃岭，水土流失、干旱、暴雨、冰雹等灾害频繁发生。如全地区水土流失面积已占总面积的 85.2%，长期的水土流失一方面使生态环境恶化、农林牧业衰退，大量的氮、磷、钾流失，造成土地瘠薄、地力下降，农业产量低而不稳。另一方面流水携带的泥沙使河流含沙量增大，河床淤高、水库库容减少、寿命缩短、水电站报废，殃及黄河下游，造成洪涝威胁。西部大开发以来，国家实施退耕还林还草政策，生态环境得到了极大改善，但总体上看，生态环境建设任重道远，形势不容乐观。

（2）土地资源开垦强度大，养地差、经济效益低。

固原地区土地类型多样，垦殖率高，耕地约占 43.8%。近年耕作方式虽有一定改进，但山地多、地块小、坡度大，不利于机耕和灌溉，因而二牛抬杠、粗放经营、轮荒野收等落后的生产方式还普遍存在。加上燃料缺乏，把畜粪当柴烧，刀耕火种、使农家肥数量少，造成肥力下降，农作物失去了增产的基础。一些地方靠轮歇地办法来恢复地力，广种薄收，土地生产力每况愈下，不能增产增收。此外，长期以来较快的人口增长，导致土地开垦强度加大，而且农村住房、城镇建设等每年也要占去大量耕地，人地矛盾十分突出。

（3）旅游资源的开发力度不够。

固原市旅游产业经过近 10 年的发展，逐步走上了产业化发展的轨道，但也存在着一些不容忽视的问题。一是对发展旅游产业认识深度不够，普遍存在着对大六盘文化生态旅游区观念淡薄的问题。从实际发展来看，各旅游景区、宾馆饭店、旅行社缺乏一种联合创业、共谋发展的观念，在开发建设与经营管理上都表现出了各自为政，没有把自身的建设与发展很好融入到大六盘文化生态旅游区的范畴之内，缺乏对大六盘文化生态旅游区经济价值和社会价值的正确认识，旅游资源挖掘开发不足，旅游产业开放融合度不高。二是重管理轻服务的现象比较突出。各旅游企业在管理上相对较好，但服务设施落后，助游措施也跟进不上，服务水平和质量还亟待提高，尤其是单位内部的部门管理和服务人员的业务能力和服务技能跟不上旅游业发展的步伐，同时，也存在着旅游管理体制不顺的问题。人才队伍建设滞后，缺乏科学性和系统化，没有形成长效的管理机制，旅游产业化程度较低。

3.3.3 资源开发利用过程中应采取的措施

（1）保护生态环境是生态脆弱区的一项长期任务。

固原市除了六盘山山地和清水河谷地，其他地方全为一片黄土丘陵的地表景观。由于历代统治者的民族歧视和压迫，战事频繁，加之大量毁林开荒、开垦草场、铲草皮（做饭）、烧生灰（作肥），加剧了水土流失。20 世纪 90 年代末，固原市的荒漠化程度已经非常严重，生态环境日益恶化，已经严重影响到了该地区的工农业生产和经济社会发展。1999 年 8 月，国务院正式作出了“退耕还林（草）”的决定，经过十几年的林草建设，生态环境逐步好转。从 20 世纪 80 年代开始，宁夏以政府主导方式，先后组织实施了吊庄移民、“1236 工程移民”、易地扶贫搬迁移民、中部干旱带县内生态移民等，有效缓解了南部山区的生态压力。随着南部山区人口的增加，环境超载导致了脱贫与返贫恶性循环。为了彻底解决该地区群众的生产生活和生态问题，区党委、政府 2011 年启动了宁夏“十二五”最大的民生工程——宁夏中南部 35 万人生态移民，这些措施从落实到实施极大地促进了当地的生态环境建设。保护生态环境是生态脆弱区的一项长期任务，从长远发展看，区内不仅宜林荒山、荒坡需植树造林，林区迹地更新要造林，25°以上陡坡，也应有计划地逐步退耕还林还草，有了树和草，才能固土，涵养水分。林多——雨多，草多——畜壮，地肥——粮多；做到靠山、吃山、养山、护山，经济就会开始走上稳定发展的轨道。

（2）抓紧粮食生产，积极开展多种经营。

粮食生产是联系农业各部门的中心环节和重要的物质基础，是农业各部门和各种作物全面发展、合理布局的关键。针对区内山地多、川地少、可耕地更少，人口密度大，人均耕地少，各县之间差异显著的具体特点，应根据各地的土地类型结构以及人口、气候、自然资源、经济基础等条件，本着“因地制宜，合理布局”的原则，安排农、林、牧、副等各业生产，扬长避短，充分发挥土地优势，建立起与当地生态条件协调一致的生态系统。

2011 年，固原市人口出生率为 15.87‰，高于自治区平均水平[22]。根据区情，在严格控制人口增长的同时，合理利用现有耕地，实行科学种田，提高单产，是增加粮食总产量的主攻方向。具体来说，主要途径有：①不断进行产业结构调整，发展现代农业。改广种薄收为高产丰收，改粗放经营为精耕细作，提高旱作农业栽培技术水平，因地制宜地推广良种良法，推广地膜玉米新技术、脱毒洋芋新技术，加强农作物病虫害的防治和田间管理等措施。②改善生态环境，逐步恢复和建立起合理的农业生态系统。固原地区地处世界闻名的黄土高原范围内，丘陵蜿蜒起伏，墚峁星罗棋布，生态系统脆弱，造成粮食产量低而不稳。为此，应有计划地把过垦的荒山草坡退耕还林还草，实行“立体农业”布局，建立一个农林牧相结合的农业生态系统是粮食增产稳产的战略性措施。③发展多种经营，为粮食生产提供必要的资金。区内部分贫困户家底薄，经济基础差，无力扩大再生产，大面积甜籽下种，无力购买化肥，造成地力下降，农作物长势不良。因此，要加大农村剩余劳动力的转移力度，并有计划地开发利用各种自然资源，大力发展农林牧产品和农副产品加工业、小能源工业、建筑建材工业、饲料工业、食品工业、各种采掘工业和采集业以及农村商业、服务业、运输业等，为粮食生产的更大发展积累充足资金。

（3）开发能源，解决燃料问题。

固原地区山地资源丰富，开发利用潜力大。根据本地区具体情况，要解决农民的燃料问题，必须考虑开发：①积极营造薪炭林。除了林区、煤矿区外，绝大多数的居民缺柴烧。要解决燃料问题，必须充分利用荒山、荒坡、河滩，大力种植薪炭林。这样既能防风固沙，保持水土，涵养水源，又能解决部分烧柴问题。②加快沼气建设。沼气是有机物质发酵后产生的可以燃烧的气体。利用农业生产本身提供的生物物质制取沼气，不但可以合理、经济、有效利用生物能，提高燃料热能的利用率，解决生活燃料的不足，而且还可以实现麦秆还田，增加土壤有机质含量，稳定和提高土壤肥力，促进农业增产。③积极推广使用太阳灶。固原地区地处中纬度偏南位置，太阳高度角比较大，除六盘山山地外，北部每年太阳辐射量为1404卡/平方厘米（1卡=4.184焦），光能资源丰富，发展太阳灶具有广阔前景。此外，在积极开发能源的同时，大力推广省柴灶也是最迅速、最现实、最有效的措施。

（4）加快旅游产业的发展。

要站在建设和谐富裕文明新固原的战略高度，充分认识发展旅游产业的重大意义。加快发展旅游产业是推进固原跨越发展的新增长极，加快发展旅游产业是转变固原经济发展方式的重要途径，是提高群众生活质量和社会文明的重要举措。在今后的发展中，要把旅游产业摆在更加重要的位置，充分发挥六盘山丰富的旅游资源优势，进一步解放思想，创新体制机制，加大扶持力度，优化发展环境，提升服务质量，着力打造“红绿六盘——文化固原”旅游整体形象，加快六盘山“红色旅游、生态旅游及文化休闲避暑度假基地”和“中国西部地区独具特色旅游目的地”建设，真正把旅游业培育成为支柱产业。一是在旅游发展规划上实现突破。要按照高标准、高水平、高品位的要求和体现大旅游、大市场、大产业、大项目的理念，科学修编旅游产业发展规划以及文化旅游、红色旅游、生态旅游、乡村旅游等专项规划完善主要旅游景区规划，形成完整的规划体系。二是在旅游体制创新上实现突破。按照“政府主导、市场运作、企业经营、社会参与”的原则，抓紧规范运行，要打破部门、行业、地域的界限，明晰责权利，加快旅游资源整合开发。三是在打造旅游品牌上实现突破。要精心打造精品景区，以六盘山红军长征纪念馆、将台堡红军长征胜利会师纪念园等为重点的红色旅游区；以六盘山国家森林公园、老龙潭等为重点的生态观光及休闲度假旅游区；以火石寨国家地质公园等为重点的地质观光旅游区；以固原博物馆、须弥山石窟文化园等为重点的丝绸之路文化旅游区；除此四大旅游区之外，积极培育夏令营、自助游等特色旅游，大力开发以“农家乐”“民俗文化村”与“回乡风情”等旅游产品，丰富旅游内涵，推动旅游产品转型升级[79]。

3.4 宁夏沿黄城市带现代服务业发展的战略目标

现代服务业是在工业化高度发展阶段产生的，主要依托电子信息技术和现代管理理念而发展起来的信息和知识相对密集的新型服务业，其显著的产业特征为高成长、高增值、高科技含量和强辐射性。现代服务业涵盖面广，涉及内容多，在对其功能、对象和科技支撑等进行分析比较的基础上，现代服务业可划分为基础服务、生产和市场服务、个人消费服务、公共服务 4 大类[89]。现代服务业的兴旺发达是现代经济的重要特征之一，它的发展程度与经济发展水平相辅相成，相互促进。经济没有发展到一定水平，现代服务业就发展不起来，而经济发展要上档次，又必须依靠现代服务业的发展。当前，沿黄城市带人口集中，交通便利，市场活跃，科技、教育、文卫、人才条件较好，工业化、城镇化、市场化快速发展，人民生活水平不断提高，改革开放不断深化，是现代服务业的集聚之地，承载着宁夏工业化、城市化和新农村建设“火车头”的重任，发展现代服务业具有一定的坚实基础。因此，开展对沿黄城市带现代服务业的现状、存在问题进行调研，对于促进宁夏走新型工业化道路，加快沿黄城市带现代服务业发展，提高区域竞争力，改善产业结构，转变经济增长方式，实现宁夏经济社会跨越式发展有着十分重要的意义。

3.4.1 沿黄城市带现代服务业发展现状

宁夏位于黄河中上游，黄河自中卫市南长滩入境，蜿蜒于卫宁平原和银川平原，至石嘴山市头道坎北麻黄沟出境，流经宁夏 397 千米。宁夏的沿黄城市带，是以黄河流域和包兰铁路线布局为依托，以地缘相近、经济关联度较高的银川市为中心，以吴忠市、中卫市、石嘴山市 3 个地级市以及所辖的青铜峡、灵武、中宁、永宁、贺兰、平罗县城和若干个建制镇为基础形成的大中小城市相结合的城镇集合体。沿黄城市带区域国土面积 2.87 万平方千米，其中城市建成区面积 236.73 平方千米。总人口 342.37 万人，其中城镇人口 228.65 万人。分别占全区国土面积的 43.48%、城市建成区面积的 79.76%、全区总人口的 57.43% 和城镇总人口的 90.7%。沿黄城市带现代服务业对国民经济增长的贡献率稳步上升，呈现出巨大的发展潜力。已成为服务业的主要增长点和拉动区域经济发展的强力引擎。

（1）经济增速较快，占宁夏 GDP 的比重较大。

2005 年，沿黄城市带创造的 GDP 为 533.62 亿元，占全区 GDP 总值的比重为 88.04%，大部分地区的 GDP 增长速度高于全区水平。这种增长动力集中体现在大规模投资上，2005 年，沿黄城市带银川、吴忠、中卫、石嘴山 4 市固定资产投资额为 321.98 亿元，占宁夏全区固定资产投资总额的 82.75%。以银川市为例，服务业投资由 2000 年的 28.7 亿元增长到 2005 年 112.59 亿元。特别是房地产业、电信业、金融业、教育培训业的投资增长速度较快。2005 年银川市房地产开发投资达 56.61 亿元，比上年增长 16%。占全社会投资的比重为 28.1%，仍是投资最重要的支撑点之一。

（2）吸收劳动力就业能力不断提高。

沿黄城市带现代服务业覆盖面广，就业弹性系数大，就业方式灵活多样，对素质较高、有独立工作能力的劳动力就业有很大的吸引力，有力地推动了宁夏居民就业。据自治区第一次经济普查公报（不计固原市）显示：2004 年末，第三产业就业人员为 70 万人，占全部就业人员的 59.6%，其中属于现代服务业十大行业中的就业比例为 50.1%，具有大专以上学历人员占 31%，具有初级以上技术职称人员占 24.7%，第二产业的就业人员只占 39.4%，现代服务业已成为劳动力就业增长的主渠道。

（3）旅游服务业增势不减，产业地位进一步显现。

目前，沿黄城市带旅游服务业已形成了大银川旅游区（包括沙湖旅游区）和沙坡头旅游区两大旅游区的基本格局。逐步形成了观光游、探险游、科普游、工业游、体育健康游、休闲娱乐游、历史文化游、民俗风情游、都市风情游等多系列的旅游产品。“一河两沙”更加鲜明；打造了黄河漂流游、沙漠探险游、西夏秘境游、长城徒步游、沙湖生态游、回乡风情游、丝路寻踪游、贺兰山探奇游、塞上江南游九大特色的短、中、长旅游路线。沿黄城市带旅游节庆活动已成规模。目前已基本上形成了一市一节、旅游旺季月月有节的良好态势。其中银川市承办的国际摩托车旅游节、中卫市承办的大漠黄河国际旅游节、吴忠市承办的高峡平湖漂流节、石嘴山市承办的九九重阳文化旅游节，自治区农垦局承办的沙湖沙雕国际大赛和沙湖国际旅游节等活动已经有了一定的知名度。产业体系进一步健全，行业管理不断规范，产业水平大幅度提高，旅游产业规模不断扩大，旅游产业整体实力显著增强。截至 2006 年底，沿黄城市带旅游企业达到 250 多个。其中，旅行社 90 多家；星级饭店 40 多家，接待设施住宿床位数 8 万多张。具备接待条件的景区（点）已发展到 90 多个，其中国家 A 级系列景区 15 个，沙湖、沙坡头进入国家首批5A级景区行列。导游员近2000名，旅游车船数量增加，档次提高，旅游商品更加丰富，食、住、行、游、购、娱全面发展。“十五”期间，沿黄城市带共接待入境游客3万多人次，比“九五”期间增加20.4%；接待国内旅游人数1700多万人次，比“九五”期间增加84%。沿黄城市带旅游总收入达到60多亿元人民币，是“九五”期间的2.5倍。2006年沿黄城市带旅游总收入23亿元人民币，占全区GDP的3.6%。旅游业作为第三产业的先导型产业，它不仅直接带动餐饮、住宿、旅行社、商业、交通运输业、景区和娱乐等多个行业水平的提升，还间接带动农业、工业、文化产业和城市建设的发展，从而推动金融、保险、通信等服务领域的快速发展，对加快经济增长，减轻就业压力，促进社会稳定和产业结构的优化等方面都具有十分重要的作用。根据有关资料测算，沿黄城市带旅游总收入占第三产业增加值的比重由1995年的1.8%上升到2004年的9.7%，成为宁夏经济发展的重要组成部分和新的增长点。旅游直接从业人员达到2万多人，间接从事旅游业人数约17万人，直接和间接从业人数共达20多万人，占全区就业人数的6%，占服务业就业人数的20%，成为宁夏解决社会就业的重要渠道。旅游业基础建设成绩显著。自治区政府逐年加大对旅游景区建设投资力度，形成沿黄城市带以浓郁的回乡风情、雄浑的大漠风光、神秘的西夏文化、古老的黄河文明、美丽的塞上江南以及人文景观为特色的旅游胜地。沿黄城市带已初步形成了五大旅游区，即沙湖旅游区、西夏陵旅游区、金水旅游区、青铜峡旅游区、沙坡头旅游区。五大旅游区优势互补，各显风采，具备了一定的接待能力。沙湖旅游景区已跨入全国35个王牌景点和全国文明风景区示范点的行列；沙坡头被评为“体验中国2004年度中国最好玩的地方”，银川市被国家旅游局命名为“中国优秀旅游城市”。

（4）信息服务业呈现出蓬勃发展势头，潜力巨大。

沿黄城市带信息化建设和信息产业的快速发展，极大地促进了全区信息基础设施建设和信息技术在各行业的应用，已初步形成了以电信业为基础，电子政务、电子商务、信息服务业竞相发展的格局。2005年信息服务业实现增加值占全区GDP的比重为4.7%。信息化服务的触角高度渗透到各行各业，信息技术创新在推动沿黄城市带经济社会发展中发挥越来越重要的作用。

沿黄城市带有6大骨干电信运营企业，在本地通信、长途通信、移动通信、数据通信、互联网、IP电话等基础电信领域展开业务。宁夏增值电信运营商共有304家，其中互联网接入运营商9家，互联网信息服务提供商285家（经营性21家、非经营性264家）、无线寻呼经营商2家，电话信息服务商2家，呼叫中心2家，移动短信服务4家。2006年，沿黄城市带邮电业务总量61.52亿元，增长26.6%。全区电话用户到达362.42万户，其中固定用户到达143.86万户，普及率60.79线/百人，移动用户到达218.56万户，普及率33.66部/百人，互联网用户22.2万户。全区电信光缆线路总长度达 13652 千米，广播电视 SDH 光纤传输平台基站机房 22 座。全区有线电视入网用户 30 多万户，城镇入户率接近 90%。

企业信息化、信息产品已具备了一定的基础。目前宁夏回族自治区有 210 家列为信息化应用推广企业。用信息技术改造传统产业的应用示范项目 100 多个，培养 CAD/CIMS 技术骨干 3000 余人，初步建立了一支从事 CAD/CIMS 技术研究、开发、应用、管理和产业化的高水平专业人才队伍，企业综合科技实力大为增强，形成了一批以吴忠仪表股份有限公司等信息化示范企业，有效地促进了我区企业竞争力。

制造业信息化的进展，发挥了显著的带动效应。大型商业企业已具备财务管理、收款机（POS）等基础，城市煤气、民用水、电销售部分实现 IC 卡管理，建筑、房地产行业的信息发布系统初具规模，农业等信息化建设已初步展开。

在领域信息化建设方面，陆续启动了电子政务、教育信息化、农业信息化、卫生医疗信息化等信息化工程，特别是金税、教育信息化、社会保障信息化、政法系统信息化等工程取得了实质性的成效。目前全区 98% 的政府部门建立了局域网，38% 的厅局建设了数据库系统，50% 的厅局建立了与业务相关的应用系统。随着国家“十二金工程”逐步推进，部门的信息化水平迅速发展。

软件企业迅速发展。沿黄城市带自行开发的应用软件具有了一定的竞争优势，市场销售规模超过 5000 万元，在许多领域特别是电信、医保、财务、教育、交通管理、证券分析等方面的软件具有了一定的市场占有率，已通过认定和认证的计算机信息系统集成企业 18 家，软件企业 11 家，软件产品 55 个。这些项目的建成对推动自治区信息化建设及电子商务的发展，对提高政府的工作效率，改进工作作风，推进政务公开都起到了积极作用。

（5）金融保险业不断壮大。

金融业信贷总量快速增长，改革步伐不断加快，农村信用社改革取得重要进展。保险业改革稳步推进，资本市场逐步规范，服务支持地方经济力度加大。2006 年，全区金融机构各项存款（本外币）余额 1140.31 亿元，比上年增长 17.1%，全年金融业实现增加值 35.12 亿元，比上年增长 8.0%，比年初增加 166.57 亿元，同比多增 27.04 亿元。全区各项贷款（本外币）余额 993.85 亿元，比上年增长 18.2%，比年初增加 153.25 亿元，同比多增 33.33 亿元。

2006 年末，全区上市公司 11 家，总股本 25.04 亿股，总市值 109.94 亿元，比上年增长 45.0%。全区有 23 家证券营业部，6 家证券服务部。全年累计股票交易额 413.21 亿元，比上年增长 2.04 倍。

2006 年底，宁夏共有 7 家省级保险公司，178 家分支机构，较年初分别增加 1 家和 23 家。其中：产险公司 4 家，分支机构 72 家；寿险公司 3 家，分支机构 106 家；下设网点近千家，全区保险从业人员超过 1 万人。2006 年，全区实现保费收入 19.24 亿元，同比增长22.24%，保费增幅列全国第6位，西部十二省区第4位，西北五省区第1位。全区保险业利润1.03亿元，保费利润率5.35%，位居全国第2名。保险业年均增速近20%。2006年，保险业承保金额及责任限额达3772亿元，各项赔款及给付4.53亿元。增长18.4%。保险业的经济补偿、社会管理和资金通融功能进一步显现，充分发挥了保险的经济“稳定器”和“助推器”作用。

（6）现代服务业区域集聚化格局基本形成，辐射能力逐步增强。

银川市兴庆区物流市场带和西夏区物流中心已成为周边地区农副产品、建材、家具等商品销售的集散地和中转站，银川市各类商品交易市场105家，2006年实现交易额92.93亿元，同比增长20.8%，极大地增强了银川商贸物流辐射力。吴忠市依托老城区街心广场现有商业设施，开辟了新区和迎宾大道两个商业带，逐步形成了集购物、娱乐、餐饮于一体的城市繁华中心，先后引进新华百货等一批大型商贸企业落户吴忠。全市共有各类市场87个，总建筑面积达103万平方米，年交易额25亿元。涝河桥清真牛羊肉批发市场、东郊瓜果蔬菜批发市场被农业部确定为国家级定点农贸市场，正在发挥着越来越突出的作用。银川市房地产业聚集化发展势头良好，2006年，外市县及外省投资者在银川市购买新建商品房面积占销售总额的52.6%。增强了银川市辐射带动功能。

3.4.2 沿黄城市带现代服务业发展的现实基础和比较优势

沿黄城市带作为增强区域竞争力的重要载体，发展现代服务业有许多得天独厚的优势，主要体现在以下几个方面：

（1）城市的功能定位、经济定位准确，为沿黄城市带现代服务业发展提供了强大的动力。

中心城市——银川市作为自治区首府，全区政治、经济、文化、教育、信息、商贸和交通中心，是沿黄城市带的辐射源和区域经济发展的助推器，其特色定位在“塞上湖城、回族之乡、西夏古都”，功能定位为区域城镇体系、就业体系、交通物流体系的核心，区域内最重要的工业、服务业、旅游和文化中心，西北地区最适宜居住、最适宜创业的现代化区域中心城市。“十一五”西部大开发总体规划把银川市列为欧亚大陆桥西陇海兰新线经济带和呼包银西经济带上的节点城市，作为区域中心城市，银川市是区域社会经济活动的集聚增长中心，控制扩散中心、社会文化辐射中心，是区域及城镇体系的核心增长极。

次中心城市——石嘴山、吴忠、中卫市，作为承接银川市产业转移的“一线阵地”，其功能定位是承接中心城市的辐射，并向下一级城镇传递辐射，是产生带动效应的枢纽，同时也是本市域内的中心城市，次中心城市在跨区域的产业组合上更为紧密。石嘴山市是沿黄城市带的能源基地和新材料基地，要建设山水园林新型工业化城市。

吴忠市立足于资源环境优势，建设滨河生态城市。中卫市是沿黄城市带西桥头堡、宁西经济增长极，西北地区重要的铁路、公路交通枢纽中心，依托黄河做水域文章，围绕产业集群，使中卫市成为宁夏重要的造纸基地、能源化工基地和“中国瓷器之都”，建设生态旅游文化城市。

节点城镇——贺兰、永宁、灵武、青铜峡、中宁、平罗及其所属若干个建制镇，在空间发展布局中承担着拱卫中心城市和次中心城市，承接产业转移、带动农村发展、吸引人口集聚、支撑城市网络体系的重要功能。

（2）良好的区位优势。

沿黄城市带正处于全国陆地腹心地位，是国家西部开发重点轴线西陇海兰新经济带组成部分。建设中的太中银铁路通车后，将处于天津、青岛、连云港等太平洋港口群通向新疆、中亚、欧洲大西洋港口群的新亚欧大陆桥国内段中枢区位，具有东西合作、双向开放的潜在优势，可形成继包兰、中宝之后的第三个产业经济带。作为区域中心城市的银川市，位处西安、兰州、包头三大城市的引力平衡点上，其辐射范围可达陕西榆林市西部、甘肃省东部、内蒙古乌海市、阿拉善盟东部、鄂尔多斯市西南部约 17 万平方千米的近千万人口。

（3）资源能源优势。

沿黄城市带地处黄河中上游，山川相间，地势平坦，形成广阔的河套地带和面积较大的自流灌溉区，是全国四大灌区和 12 个商品粮基地之一。从资源上主要有两大优势，一是具有丰富的土地资源、便利的引黄灌溉和良好的光热条件。自流灌区达 600 多万亩，现已成为国家级“两高一优”农业示范区；拥有草原 4521 多万亩，其中可开发利用的草原 3938 万亩，是全国十大天然牧区之一。二是具有丰富的矿产资源。沿黄城市带现已发现矿产资源 50 多种，其中宁东煤田探明储量约为 270 亿吨，煤田的分布与黄河水利水能资源在地域上形成了有机结合，有利于发展大型坑口电站，具备建设国家西电东送电源基地的优越条件，目前已建成 6 座大中型电厂，形成了以火电为主、水电为辅的电力供应体系。世界级特大天然气陕甘宁盆地气田已形成了 10 亿立方米的供气能力，宁东地区可观的煤气层储量以及丰富的、有待开发的太阳能、风能、地热等资源，展示了沿黄城市带这一区域多能互补、综合开发的广阔前景。

（4）完善的基础设施和交通网络优势。

沿黄城市带已形成了以银川市为中心，石嘴山、吴忠、中卫市为骨干，所属市县、建制镇为基础，规模合理、功能互补的带状城镇网络体系，城市基础设施比较完善，城市的承载功能和服务功能较强，交通发达，以首府银川为中心，以国道、省道为骨架，以县乡公路为脉络，从银川出发一天内可到达沿黄城市带任何一个乡镇，石中高速公路打开了宁夏的东出口路。铁路运输生产呈现快速增长态势，连接西北华北第二大铁路通道的“太中铁路”已开工建设，“东进西出”大开放之路更加畅通便捷。作为唯一空中门户的银川河东机场因装备先进、设施齐全、客货吞吐量大而成为西北航空大港之一，已初步形成了以银川为中心，辐射东北、中南、西南的扇形航空网络。

（5）巨大的市场需求潜力。

城市的发展必须有大企业、大集团的发展作支撑，而沿黄城市带的现代服务企业规模都很小。但有些行业在该区域属于“一枝独秀”，如有色金属、羊绒、生物制药、机床制造、煤矿机械等都有很大的市场潜力，如果把这些“独秀”做强做大，联合起来就能形成强大的实力，最终完全可以打造成优势产业的航母。做强了这些产业，就可以做强石嘴山、吴忠、中卫3个次中心城市，从而推动沿黄城市带整体发展。

3.4.3 沿黄城市带现代服务业发展面临的问题与障碍

（1）区域中心城市经济规模偏小，高新技术产业发展不足，辐射带动作用不强。

作为区域中心城市银川市，现代服务业的企业规模小，知名品牌很少。2006年，银川市经济总量为335.29亿元，工业缺乏大企业和支柱行业的支撑，小企业形成不了集群，因此形成不了经济规模。高新技术产业发展严重不足，目前，沿黄城市带只有国家级高新技术企业4家，自治区级高新技术企业33家，其中高科技上市股份公司只有5家。服务业还是以批发零售、餐饮食品等传统产业为主，比重占第三产业的50%以上，且90%以上为个体经营户。房地产、咨询、设计、信息等中介服务业刚刚起步，体育文化产业严重落后，法律、建筑师、税务、审计等事务所亟待发展，特别是在引进国际著名酒店连锁管理集团及利用先进的服务管理经验方面不够完善。宾馆餐饮业的发展是衡量一个城市经济水平的重要标志，也是对外经济的窗口。但是截至2006年底，银川市的星级饭店共有25家，5星级高档宾馆仅有1家，4星级也只有4家，3星级20家。

（2）现代服务业人才匮乏。

现代服务业是知识人才密集型产业，在法律、会计、咨询、知识产权、公共关系、经纪与人才猎头、产权交易等领域需要大量的专业人才。而人才“贫血”困扰着现代服务业的快速发展，随着宁东能源化工基地建设步伐的不断加快，神华宁夏煤业集团每年需要引进500多名各类人才，但是他们想尽办法每年也只能招收60%左右，而现代服务企业所需要的高科技人才宁夏本区的高校几乎不培养，90%需要从外省区引进。几年来宁夏流失的人才中，80%具有大专以上学历，其中包括一大批全区有名的专家、学者、文化名人，45岁以下的中青年专业技术骨干占67%。据统计，宁夏某高校近年来流失的59名人才中，教学骨干、学科带头人占大多数。人才流失使科研机构和高校成为“重灾区”，直接影响了宁夏的教学和科研质量，而沿黄城市带人才薪资等待遇相对较低，是导致人才匮乏及外流的主要因素。同时大多数高学历人才的择业偏向事业单位科研院所等，对于现代服务业青睐不高。

（3）城市同构化比较严重，产业关联度不高。

作为引领沿黄城市带发展区域中心城市——银川市，由于中卫、吴忠、石嘴山都围绕在其周围，支撑着区域中心城市的形成。然而，这些城市与银川市在产业方面的同构竞争从未停止过，中卫、银川市都在建“能源化工基地”；石嘴山、银川都把“生物制药”作为以后的主导产业；中卫、银川市都把“旅游业”作为重点发展产业。在产业分工中，并未形成梯度层次，产业链条短，产业之间关联度不高，同质竞争现象十分严重。

（4）制度与政策制约现代服务业快速发展。

现代服务业的不少行业仍处于政策性垄断经营之中，受政府控制的金融保险、邮电通信、交通运输、文教卫生、科研技术、新闻出版、广播电视等行业，至今仍保持着十分严格的市场准入条件。壁垒多，门槛高，相关机构或企业的建立和扩展，都须按政府所设定的“门槛”，经过严格审批程序才能进入。这种垄断和半垄断的政策环境，导致不少现代服务业的经营主体投资渠道单一，基本上是以国有资本投资为主，扩张实力有限，竞争意识很差，面对庞大的市场需求，已有的现代服务业经营主体却缺乏扩张实力。由于相关政策措施不完善，缺少相应的协调机制，多头管理及部门分割现象严重，已严重制约了现代服务业的发展[64]。

3.4.4　沿黄城市带现代服务业发展的战略目标和重点行业

（1）战略目标。

从定性的角度讲，要全面优化沿黄城市带现代服务业的发展结构，消除行政垄断，扩展市场，推进现代服务业快速健康发展。从定量的角度讲，可以设计一整套综合指标体系，主要应由四大指标体系构成：一是年消费物价指数保持稳定；二是沿黄城市带现代服务业增加值增长速度高于 GDP 增长速度；三是现代服务业占第三产业的比例在 10 年内达到 60% 以上，占 GDP 的比例达到 50% 以上；四是现代服务业在岗人数 10 年内达到沿黄城市带在岗人数的 50% 以上等。

（2）重点行业。

与国内发达地区比较，沿黄城市带现代服务业发展还存在较大差距，现代化程度不高、覆盖面狭窄、结构不尽合理、发展环境有待改善等初级阶段特征还比较明显。针对这些问题，建议自治区选准重点发展行业，并以此作为沿黄城市带现代服务业发展的突破口。

1）信息服务业。主要包括系统集成、软件等信息内容服务业和数字平台、网络等信息工具服务业。信息服务业是现代服务业中发展最为迅速的产业，具有产业复合性强、关联度高的特征[90]。信息服务业是宁夏现代服务业发展的弱项产业，目前，沿黄城市带的传统产业已经比较成熟，但是支持传统产业升级的信息服务业还没有跟上来。要突破这种局面，必须要把信息服务业放在现代服务业中优先发展的战略地位，大力推进软件业发展，充分发挥其对沿黄城市带整个国民经济发展的强大带动作用。

2）金融服务业。金融业是现代服务业的重要组成部分，随着经济的发展，金融业在沿黄城市带中的核心地位越来越突出。“十一五”时期，面对金融全球化的挑战，地方金融业要加快金融制度和金融产品创新，大力推进金融业的市场化和国际化，不断拓宽证券投资、个人理财、财富管理等现代金融产品，网上金融、电话银行自助银行、电子货币银行卡等金融工具，提高资本配置效率和金融服务品质，充分发挥金融业对沿黄带经济发展的重要支持和推动作用。

3）商贸流通服务业。交通运输和邮电通信业作为现代经济的重要基础产业，对宁夏经济社会战略的实施有着重要影响，是经济运行的“加速器”和“助推器”。“十一五”时期，沿黄城市带要以建设交通便捷之城为目标，在城市规划和建设中坚持交通、通讯先行，进一步加快客、货运输与邮电通讯枢纽等基础设施建设。把银川市建设成为“最适宜居住、最适宜创业”的现代化中心城市，使交通运输和邮电通信业的发展适度超前于国民经济和社会发展，其他各市都应成为地区性商贸流通、信息通讯的枢纽城市。形成与沿黄城市带市场体制、规模和结构相适应的、具有更高流通效率的新型商品流通体系。

4）旅游服务业。沿黄城市带旅游资源集独特的自然风光和人文景观、民族文化为一体，发展潜力巨大。实施“政府主导、社会参与、市场运作”的发展战略，树立大旅游观念，调动各方面的积极性，深入挖掘旅游资源，改造和提升旅游产业体系，扩大旅游业发展规模，坚持旅游资源严格保护、合理开发和永续利用相结合的原则，实现旅游业可持续发展。实施精品战略，推出一批影响大和竞争力强的旅游景区（点）和旅游线路，实现旅游业可持续发展。深化改革，扩大开放，充分发挥市场机制的作用，加强政府的组织协调，依法治旅，创新旅游开发方式、管理方式和服务方式，提高旅游企业竞争力和旅游业整体水平，带动相关产业共同发展。力争到2010年，使旅游业成为沿黄城市带的支柱产业和中国西部的旅游热点地区之一。

5）科技教育服务业。科技教育服务业要立足沿黄城市带经济社会发展的迫切要求，以提高整体素质为方向，以培养面向21世纪的各类专门人才为目标，立足优势，放开搞活，推进教育制度和教育技术创新，大力发展高水平教育和培训，逐步建立终身教育体系。深化科技体制改革，形成符合市场经济要求和科技发展规律的新机制。打破条块分割，整合科技资源，加强技术集成，进一步解决科技与经济脱节的问题。文化、体育、卫生要适度优先发展。充分发挥沿黄城市带民族特色优势，以深化文化、卫生、体育体制改革为动力，加快发展文化、体育产业和卫生事业，进一步提高城乡居民的生活质量和健康水平。

6）中介服务业。主要包括评估、仲裁、鉴定、认证等公正性中介服务业；会计、法律、保险等代理性中介服务业；设计、咨询、信息服务等服务性中介服务业[34]；沿黄城市带现代服务业发展相对滞后，发展重点应放在创造优良发展环境，促进现代中介服务体系形成上。积极引进国际著名的中介服务业企业，加快提升产业水平；通过营造公平竞争的执业环境和诚信制度建设，规范和活跃市场中介要素，努力形成一批具有知名度、影响力的中介服务品牌；要加快中介机构与挂靠的政府部门脱钩，凡承担行政职能的中介机构要退出市场竞争，提高中介服务业的公信度；加速行业协会、产业协会等自律性组织建设，提高行业协会的服务效能。

7）会展业。会展业是集会议、展览、旅游、商贸、文化于一体的综合现代服务业，因其影响面大、消费能力高、利润丰厚、城市带动性强，被誉为“城市经济的发动机”。举办大中型国内外会展活动，可以为承办地带来巨大的社会经济效益。会展业作为高收入、高盈利的行业，国际上一般盈利率在20% ~30%之间。会展业的发展不仅会带来收入，最重要的是它能提高城市创造收入的能力，提升城市经济质量。具有强大的关联带动效应。其发展有助于推动其他行业的发展，塑造良好的城市形象，获取更多的商机，吸引大批人才，可以促进城市无形资产的积累，实现会展业与相关行业互动发展，培育会展经济。积极进行会展形式推介，不断开发会展需求，加大政策扶持力度。建立会展业的职业培训体系。

8）房地产业。进一步完善房地产业的市场管理体系，规范房地产一级市场，活跃二、三级市场。完善住宅区的配套规划和建设，发展节能型、环保型房地产项目，开发多样化的住宅楼宇，促进房地产业品牌化，加强房地产金融市场建设，鼓励住房消费信贷，健全房地产市场的价格形成和政策引导的机制。建立房地产物业管理体系。

9）农业及农村服务业。要大力推进以科技服务和信息服务为重点的农业社会化服务体系建设。健全农产品的产前、产中和产后服务体系。大力发展各类协会、合作社、农民专业合作经济等农业社会化服务组织，提高农业和农民进入市场的组织化程度；建立现代化的农产品市场体系，完善产地批发交易市场，促使农产品货畅其流；加强农业科技推广体系、农产品信息体系和质量标准体系建设，改善农资、农机、气象、供销等服务，加强水利、植保、畜牧兽医、林业和水产等专业化服务。

3.4.5　沿黄城市带发展现代服务业的政策措施

经济的快速发展和人民生活质量的不断改善，使现代服务业的发展进入良好的发展阶段。现代服务业作为中间要素的投入不仅创造价值，还直接融于和谐社会构建的全过程，与工业、农业一样，对经济发展具有重要作用。要从统筹经济社会发展的高度看待现代服务业的发展，对现代服务业实施优惠的产业政策。作为国民经济的“软性投入”，加快发展刻不容缓。

（1）转变思想观念，提高对现代服务业重要性的认识。

随着经济全球化以及全球范围的结构调整和产业升级不断深化，世界经济已从以制造业为主导的工业经济时代转入以服务业为主导的服务经济时代，制造业竞争力愈来愈依赖于设计策划、技术研发、物流等现代服务业的支撑。现代服务业上游可创造产品和效率，下游可创造市场和需求，已成为经济社会发展的重要战略。从沿黄城市带实际情况看，制造业以资源消耗型、投入拉动型为主，环境成本高，科技投入不足，核心技术不多，自产自流的物流成本比较高。在今后的战略发展机遇期，现代服务业作为潜力最大的行业能否大力发展，将在很大程度上取决于领导干部的思想认识。各级领导干部要开阔眼界，开拓思路，提高领导现代服务业发展的能力。不能一说起农业头头是道，一说起工业如数家珍，一说起现代服务业概念不清。要积极引导全社会转变“重生产轻流通”的轻商观念，走出“服务业不创造价值”的误区，要把大力发展现代服务业作为沿黄城市带经济发展的重中之重来考虑。我们必须依托先进制造业，加速发展现代服务业，把生产性服务环节的利润更多地留在沿黄城市带。

（2）加强区域规划，促进整体发展。

政府部门要对沿黄城市带现代服务业进行科学规划，以发挥资源的最大效益为原则，要统筹考虑各服务行业的均衡、协调、有序发展。从源头上把握住现代服务行业的无序竞争问题。同时，应针对沿黄城市带各个城市的资源禀赋，发展相应的优势产业，发挥各自的比较优势，确立现代服务业重点发展区域。切实做到沿黄城市带现代服务业规划与城市布局、行业发展、项目建设有机统一，既体现战略性、前瞻性，又体现针对性和可操作性。区域中心城市银川市应努力实现先进制造业与现代服务业的“双轮驱动”，在银川市优先发展技术含量高、关联性大的现代服务业，以宁东煤田为资源支撑，重点发展煤炭开采、火力发电、煤化工、石油天然气化工 4 大核心产业，特别要打造信息、金融、教育、科技、人才、文化等平台服务于整个沿黄城市带，增强其辐射带动作用，引领沿黄城市带现代服务业整体发展。3 个次中心城市要突出特色，实现差别化发展。要建成三条线：银川农副产品供应线，银川生产要素承接线，银川居住旅游休闲延伸线，按照“依托银川、服务银川”的思路，科学利用银川扩散溢出效应，主动补缺。同时，集中力量培育几个产业集群，如石嘴山市要依托高载能优势产业，大力发展活性炭、海绵钛、生物制药等，形成以新材料、煤电一体化、特色冶金与加工、电子元件和煤炭、农副产品加工为主的产业竞争优势。吴忠市商业优势明显，要大力发展商贸、休闲、旅游、绿色农业、农副产品加工业、清真食品加工业，成为国家商品粮生产基地和区域中心城市的“米袋子”、“奶瓶子”、“菜篮子”。

（3）制订合理的区域产业政策。

产业政策是一种重要的公共产品，是产业发展的制度基础。它的主要功能是有效配置资源，弥补市场缺陷。在政府主导型市场经济条件下，产业政策具有增强产业竞争力、推进工业化和现代进程的作用，在产业经济发展的导入期，产业政策作用至关重要。所以，自治区政府在制订沿黄城市带产业政策时，坚持“搞活、放开”的原则，法无禁止即放开，能放的要坚决放，能降的要坚决降，能让的要坚决让。凡是外地能干的，我们也能干；凡是国家没有明令禁止的，我们就可以干；要抓紧对现代服务业的市场准入、收费项目、行业规范等政策进行全面清理，及时消除对现代服务业发展的不合理限制，使产业政策最大限度地支持现代服务业发展。

（4）加快现代服务业人才引进和培训。

人才是一个地区经济、文化以及各方面发展的根本。在人才引进上，不仅要引得进，而且要留得住，用得好，让他们有广阔的施展才华的空间，有充分展现自己才能的天地。现代服务业的经营管理人才不同于一般传统服务业的人才要求，不仅需要专门的技术和专业知识，也需要通晓国际商贸理念和规则、把握现代制造业的技术特点，如此才能将现代服务业经营领域越开越广、将经营项目越做越大。自治区政府应当引导区属高校更多地开设现代服务业所需要的专业，引导专业培训机构定向培养相应高级现代服务业商务人才。包括教育和技术外语及外贸人才的培养、会展业和文化产业、图书馆、文化站、文博业、环境产业（治理、技术研发、产品应用）等人才。放宽户籍以及就业市场等方面的限制，大力引进国内外现代服务业方面有经验的高级管理人才。

（5）加快制订服务标准和信用评价体系建设，着力提高现代服务业的水平质量。

现代服务业中相当一部分业务的水平和质量，只有在服务过程中才能表现出来。特别是以人力资本为主的行业，如房地产中介、会计、律师、广告乃至社区服务等行业，这种特点更加突出。如果没有有效的行为规范，缺乏行业自律机制，形形色色的欺诈行为就会屡屡发生[45]。比如，房地产中介夸大信息招揽顾客，会计师事务所提供虚假审验证明坑害顾客，广告业使用虚假资料蒙骗顾客，律师行业“吃了原告吃被告”，这种种行为让整个服务行业产生诚信危机，让广大顾客对服务质量心存疑虑，潜在需要就不能转化成为消费现实。因此，必须加快现代服务业信用评价体系建设，制订服务标准，加强职业道德教育，促使现代服务业健康发展。

（6）设立沿黄城市带现代服务业发展基金。

建议自治区政府设立沿黄城市带现代服务业发展专项资金，由自治区财政预算安排，采用无偿资助和贷款贴息方式，专项用于支持沿黄城市带现代服务业发展中的薄弱环节、关键领域、新兴产业，如会展业、现代物流业、金融服务业、信息服务业、社区服务业、中介服务业等，支持公益便民项目及其他服务业改造项目。

（7）充分发挥制造业的带动作用。

首先，实现制造业与现代服务业的融合发展，鼓励具有一定规模的制造业企业将供销业务从生产环节独立出来，组建大型物流集团和综合商社，促进制造业和服务业的共同发展。其次，坚持以信息化带动工业化，广泛应用高技术和先进适用技术改造提升制造业，形成更多拥有自主知识产权的知名品牌，发挥制造业对服务业发展的重要支撑作用。第三，鼓励吸引制造业外商投资，扩大制造型企业对生产性服务的需求。

（8）增强消费能力，提高消费倾向。

首先，增加居民收入，提高最低工资标准和最低生活保障标准；完善社会保障体系，改善居民消费预期。其次，积极改善消费环境，清理抑制消费的政策，制订鼓励消费的新措施；优化社会信用环境，扩大消费信贷。第三，鼓励服务消费，通过加大财政投入、税费减免、市场培育、规范秩序等措施，扩大服务消费；改善服务设施，积极发展服务中介机构，推进服务市场多元化、规模化和产业化。

（9）实施城镇化战略，加快城市化进程。

首先，加快城镇体系建设和城镇基础设施建设，提高承载能力，深化户籍制度改革，促进城乡劳动力合理有序流动，增加城镇人口比重；开发新的服务领域，提高城镇聚集能力，提高城市和特色县域经济实力，带动城镇服务业快速发展，强化对经济发展的拉动作用。其次，坚持以产业聚集带动城镇发展，不断增强城镇产业发展的活力；有计划地通过建设工业园区和产业带，使产业相对集中，形成集聚优势，壮大城镇经济实力[64]。

（10）加快对外开放，积极参与现代服务业的国际竞争。

目前，沿黄城市带现代服务业与发达省市相比尚有较大差距，加快对外开放是加快提高现代服务业竞争力的重要途径。要抓住发展机遇，以积极的姿态参与现代服务业的全球化竞争，积极引进国外的资金、资源、技术和人才，促进沿黄城市带现代服务业更快发展，不断提高产业素质和整体竞争力。

3.5 宁夏城市社区建设与社区管理

社区是由居住在一定地域范围内的人群组成的，具有相关利益和内在互动关系的地域性社会生活共同体。构成社区的要素包括六个方面：①是一个地域性社会实体，有一定界限的地域空间；②以一定的社会关系和生产关系为纽带联结起来的、达到一定数量规模的、进行共同社会生活的人群；③有一套相对完善的生活服务设施；④有维护该地区公共利益的管理机构；⑤社区居民在情感和心理上对所属社区具有地缘上的认同感、参与感和归属感；⑥社区内居民因居住在同一辖区而产生社会交往，形成相互依存、互惠互利的内在的互动关系，是一种相互联系、相互制约的有机体[93]。

在我国，社区大致指城市中居民委员会辖区及农村中的村委会辖区（本课题仅探讨宁夏城市社区建设状况），居民、居委会及其他自治性组织也就成为社区建设的主要力量。

3.5.1　研究的目标和意义

（1）社区在当代经济社会发展中的作用和功能。

社区是社会的细胞，是社会的缩影，是社会稳定的基础。在我国，社区建设是一项崭新的事业。1986年，民政部率先提出在城市中开展社区服务，从而把社区概念引入了我国的政府工作中。1991年5月，民政部又提出了开展社区建设的工作思路。20世纪90年代中期，我国城市社区建设逐步展开。2000年11月19日，中共中央办公厅、国务院办公厅转发了《民政部关于在全国推进城市社区建设的意见》，要求在全国范围内积极推进城市社区建设，这标志着我国城市社区建设已进入了整体推进阶段[61]。

社区建设是在党和政府的领导下，依靠社区力量，利用社区资源，强化社区功能，解决社区问题，促进社区政治、经济、文化、环境等方面协调而健康地发展，不断提高社区成员生活水平和生活质量的过程。社区建设是一项新的工作，加强社区建设是我国城市经济和社会发展到一定阶段的必然要求，是面向21世纪我国城市现代化建设的重要途径。随着社会主义市场经济体制的建立和完善，在城市，社会的结构性变化包括政府、市场以及社会角色、人际关系的变迁，都直接促成了社区的发育。从某种意义上说，社区就是一个小社会，是社会的缩影，是一个社会实体。社区在经济社会发展中具有以下的作用和功能：

协管功能。社区的一项重要任务是协助政府做好基层社会工作，维护社区治安、调节民间纠纷、办理社区公共事务和公益事业，做好群众的思想政治工作，保持基层社会稳定。

桥梁和纽带功能。从组织功能上看，社区是社情民意的“聚集地”，是一个多功能的集合体。社区组织是党和政府连接群众的桥梁和纽带。

监督功能。社区是人们参与社会生活和政治生活的主要场所，居民作为社区的成员，在本社区范围内享有参与社区管理、选举的权利。社区自治组织是代表群众监督政府依法行政、社区依法自治的组织机构。

民主自治功能。社区是群众实行自我管理、自我教育、自我服务的行之有效的载体。其民主自治是指在党和政府领导下的人民群众的依法自治。

服务功能。服务是社区建设的主题，是社区的生命力所在，同时，社区服务也是社区一切工作的出发点和落脚点。社区服务的内容丰富多彩，重点是发展面向弱势群体的社会救助和福利服务，面向下岗失业人员的再就业服务和社会保障的社会化服务，面向社区单位的社会化服务，面向广大居民的各项便民利民服务。因此，发展社区服务是满足居民生活需求和提高居民生活质量的关键环节。

随着改革开放的不断深入，特别是社会主义市场经济体制的初步确定，包括街道办事处、居民委员会在内的城市基层社会结构面临改革和调整的任务；近年来，由于城市下岗失业人员的增加，流动人口大量涌入社区，城市老龄化和城市贫困人口等问题，都给传统的管理方式提出了挑战。以前很多由单位做的工作，现在都要由街道承担起来，街道的政治责任明显加重。城市社区作为城市建设与管理的基础，城市社会发展的载体，对提高城市管理水平乃至整个经济社会的发展将起到至关重要的作用。

（2）本项目研究的基本目标。

党的“十六大”报告指出，要“完善城市居民自治，建设管理有序、文明祥和的新型社区”，为社区建设指明了方向。社区建设既是全面建设小康社会的重要内容，又是实现小康社会的重要环节。社区是地域性社会生活共同体，整体的社会是由一个个局部的社区组成的，只有实现了社区的全面小康，才能实现全面小康的社会。与此同时，作为城市基层自治组织，作为城市管理的基础平台，社区建设应以夯实和谐社会基础为目标，以构建和谐社区为契机，进一步深化建设的内涵、拓展建设的外延，以适应我国社会的深刻变化。为此，城市社区建设应紧紧围绕构建民主法治、公平正义、诚信友爱、充满活力、稳定有序、团结向上、人与自然和谐相处的和谐社会这一总体要求，以夯实和谐社会基础为总体思路，建设民主法治、环境优美、安定团结、生活便利、人际关系和睦的和谐社区[74]。鉴于此，本项目研究的问题的基本目标如下：

1）探讨宁夏社区的发展状况及存在问题。一是摸清“家底”，即摸清宁夏城市社区的整体情况，包括城市社区的范围、规模、人口数量等状况；二是探讨宁夏社区建设的发展状况，包括宁夏在城市化进程中社区建设的发展历程，社区的地域分布以及社区的基本类型形态；三是探索宁夏社区的基层组织、政治文化、医疗卫生及社区的基础设施建设状况等。

2）探索宁夏社区管理模式及存在的问题。社区管理通过各种体制、手段、方式等要素来落实管理社区的特定目的，这些要素的有机结合即成为社区管理模式。根据社区管理模式中主体角色不同，将社区管理分为企业主导型、政府主导型、市场主导型和社会主导型四种类型的管理模式。根据宁夏的实际情况，目前社区管理是以政府为核心的管理模式。在现阶段，宁夏主要是以市辖区人民政府下派的街道办事处为主体，在居委会、中介组织、社会团体等各种社区主体的共同参与和配合下对社区的人口、治安、司法、公共事务、社会事务、社会福利等事务进行管理。政府主导型管理模式是政府在社区建设中发挥主导作用。政府由于掌握着社会资源的分配和配备管理人员的权力，因而其行为具有权威性和统一性，这为政府在社区管理和建设中的地位奠定了基础。然而，政府主导型社区管理模式强调的是一种传统的政府办社会的模式，这与我国目前政府机构改革贯彻的“精简机构，提高效能”的原则和思路有悖，从而使政府的负担加重，管了许多不该管的事，导致了政府工作效率的降低。因此，宁夏必须转变政府职能，使这一传统的单一的政府管理模式向其他适应社区发展需要的模式转变。

3）提出今后宁夏城市社区建设与管理的一些思路和对策建议。社区建设的目标可分为两个层次：一是近期目标。即从环境建设入手，从居民迫切需要解决的问题入手来加强社区建设，提升居民对社区的认同感和满意度。二是中长期目标。以居民需要为导向，以社区公共利益为纽带，以多种社会组织为载体，以资源整合为保障，构建政府组织与社会组织及居民个体通力合作的社区公共管理和公共服务体系，以促进政府、社区和居民关系的和谐，从而营造良好的人与环境与自然和谐相处的社会氛围[74]。

综上所述，今后若干年内，宁夏城市社区建设的目标应从以下几个方面考虑：一要适应城市现代化要求，加强社区党组织和社区居民自治组织建设，建立起以地域性为特征、以认同感为纽带的新型社区，构建新的社区组织体系。二要以拓展社区服务为龙头，不断丰富社区建设的内容，增加服务项目，促进社区服务网络化，提高居民生活质量。三要加强社区管理，理顺社区关系，完善社区功能，改革城市基层管理体制，建立与社会主义市场经济体制相适应的社区管理体制和运行机制。四要坚持政府指导和社会共同参与相结合，充分发挥社区力量，合理配置社区资源，大力发展社区事业，不断提高居民的素质和整个社区的文明程度，努力建设管理有序、人际关系和谐的新型现代化社区。

本项研究主要围绕上述目标，提出今后宁夏城市社区建设与管理的思路与对策。

3.5.2　宁夏城市社区建设的发展状况

社区建设是新时期我国城市经济和社会发展的重要内容，是城市现代化建设的重要基础。宁夏地处祖国西部内陆，全区土地面积6.68万平方千米，总人口587万，其中回族人口202万，占34.4%，城镇人口175万，占29.8%。全区现辖5个地级市，21个县（市、区）和1个开发区。全区共有街道办事处40个，其中银川市22个，石嘴山市14个，吴忠市3个，固原市1个。全区共有社区居委会452个，其中银川市205个，石嘴山市132个，吴忠市53个，固原市29个，中卫市33个。宁夏社区建设的实践，主要有以下几个方面的内容：

（1）宁夏城市社区建设的发展阶段。

宁夏社区建设经历了初级阶段、发展阶段和整体推进三个阶段。

初级阶段（1988—1994年）。这一时期是宁夏社区建设探索、起步阶段。1987年底，自治区人民政府制定了《关于开展社区服务工作的意见》，并在原银川市城区和新城区进行了社区服务试点工作。其服务对象首先是从孤寡老人、残疾人和困难户中展开的，服务内容以就近解决居民困难和方便居民的生活需求为原则。街道居委会大都兴办了缝洗衣服、便民小吃、方便存车、方便门诊等项目，仅仅局限于小型服务。

发展阶段（1995—1999 年）。经过第一阶段的探索实践，宁夏社区服务有了良好的发展基础，逐步形成了多层次全方位的社区服务网络体系，并呈现出五大转变：一是在服务对象和范围上，呈现出由为民政对象服务为主，向为社区全体成员和社区单位服务转变。二是在服务项目和规模上，呈现出由初期的便民利民服务，向为社区成员提供全方位求助服务转变。三是在服务方式和形式上，呈现出由初期的以为社区居民提供无偿服务向义务、抵偿与有偿服务转变。四是在服务功能和效果上，由初期的福利服务型向经营服务型转变。五是在服务组织和队伍建设上，由居民委员会成员为主体，向社区成员单位和社区成员联动提供服务转变。

整体推进阶段（2000 年以后）。2000 年下半年，结合社区居委会第四届换届选举，银川、石嘴山、吴忠三市所辖城区在学习外省社区建设经验的基础上，因地制宜地对社区居委会进行了初步调整。2001 年 6 月，自治区政府研究室与区民政厅在银川市原新城区召开了城市社区建设理论研讨会，各位专家学者对如何加快社区建设工作，提出了建议。2001 年 7 月 25 日，自治区人民政府召开常务会议，研究了加快宁夏社区建设工作的具体措施。这一阶段，使宁夏社区建设步入了全面推进的快车道。一是 2001 年 8 月 17 日自治区党委、政府《关于加强城镇社区建设的决定》（宁党发［2001］51 号）的出台，标志着宁夏推动社区建设的力度进一步加大。二是 2001 年 8 月 28 ~ 30 日，自治区党委政府召开了全区社区建设暨老龄工作会议，这标志着宁夏社区建设工作进入了整体推进阶段。三是全区各市、县（区）经选举产生了新的社区居委会，形成了区、街、居三级社区建设组织体系。自治区人民政府下发了《关于宁夏回族自治区社区建设“十五”规划的通知》，宁夏各市、县（区）先后制定了城镇社区建设五年规划和年度实施计划。各级党委、政府高度重视社区建设，将社区建设工作纳入了重要议事日程。这标志着宁夏推动社区建设的广度进一步扩展。四是社区建设示范活动蓬勃开展。2001 年 11 月，全区有 10 个社区分别被自治区文明办、民政厅、中央文明办、民政部确定为全区及全国文明社区示范点。社区建设示范活动的蓬勃开展，标志着宁夏推动社区建设的整体水平得到进一步提高。

（2）党和政府在城市社区建设中的主要工作和思路。

1）组织建设。在组织领导方面，全区各市、区（县）普遍成立了由党政一把手为主任或组长的社区建设指导委员会或社区建设领导小组，街道（镇）建立了社区建设管理委员会，在原居委会的基础上进行了规模调整，组建了社区居委会，形成了区、街（镇）、居三级社区建设组织体系，把社区建设纳入了当地国民经济和社会发展规划，与此同时，加强了党对社区建设工作的领导，在街道建立了“社区党建联系会”制度，社区居委会实现了“一居一支部”的目标。

在国营农牧场建立了社区居委会。宁夏全区农垦系统现有企事业单位 44 个，总户数 30573 户，总人口 11.8 万。多年来，农垦单位对居民的管理一直延续着计划经济条件下由农场场部、农场工会、农场管委会三个层次组成的以行政管理为主的体制，随着市场经济体制的不断完善，这种单位管理的体制格局已被逐渐打破。2004 年 12 月，自治区民政厅和农垦事业管理局联合制定了《关于国有农（林、牧）场建立社区居委会的意见》后，目前，已在 4 个国营农牧场建立了 7 个社区居委会，通过组织体系的建立和各项制度的完善，已逐步形成了适应农垦系统实际情况的社区管理组织。

对原有居委会规模进行了合并调整。结合宁夏行政区划调整，宁夏社区按照板块型、小区型、单位型三种类型，以 1000～1500 户为基础，对原有居委会设置规模作了合并调整。如石嘴山大武口区，针对本区实际特点，采取将“一企多居”合并为“一企一居”，将人口少、发展慢的社区以及无办公用房、无活动用房的社区并入有办公用房的社区，利用“星光计划”项目资金加大社区整合力度，调整后大武口区社区居委会数由原来的 79 个减少到 60 个。银川市三区结合行政区划调整工作，对具备村委会改社区居委会条件的村，进行了“村改居”，将城乡结合部的 15 个村委会改建成了社区居委会。经过调整，全区居委会由 2000 年前的 516 个减少到 452 个，比调整前减少了 64 个。社区结构的调整，使资金得到了充分利用，又最大限度地发挥了现有居委会基础设施的作用。

2）队伍建设。全区各地以 2003 年的第五届社区居委会换届选举为契机，以公平、公正、择优的原则向社会公开选拔工作能力强、文化程度高、政治素质好的社区工作者。目前，全区共有社区居委会专职工作者 2119 人，其中男性 372 人，占 17.6%，女性 1747 人，占 82.4%；国家干部职工 537 人，占 25.3%，退休人员 42 人，占 2%；其中党员 805 人，占总人数的 38%；具有大中专以上文化程度者 795 人，占总人数 37.5%，高中 1114 人，占总人数的 52.6%；少数民族 368 人，占总人数的 17.4%，居委会工作人员平均年龄 39 岁。换届选举后，居委会成员在文化结构和年龄结构上较以前有了明显的优化。

在宁夏第五届社区居委会换届选举中，以“年轻化、知识化、专业化、革命化”为干部选拔原则，采取先面向社会公开选拔社会工作者，选优配强社区干部，从而使社区居委会成员具有较高的综合素质。吴忠市区的社区工作者是经过“四选”之后组成，即从党政机关和事业单位中选派年富力强、有发展潜力的优秀党员干部到社区任支部书记，从机关事业单位分流下来的干部中通过公开考试选拔一批优秀年轻干部到社区工作，从原来居委会干部中选择一些社区工作经验丰富、群众基础好的干部继续在社区工作，从社会上以“公开招聘、定岗竞争、择优入围、依法选举”的办法选举产生社区居委会成员。经过这次选举，社区居委员成员整体文化素质进一步提高，平均年龄由 2003 年的 42 岁降至 39 岁，一大批热爱社区工作的下岗职工、大中专毕业生以及退役军人加入到社区建设队伍当中，为推进社区建设、加强基层管理奠定了坚实的基础。

3）基础设施建设。以前的居委会大多没有办公用房，办公场所多在居委会工作人员家中，给工作人员工作及居民生活带来极大不便。近几年，宁夏各级党委、政府在社区建设中多方面筹措资金，加大投入力度，使社区基础设施有了明显改善。

“星光计划”的实施。自2001年国家民政部启动“星光计划”以来，自治区党委、政府争取大量资金用于基础设施建设，其中民政部资助福利金4070万元，自治区本级福利金2200万元，地方各级政府投入4800万元，三年共完成投资11070万元。按照“星光计划”“四室一场一校”标准，以改建、扩建、购买等多种方式完成“星光计划”项目285个，解决社区居委会办公用房和活动场所，使社区的基础设施发生了根本性变化。

资源共享、共驻共建。各地本着资源共享、共驻共建的原则，加大了投入力度，为社区建设提供了必要的资金。吴忠市区17个社区在市属部门和企业的大力支持下，办公用房、活动场地面积达3801平方米，平均面积达223平方米；银川市金凤区采取政府投入和开发商无偿提供相结合的办法，在新建小区结合“星光计划”的实施，建设500平方米以上的社区办公和活动用房。两年来，自治区投资500余万元，动员社会力量投入1300余万元，以较高的起点和标准新建、改建了15个社区的基础设施，其中超过1000平方米的有5个，达到500平方米以上的有10个。另外，各地为206个社区居委会配备了电脑。办公设施的更新，使社区工作人员对待工作有了信心，进而提高了居委会的工作效率。

4）完善拓展社区功能。在社区文化建设方面，各社区依托社区资源，开展广场文化、楼道文化和家庭文化等多形式、多层次的群众文化体育活动，建立集文化、科技、娱乐为一体的综合性文化活动场所，组建老年秧歌队、木兰扇、秦腔队、体操队等社区群众性文化活动队伍，吸引广大社区居民走出家门，融入社区文化活动当中，形成了“一个社区一台戏、一个社区一特色”的良好局面。截至2005年6月底，仅银川市西夏区已成立青少年文化站7个，老年人活动中心60余处，社区文化活动点90余处，秧歌队等文化体育活动团体53个。各社区组织广大居民举办各类文体活动并参加各类文艺演出，一可增进社区干部与居民、居民与居民之间的情感；二则有助于居民强身健体，陶冶情操；三是参加有偿的文艺演出，不仅缓解社区经费紧张，而且适当地补助贫困居民。2004年，仅吴忠市区社区就组织各类文体活动156场次，完成各级各类演出25场次。

社区教育方面，以提高社区居民文明素质为目标，逐步建立起素质型、应用型及普及型社区教育体系，以广播、墙报、宣传栏等形式开展以集体主义、爱国主义、国防教育、社会公德、职业道德、家庭美德、文明礼仪、法律常识、健康教育等为主要内容的教育活动，组织开展“图书进社区”、“法律进家庭”、“科普知识宣传周”和“消防知识宣传教育”等活动，丰富了社区居民的科学知识，提高了居民的综合素质。

通过开展文明户、五好家庭、文明市民等评比活动，营造崇尚文明、学习进取的良好风尚。

社区公共服务建设方面，近年来，社区工作者坚持把社区服务作为社区建设的主要内容来抓，在实践中勇于探索，不断拓展社区的服务内容，以满足社区居民需求。社区已经成为服务居民、便民利民的重要平台，先后建立了社区服务中心、社区服务站、社区服务网点等，鼓励个体、私营、民营等企业及其他社会力量开办社区服务项目和社区服务实体，有组织地开展社区服务，方式多种多样：有为社区老年人、残疾人、贫困者等社会弱势群体提供的免费健康服务、上门服务等社会福利性服务；有个体、私营企业面向社区居民提供的家居保洁、菜市场、餐饮、超市、美容美发等便民利民服务；有以社区居民医疗、妇幼保健、健康教育、卫生防疫和计划生育为主要内容的社区卫生服务；还有法律维权和咨询等服务。基本形成十大服务系列，建立起文化娱乐、体育健身、婚姻介绍、职业介绍、房屋租赁等中介机构和市民求助、社会保障、社区治安、社区卫生、社区教育等百余个项目的社会服务网络。目前，宁夏建成的社区服务设施达到 4715 个，便民利民服务网点 6896 个，社区卫生服务站 266 个。近年来，全区通过社区服务，安置下岗失业人员累计达到 22405 人次，活跃在社区的志愿服务者队伍有 900 多个，志愿者多达 60295 人，为社区困难群众排忧解难，深受群众欢迎。

（3）宁夏城镇社区的几种基本类型及特征。

随着经济社会的发展和城市化进程的加快，宁夏社区的类型经历了一个从单一化到不断多样化的过程。社区的类型丰富多彩，并从不同角度、不同的方式影响着人们的生活。近年来随着社会各个阶层对社区工作的介入和对社区关注的增强，社区工作内涵不断创新和外延不断拓展，针对不同地域和人群的特点，打造了一批满足多层次居民需求的特色社区。

宁夏城市社区依据地域空间特征可分为地方行政社区和功能型社区；以社会生产力水平和时间因素为标准可分为传统社区、发展中社区和现代社区；按城市发展进程可分为新型社区、县镇社区、迁移社区和特殊社区。宁夏社区建设虽起步较晚，但随着城市经济社会的全面发展，尤其是区域中心城市银川市建设步伐的加快，社区地位逐年增强，社区的功能也不断显现，加之宁夏行政区划的调整，使社区类型也呈现多样化扩展趋势。综合来看，宁夏社区类型有街区型、单位型、小区型、集镇型等几种类型。

1）街区型社区——以街巷、路为界限所划分的板块社区类型。街区型社区作为社区的一种类型，它是从最初城市内的行政区域规划逐步演变而来的，是政府借助于某一特定的道路名称而行使行政管理职能的城市区域。它体现了政府职能和社区社会职能的有机统一，因为街道（巷）将城市分割为一个个具体单元，犹如块状，因此我们称之为板块型社区。这种类型社区在宁夏分布较多，银川市西夏区北京西路街道办事处所辖11个社区居委会，大多是这种类型，如西夏区的梧桐社区、同心苑社区、正茂社区，吴忠市的材机社区、永昌社区、金星花园社区、金花园社区、开元社区也属于这类社区。板块型社区有以下几个特点：一是由街道办事处管辖并行使基层政府的权力，办理本社区内的各种行政事务。二是居民居住比较分散，在行政区划调整前居委会管辖范围过大，社区资源分散，利用率较低，经过居委会规模调整后，居委会管辖范围变小，政府对社区的指导和管辖也比较直接和有效。

2）单位型社区——具有中国特色的亚社区。单位型社区是计划经济时代的产物，由于共同拥有一个单位而居住在一起，对居民来说，单位是他们工作谋生的场所，也是他们获取社会保护的最基本场所，所以他们对自己的单位有高度的依赖性，有强烈的认同感与安全感，在他们的内心里，他们是“单位人”，而不是“社区人”，因而，居民对社区的意识淡薄，对社区的参与度很低。在银川市，单位社区所占比例较大，以西夏区为例，如宁大社区、西花园社区、康庄社区、二一七社区、地矿局社区、平吉堡社区、宁华园社区。社区居民以本单位职工占绝对优势的人口群体组成，如宁大社区仅有宁夏大学和宁夏大学附属中学两个单位；西花园社区则全部为银川铁路职工所组成的社区。这些社区主要分布在人数较多的企事业单位，从而独立形成社区。随着体制转型，单位中各种社会职能逐渐被剥离出来，“单位人”属性逐渐向“社会人”转变和过渡，人们的生活方式、行为方式和社会需求也开始趋于多元化，社区的内在价值正在被“单位人”慢慢接受和认识。

3）新型社区——以居民小区为依托的城市小区型社区。小区型社区均为封闭类型，随着城市化建设步伐的加快，小区型社区作为城市的新型社区逐渐出现。小区型社区在银川市兴庆区较为典型，如星光华社区、北安社区等。小区型社区是近年来随着城市经济社会不断发展、城市规划不断完善、房地产开发商合力开发而打造出来的新型社区，一般都属于封闭型小区。社区内硬件设施较好，社区服务设施齐全，社区内卫生、绿化、治安等环境改造管理都有物业公司负责。这类社区环境优美，居住舒适，社区党建、社区文化、社区治安、社区服务等都有较快发展。

新型社区属于城市化进程和农村体制改革与市场经济发展等多重背景下产生的新一类社区[86]。宁夏的新型社区主要来源于两个方面：一方面是演替式边缘社区，是指城市化进程中由农村演变而来的社区。由于受城市功能的辐射，农民渐渐因拆迁而失去农业用地，在政府的统一规划下择地而居，进而形成新型社区。这类社区在宁夏以银川市、吴忠市和固原市最多，其中银川市所涉及的人口总数占到这三个城市农村迁移人口总数的70%。而作为自治区首府人口最集中、城市化程度最高的兴庆区，因拆迁而移居新社区的人数是这三个城市中四个市辖区（金凤区、西夏区、利通区和原州区）的总和。其社区及社区居民的主要特征如下：一是原有的农村行政权力结构被打破，管理模式已由社区代替了行政村。二是城市与农村的双重特征俱在，并且表现出不稳定性。农村原有的乡村式血缘和地缘关系纽带正逐渐消失，邻里之间的亲和力减弱，以农业经济为基础的相互协作已不复存在，部分思想开放的居民已经涉足商业或进城打工，另有部分农村富余劳动力还一时无所适从，整个社区表现出了明显的差异。三是居民民主意识不强。由于此类社区因居民被征地拆迁而移居新社区后，大部分居民都自认为是政府有意安排好的，除了关心因为失地的补偿金外，一切听从政府的安排，不愿意主动为社区服务，属于被动接受。四是社区公共服务基础薄弱，社区各项服务尚处于起步阶段。另一方面是房地产开发型社区，指的是由于房地产开发而形成的社区。房地产开发型社区是由于居民在购房过程中不自觉地实现的，这类社区又可分为以较富人群为代表的别墅区或高档住宅区、以中等收入阶层为代表的普通商品住宅区和以工薪阶层为代表的经济实用住宅区。房地产开发型社区最主要的特征表现为：一是这类社区构成是典型的经济动力型，是以经济为主导因素的，由于居民的经济收入、社区地位、受教育程度、从事的职业差异很大，所以居民表现的异质性较多。由于购房者的经济实力决定了他们选择入住的小区类型有所不同，所以居住在同一小区的人们具有比较接近的阶层性，当然，这仅仅是大概的划分。二是这类社区的物业管理部门比较规范，有较大面积的绿地，环境卫生及其他便民服务系统较为完善，居民的民主政治意识较强。

4）集镇型社区——兼具农村社区和城市社区某些成分与特征的社区类型。集镇社区是农村和城市相互影响的一个中介，它是由生活在集镇范围内，主要以不从事农业劳动生产的人群形成的居住区域。它与前面所述的三类社区都不相同，它在人口结构成分上和城市较接近，而与农村社区的差距较大；在社会心理要素上，它又和农村社区的特征相类似；在人口的经济和社会地位方面，它又介于城市社区和农村社区之间。因此说，集镇社区既不同于农村社区又不同于城市社区，又兼具了这两类社区的某些特点，它具有农村社区向城市社区过渡的特征[94]。

在我国，集镇可分为建制镇和非建制镇两种：建制镇一般是乡和县的行政、文化、教育、卫生和商业中心；非建制镇虽不是周边乡村的行政中心，但往往成为周边农村地区的文教卫体和商业活动的中心。本文所讨论的集镇专指建制镇。宁夏的集镇主要分布在各县县域及乡政府所在地；分布较为分散，集镇社区位于农村与城市的中间地带，其人口规模和人口密度介于农村社区和城市社区之间。宁夏的集镇社区分为三个层次：位于省会城市银川市周边的集镇社区，由于接受城市现代化进程的辐射，其基础设施的水平最高，最易获得居民的认同；位于县城以外的集镇社区发展步伐最为缓慢，社区发育处于最低层次，居民生活十分单调；除银川市以外的其他四个地级市的城关镇和周边集镇以及各县（区）的城关镇社区，其发展层次介于上述二者之间。从文化要素及特征上看，既有现代城市文明对其的影响，又保留了许多传统的东西，体现了现代性与传统性的交融和冲突。如既有广播、电话、电视、电脑、舞厅等现代文化的载体，又保存着旧式的一些传统文化载体；既受着全社会主流文化的支配，又保存着反映集镇自身特色的传统性地域文化及其相关的亚文化。这类社区因以城市为主体的现代文明及生活方式的冲击和吸引力，居民模仿、学习和消化城市文明、现代文化的驱动力较强，新事物、新观念越来越容易被居民所接受。综上所述，集镇社区作为城乡的中介，它一方面接受城市文化的辐射，一方面又由于成长于农村而带有乡土文化气息。城乡文化在此交汇、融合，形成了独具一格的集镇文化[82]。

5）特殊社区——城市化进程中出现的新一类社区即城中村。城市化的快速发展使得宁夏尤其是银川市的市区边缘的大部分农村社区被逐渐包围在城市之中，村委会的职能不断弱化，形成了这类特殊社区类型——城中村。如银川市金凤区双渠口社区、石嘴山市长兴街道办事处所在社区就是典型的城中村。双渠口社区为实现村改居的目标，在村委会还存在的情况下同时亮出了居委会的牌子，准备在三年内实现居委会独立开展工作。目前，银川市三个市辖区结合行政区划调整工作，已将城乡结合部具备村改居条件的15个村委会改建成居委会。

社区形态的多样化表明了宁夏城市化进程的较快发展。城中村这类社区一般基础设施建设很差，农民就地盖起了许多二三层的水泥简易楼房，出租给外来人口，特别是提供给进城打工的农民工居住。有些城中村已变成以外来务工人员为主体的社区。其特性表现为：一是外来务工人员受经济利益驱动，绝大多数是从经济不发达地区抱着赚钱的心理而来到城市，出于没有固定的职业，居住地因工作变动而经常性更换，人口流动量很大，因此社区治安和公共卫生环境很差，很难形成社区规范。二是人口的文化素质普遍很低，常常从事苦、脏、累、险的工种，而且工资又很低，生活没有保障，由于受传统文化的影响，他们更多地倾向于内敛而不愿意组织起来进行政治诉求，因而居民的政治参与意识极低。三是这类社区缺失资源共享、权利共享，居民大都是社区边缘人群体，特别是外来务工人员，由于户籍制度的限制，他们的行政隶属关系并不在社区，他们虽居住在社区，但僵硬的户籍制度仍把他们排斥在了城市社区之外，特别是子女入学问题表现最为明显。因此，这类社区地方行政无法渗透进去，居民没有主动参与社区的积极性。城中村的改造将是城市化进程中面临的一个极大难题。除以上几种主要社区类型外，宁夏还有迁移型社区（如隆湖社区、兴泾镇社区）、生态型社区（红寺堡社区）、杂合型社区（西夏区水管处社区）、复合型社区（如西夏区宁朔南路社区）、旅游型社区（如镇北堡社区）、商业型社区（如鼓楼社区）等。这些社区虽然特征明显，但数量和规模都不大，不具有普遍性。

3.5.3 宁夏城市社区管理模式

（1）城市社区居民的参与意愿与诉求。

为了了解宁夏城市居民参与社区公共事务的意愿、态度及对社区的诉求，本课题对银川市、吴忠市、石嘴山市的3个城市中10个社区的居民进行了问卷调查，并结合问卷调查进行了访谈。问卷调查采取随机抽样的方法，共发放问卷300份，回收有效问卷270份，占90%，在回收的问卷调查者中，按年龄分：25岁以下占17%（46人），26~40岁占44%（119人），41~55岁占23%（61人），55岁以上占16%（44人）。按民族分：汉族占72%（193人），回族占23%（64人），其他少数民族占5%（13人）。按文化程度分：小学及以下文化程度15%（39人），中学文化程度占47%（128人），大专及以上文化程度占38%（103人）。按户籍分：本地户口占86%（232人），外地户口占14%（38人）。按住房类型分：自有房户占79%（212人），租房户占21%（58人）。按居住年限分：3年以下占24%（65人），3~8年者占46%（122人），8年以上占30%（83人）。

通过调研发现，在社区建设的实践中，宁夏的城市社区建设取得了显著的成绩，社区居民参与的内容、形式、广度和深度也得到了很大的发展，然而社区居民的参与意识和参与行为却还仅仅处于起步阶段，各个城市之间，不同社区之间居民的参与意识也存在一定的差距。社区居民的参与意愿表现出以下特点：

1）社区居民的社区参与意愿较低，总体参与率不高，而且分布不均。居民参与社会事务或活动的意愿达到怎样的状况，是社区民主程度、发展水平和活动效率的反映，是社区建设成就的一个指标，在很大程度上影响到社区建设的成败。为了从总体上了解宁夏城市居民参与社区事务意愿的状况，在问卷中设计了这样的问题："对于社区的公共事务，您是否愿意参与?"并给出了四个选项，选择比例如下：

表3-4　城市社区居民的参与意愿

	非常愿意	比较愿意	不太愿意	不愿意
有效样本	44	133	59	34
百分比（%）	16	50	21	11

从表3-4的数据可以看出，居民对社区事务的参与意愿是比较低的，只有16%的居民愿意经常主动地参与社区事务，而有一半的居民只是勉强愿意参加一些活动，根据对被访对象的调查，71%的居民在近一年中没有参与过所在社区组织的任何活动，29%的居民表示参与过一些活动，而参加活动的这部分居民绝大多数又都是动员才去的。而且参与者都是一些老年人和文化程度不高的居民。调查中发现，住房属于自有房并在社区居住年限相对较长的居民参与意愿较大，而文化程度相对较高且租房居住、居住年限又较短的居民参与的积极性则不高。

2）居民的社区参与程度不深、范围不广，目标层次较低，尤其是政治参与渠道不畅、能力不足。居民对社区公共事务的参与按照参与的内容可划分为经济参与、社会参与、文化参与和政治参与。为了了解居民上述几方面的参与意愿与态度，问卷中设计了以下 4 个问题：①如果要召开居民代表会议讨论小区的公共设施或场地的出租问题，您是否愿意作为代表参加？②如果组织成立社区志愿者服务队伍，您是否愿意参加？③您是否愿意参加社区组织的文化活动？④您是否愿意担任业主委员会委员或社区其他的管理职务？统计结果如表 3-5：

表 3-5　居民的社区参与程度和参与范围

I		非常愿意	比较愿意	不太愿意	不愿意
问题①	有效样本	48	111	68	43
	百分比（%）	18	41	25	16
问题②	有效样本	49	119	56	46
	百分比（%）	18	44	20	18
问题③	有效样本	55	121	41	53
	百分比（%）	20	45	15	20
问题④	有效样本	25	93	81	71
	百分比（%）	9	34	30	27

从表 3-5 可以看出，居民在经济、社会、文化方面的参与意愿要高于他们的政治参与意愿，其中在社会参与和文化参与方面选择前两项的人数比例超过了 60%，而在政治参与方面，有 58% 的居民表示不愿意参与社区事务。在被访对象中，有 90% 的居民表示没有参加过有关社区事务决策、管理等活动。而事实上在实际生活中居民在社区建设中也确实只是参与社区具体事务的运作，尤其是社区内出现的一些临时性问题和文化娱乐活动，而很少参与决策、管理和监督的过程。在这一过程中，作为社区主体的居民是“缺位”的，居民政治参与渠道不畅，影响了居民主体性的发挥。

3）居民的自治观念淡薄，社区意识欠缺。居民对社区自治的认识程度如何？在被访对象中有 68% 的居民认为社区管理应实行社区自主管理与政府管理相结合，有 25% 的居民认为实行居民自主管理，有 7% 的居民认为政府应全管起来。当居民有困难时，有近 40% 的居民首先想到的是找居委会或街道办事处。在居民的心目中居委会是政府派下来为他们服务的，更多的人并不认为居委会是居民的自治组织。实际上居委会的工作也主要是以完成街道办事处布置考核的任务为主，真正从居民需求出发提供的服务还比较少。这种自上而下的行政管理模式使作为社区自治组织的居委会实际上成了政府在城市最基层的行政机构，这一特征导致居委会在其运作过程中存在严重的职能错位。在街道和居委会的全面管束下，居民一方面缺少参与社区事务决策和管理的途径，另一方面他们也已习惯于大事小事找政府，寻求政府的帮助，等待政府的安排，而主动参与的观念比较淡薄，社区自治的意识十分欠缺。

4）良好的治安、舒适的环境和便利的医疗保健是居民对社区建设的基本诉求，是影响居民参与意愿的观念层面因素。居民的参与意愿影响着他们的参与行为，而影响居民参与意愿的因素既有体制层面的，也有观念层面的，即居民对所属社区的情感认同和利益关联度。居民对社区的情感认同与社区建设是否满足居民的需求程度直接相关。对于“最希望社区给您提供的服务和保障有哪些?”这个问题，我们给出了12个选项，其中选择比例最高的三项是安全保障、舒适的环境和良好的医疗保健条件。在被访对象中选择“目前社区建设中最大的问题是不能有效地提供居民所需的服务”的比例是最高的。走访调查和相关数据分析表明，那些治安状况良好、环境优美、医疗保健等基础设施完善的社区居民，其情感认同度也高，参与意愿相对较强。

（2）城市社区管理模式。

1）现代社区管理的一般模式。现代社区治理模式的差别往往取决于政府和社区之间权能配置的方式。以政府和社区之间权能关系的不同，西方国家在社区建设管理中已经有一些行之有效的社区管理模式：一是社区与政府相结合，但以社区自身力量为主，政府力量为辅。二是政府参与社区管理分为直接参与和间接参与。直接参与是政府的各职能部门直接参与到社区组织中去，间接参与是政府指导社区中介组织和自愿形成的社团向社区提供服务。如美国政府在参与社区管理中，并没有包揽一切社区事务管理，而是通过积极培育和推动非政府组织的发展来承担许多具体的社会服务和社会管理的工作。美国政府在营利部门和非营利部门（非营利部门又称非政府组织或社会中介组织）之外，站在更高层次上，通过政策调节，制定法律和财政支持，来实施宏观调控和客观管理。三是社区的非政府组织对在社区行政中沟通政府和居民之间的关系起着至关重要的作用，社区主体广泛参与社区工作，政府的负担大大减轻，克服了资金、技术、人员方面的障碍，有利于政府对社区的宏观管理。四是国外社区管理体制以松散性为主，主要发挥社区主体的自我管理作用，体现了一定的自治性[94]。

2）我国社区管理的一般模式。我国社区管理模式中行政色彩较浓。从纵向看，政府是结构严密的行政管理机关，作为政府的派出机关的街道办事处是一个功能齐全、结构完整的基层政府，作为基层群众性自治组织的居委会则承担了许多政府的行政职能，其他横向组织、团体被基层政府纳入行政管理范畴，成为基层政府管理的左右手。

根据社区建设现状，从社区建设的主体差异出发，我国社区管理模式大致有三种类型：第一，以上海市为代表的自上而下的模式。社区建设采用“两级政府、三级管理”的方式，将过去的党政权力转移和下放到街道办事处，增强街道的统筹协调能力。以街道为主体来组织居委会、中介组织、社会团体等各种社区主体共同参与到社区的公共事务和社会管理中。上海市还提出“四级网络、五级楼组”的思路，即把居委会看成第四级网络，件件落实到第五级楼组，通过对政府和社会资源的控制实现自上而下的社会整合。第二，以沈阳市为代表的自下而上的模式。按照社区居民聚居的特点，重新划定居民委员会的范围，在人员配置上由街道办事处派遣精选干部与社区单位及居民推举的党员组成社区党委，保证社区活动的政治方向。进而以社区居民为核心，联合社区内各种主体组织、机构共同参与社区事务管理。第三，以深圳市为代表的物业管理模式（又称为市场导向模式）。20 世纪 80 年代初，深圳市住宅局借鉴香港的经验，打破了我国 30 多年来福利性的房管模式，成立了全国第一家物业管理公司。此后在房改的推动下，将原政府直管的各房管所全部改制为物业管理公司，使物业管理开始走入平常百姓家庭。根据物业管理中存在的问题和不足，深圳市住宅局将住宅区综合事务的管理纳入社会化、专业化、规范化的物业管理轨道，形成了今天的物业管理的基本模式[21]。

3）宁夏社区管理的一般模式。宁夏在城市建设中，市辖区、街道、居委会三级框架的社区管理和服务体系是在政府主导下形成的，它目前仍然是城市社区建设的基本框架。社区居委会处在城市社区建设管理的四级框架中的末梢位置，即社区居委会成为继“两级政府、三级管理”之后的第四级网络，成为基层政府控制与管理的延伸面，表现出行政组织的某些特征。第一，从选举与人事看，政府基本控制着居委会干部的产生与任免。第二，从经济来源看，居委会基本上依靠政府的财政拨款，居委会的办公经费、居委会工作人员的工资发放，都由政府公共财政支出。第三，从居委会所承担的工作来看，其任务主要来自上级行政部门的指令[10]。目前，居委会所承担的工作有十余类百余项，政府指令性的和社区自身的工作十分繁杂，如社区环境卫生、社会治安、物业管理、孤寡老人的帮扶、下岗职工的救助、低保户的摸底排查、计划生育、宣传教育、文艺汇演、体育比赛、迎接考评、人口普查等等。由于宁夏城市社区在地域分布上与行政区划基本吻合，社区建设的一切项目、活动和事业，都离不开基层政府的筹划、组织、支持与办理。

3.5.4 城市社区建设和社区管理中存在的问题及矛盾分析

（1）政府把社区建设和管理当作行政事业，基层政府职能向社区延伸。

宁夏城市社区建设起步较晚，许多问题尚在探索之中，这些问题归纳起来主要有如下几个方面：

1）社区居委会的大部分工作是由党政机关直接和间接下达的。长期以来，政府一些职能部门和街道办事处把居委会当作一级政府下属机构和行政组织，给居委会下达大量指令性任务，居委会作为一级群众自治组织的自我管理、自我教育、自我服务职能在宁夏的社区中目前还没有体现出来。由于政府与社区的责权利关系没有理顺，居委会承担着大量政府下达的工作却缺乏相应的权力和利益。

随着法律、卫生、教育、公安、消防等工作进入社区，配合协作的各个部门虽然有所增加，但是一些职能部门对社区的工作性质认识不够，强调“工作向社区延伸”，只简单地把工作推给了社区，但是支持及投入力度很少。居委会干部忙于完成上级交办的任务，以及忙于应付有关部门的检查安排，社区居委会工作人员大部分时间都花在了顶替政府部门的工作上，政府各部门布置的工作已成了社区的“分内事”，替政府部门填表格、建档案、出具证明材料、代收费用等行政性事务以及各部门临时性的统计、调查、检查等任务都由社区来具体操作。《中华人民共和国城市居民委员会组织法》中规定了居委会有协助政府有关部门做好管理工作的职责，但协助不是承担工作，不是操办者和执行者。“上面千条线，下面一根针”，有的社区居委会的牌子有 30 个之多，工作任务上百项，仅综合治理表册就有36 种，计划生育40 多种，加上检查验收和考核，居委会干部整天忙于应付。我们去银川市西夏区正茂社区时，社区当天就接到上面派下来的两项任务：上报全社区复转军人名单和更新节约型水龙头。水龙头费用政府、居民各出一半，发通知、收费、安装时联络各住户等工作由社区完成。而第五次房屋普查工作正在社区进行，社区 6 位工作人员正忙于填写房屋统计表，社区内 1400 余户及所辖单位人员房屋情况要全部收集掌握，社区工作人员每人包 10 栋楼，挨家挨户进行摸底，有的住户跑五六趟才能掌握情况。对于繁重的工作，一名工作人员说：“我们现在啥都不求，只希望上面压的任务少一些!”政府应是社区的指导部门，社区工作是政府在最基层办的公益事业，要在政府的指导下充分发挥社区的自治作用，如今恰恰相反，社区的工作行政化趋势严重，承担政府的行政事务工作与社区自治有明显冲突。

2）社区居委会的经费来源单一。社区工作开展几年以来，社区经费未列入政府财政预算中。政府给社区不断地下压任务，相应的职能、权利、经费却没有明确兑现，令社区工作无法正常开展，使工作人员带情绪工作，影响工作质量和效率。据了解，除工作人员工资或生活补贴外，宁夏各地区社区办公经费悬殊较大，银川市兴庆区政府每年给一个社区下拨经费 1 万元，吴忠市区 7000 元，银川市西夏区、石嘴山市一个社区的办公经费每年为 1200 元，有的社区居委会一年的办公经费仅为 300 元，有的为 100 元，还有的根本没有办公经费。以银川市为例，兴庆区发展较快，在社区建设中投入了大量资金，社区服务设施、文化活动场所都有所改善，而发展相对落后的西夏区尽管成立社区服务中心，但设施少、档次低、规模小，致使社区服务无法全面开展，不能满足居民的需求。在办公条件上，宁夏 452 个社区居委会，只有 206 个配备了电脑，只占 45.57%。有一部分是辖区单位淘汰的电脑，大量繁杂的工作要用手工作业来完成，加上大量的报表、上报材料都要打印稿，无形中又增添了社区居委会的财力负担。银川市西夏区正茂社区虽然配有电脑，但是工作人员从档案盒中拿出的工作总结等资料却是手抄件，据了解，该社区每月仅有 100 元办公经费，连电话费、水电费、办公用品等正常开支都不够，办公用的纸、笔及一次性纸杯都是社区所辖共建企业赠送的；有的社区冬天的取暖费都无着落。有的部门搞宣传活动，要求社区办墙报、挂横幅，领导亲临检查后，经费却不落实。另外，搞文化体育活动所需经费都是居委会人员自己想办法解决。

3）居委会较浓的行政化色彩导致社区自治弱化。第一，将社区建设等同于政权建设，导致基层民主建设日益弱化，与国家规定的社区自治组织原则相悖。社区建设是在政府倡导和指导下，社区依靠自己的力量，利用社区资源，解决社区问题，强化社区服务功能，发展社区事业，促进社区发展与社会发展相协调。与此同时，社区居委会作为城市居民的自治性组织，担负着发扬基层民主的功能，如果把社区建设等同于基层政权建设，则与社区自治的性质相悖，基层民主选举、民主管理、政治参与也受到影响。第二，导致居民社区意识淡薄，自治理念无法形成，对社区参与程度低。社区是与居民生活联系最直接、最密切、最全面的领域。然而，社区行政化过分强调政府对社区的控制和主导作用，忽视社区自我治理，导致居民参与社区事务始终处于低层次，自治组织无法形成。第三，导致政府行政管理成本上升。社区居委会行政化，相当于增加了政府行政管理的层级，原本为减轻政府负担的城市社区建设，由于行政大包大揽反倒使社区成为政府的又一包袱，使政府的公共财政支出规模越来越大[10]。

（2）城市社区工作者双重角色和待遇偏低影响了他们作用的发挥。

1）社区建设中专职工作者扮演双重身份，角色冲突严重。目前，在宁夏一些地方，社区专职工作者扮演着双重身份，一方面是街道聘任的受薪工作者，另一方面又被安排到居委会参加选举，当选居委会主任。由于这种双重身份，导致社区专职工作者，上对街道负责，下对居民百姓负责。对上，执行街道分派下发的行政任务，把居委会变成了政府（街道办事处）的派出机关。目前，社区招聘的专职工作者绝大多数都没有相应的学科背景，对专业化的社区工作方法并不熟悉，不懂得如何开展居民教育、居民组织、民主决策和民主管理等社区工作方法，只能听从于上级政府布置分配任务。另外，社区工作者的社会地位不高，专业认同度低，工资待遇低，使多数社区工作人员并不打算走专业工作道路，而是希望自己能够向政府部门靠拢或选择其他待遇好一点的部门。当政府委派的工作和关系居民的切身利益发生冲突时，社区专职工作者则放弃维护社区利益而保全政府委派的工作。因为政府给了他们职务，发给他们工资，遇事只能听命于政府。社区工作人员在工作中面对种种问题，矛盾重重，一面是自己为之服务的社区居民，愧不能当，一面是自己的上级部门，为保住饭碗而谨小慎微。社区居委会行政化的倾向导致居委会职能错位，角色模糊，职权冲突。

2）居委会干部待遇低且差距悬殊。社区工作者的生活补贴普遍存在着标准偏低的问题。目前，宁夏共有社区居委会工作人员 2119 名，他们承担着繁重的工作，但收入却与实际工作成明显的反差。据不完全统计，社区居委会共承担了计划生育、综合治理、社会保障、环境卫生、劳动就业、社区党建、社区文化、流动人口等 10 多类 100 余项工作，而全区社区居委会专职工作人员的生活补贴每月平均为 222 元左右。各地区生活补贴悬殊较大，仅银川市三区社区工作人员的生活补贴就相差 100 元，兴庆区社区工作人员生活补贴每月平均为 507 元，金凤区 600 元，西夏区 400 元。石嘴山市社区工作人员生活补贴每月平均为 307 元，吴忠市区除 92 名乡镇分流下来的人员工资由财政拨款外，其余 35 人生活补贴每月平均 550 元。而偏远地区社区工作人员的生活补贴更少，隆德县为 160 元，西吉县为 100 元，同心县仅为 60 元。另外，有 48.1% 的社区工作者没有办理失业保险、养老保险和医疗保险。由于工作负担重、待遇低，导致社区工作人员思想不稳定，人员流失严重，大大制约了居委会作用的充分发挥。

（3）城市社区基础设施建设投入不足。

近年来，虽然借助“星光计划”使大部分社区居委会办公用房得到了一定的改善，但由于各级政府的财政投入不足，社区居委会基础设施建设仍然比较落后。银川、石嘴山、吴忠市所辖地区的居委会虽然多数有办公用房，但都存在面积小、设施差的问题，固原市和同心县的一些社区居委会还没有办公场所。据有关资料显示，全区社区居委会办公用房面积不足 50 平方米的有 72 个，51 ~ 100 平方米的有 101 个，101 ~ 200 平方米的有 124 个，200 平方米以上的有 68 个，还有 87 个社区居委会仍租借办公用房。根据自治区出台的《关于加强城镇社区建设的决定》，“由各级政府按不少于 100 平方米的标准予以调剂或购买解决”的要求，全区仅有 42.5% 的社区达到了规定标准。

（4）城市社区整合资源的能力较弱，影响了其功能的发展和发挥。

1）社区建设内容局限在文化、环境、政治等方面，忽视了社区经济发展，缺乏全方位的建设理念。社区经济是一种发展性社会政策的体现，是政府资助和扶持的面向贫困社区或社区中的弱势群体，组织动员居民团结互助，开发利用社区资源，增加社区居民就业和收入的活动，社区经济包括倡导型经济和发展型经济。倡导型经济是倡导政府给居民提供政策扶持、资助和福利措施等；另外还可以按照市场模式培训社区居民成立社区企业，经营社区经济，由社区居民就业、管理和受益。发展型经济是指通过社区居民间的自助、互助、合作等形式开展社区经济活动，增加就业需求，避免市场竞争。而目前宁夏各社区居委会自成立以来，在实施社区建设的各项工作中，其内容仅局限在文化、环境、政治等方面，而这方面又仅仅按上级意图来填表造册以解困救贫、解决孤寡残困人员和下岗职工、失业人员的困难为主要对象，以上传下达办理有关证件为主要内容，没有突破性的服务，也忽视了社区经济的发展。

2）社区各部门各阶层对社区建设工作认识不到位，理解支持不够，增加了工作难度。一是社区单位对社区建设认识不到位。社区建设工作离不开社区单位的支持，20 世纪 80—90 年代，居委会基本上是以单位居民划分的，居委会也就无形中成了所在单位的一个后勤服务部门。目前的情况是：一个社区内有的多达 10 多个单位，有些单位虽然认识到了社区建设的重要意义，但对资源共享方面支持的力度不大，在整合社区资源中存在着本位主义思想和封闭意识，认为资源共享是出卖“家产”，从而影响了社区建设的全面发展。二是在社区建设中还存在着体制方面的问题。在区、街、居管理体制方面，出于长期受计划经济体制的影响，城市管理的权力主要集中在市、区两级，纵向方面因为力量有限而管不到底，横向方面因辖区行政单位、企事业单位之间，没有行政隶属关系而管不到边，致使区和街道办事处与社区的关系不顺，社区自治功能无法培育起来。三是社区居民认识不到位。目前，部分居民的文明水平与广大群众对社区精神文明建设的较高期望不相适应。社区成员在自觉地维护社区整体利益，积极参与社区管理上尚处于较低水平。此外，近年来企业下岗失业人员大量增加，就业和再就业问题日益突出和流动人口不断涌入，物业管理部门与社区居委会之间存在着职权不清，业务不明，互相推诿的问题，这在给社区治安管理带来一定难度的状况下，导致居民无法形成对社区的认同感和归属感，使居民参与社区建设的自觉性和积极性都无法提高。居民社区意识不强主要表现在三个方面：一是思想上认为社区无权无钱管不了什么事。有事也要找单位或政府。二是社区职能没有充分发挥，也让居民对社区难以认同，对社区建设持冷漠态度。三是大部分居委会的工作脱离现实，与社区居民的实际需要相距甚远，居民们看不到居委会和他们自身利益有什么关系，因而发动群众参与社区的社会志愿活动变得异常困难。有些居委会在居民心中变得可有可无，导致社区内自我服务、自我管理的意识差、能力低。

3）社区服务工作有待提高。紧紧围绕居民的需求提供服务，满足居民的需要是社区建设的主要内容。自我国进入社会经济转型期以来，单位制逐渐打破，单位人向社会人转变，许多原来依附于组织和单位的个人，如今成为独立的个体，原来由政府和单位直接管理的事情，转归于社区。这就为拓展社区服务工作准备了很大的空间。另外，随着居民生活水平的提高，不断出现新的需求，居民对社区服务的要求越来越多层次、多样化。但目前社区能给居民提供的服务还是极其有限的，能够给社区居民提供的多层次多功能服务远没有发展起来。

3.5.5 宁夏城市社区建设与管理的基本思路

（1）对社区建设管理上两种思路的对比分析。

把社区建设作为一项政府行政事业，它所带来的最大收益是城市管理的行政效率得到保证。因为它有一个比计划时代更为深入基层社会的科层架构和严密的行政管理系统，从而使政府意志能够快捷地抵达社会基层，有利于政府对城市基层社会的管理和控制。但政府必须付出两种成本。一是经济成本。当社区建设是一项政府行政事业时，意味着政府不可避免地会把大量社会性事务纳入自己的工作范围并扩充政府工作人员，而这种社区建设吸纳资源的能力有限，政府有可能成为社区投资建设的唯一经济来源。但大量政府资源的投入并不一定效益最大，因为当社区建设是一项政府行政事业时，领导阶层们追求的是行政“政绩”，许多投入并非从社区居民的需要出发，而是服从于上级的评估和外在的形象。二是政治成本。随着经济改革的成功，基层政治改革的问题也被提到议事日程，农村村民直选开始了这一改革的进程，随之而来的是城市居民直选。但如果我们把社区建设作为一项政府行政事业来进行，城市基层政治改革就不可能有实质性进展，居民“自治”的空间是极其有限的。

把社区建设作为一项社会事业，它所带来的最大收益有可能是真正成为一个“小政府”，政府用于社区建设的经济压力会随着社会资源的逐步增加而有所减轻。另外，城市基层政治改革将取得实质性进展，城市中的国家与社会关系将得到重建。但政府必须付出两种成本。一是实现政府意志的行政效率。当城市基层活跃着的是各种自治性的非政府非营利性组织时，政府将不再可能以领导与被领导的关系把自己的意志或职责加于这些组织。今天在农村社会中已经出现的村干部“不听话”的现象也会在城市出现。二是政治成本。只要将社区建设作为一项社会事业来进行，城市中的国家与社会的关系就将重建，一个相对独立于政府的自主性社会就会形成，各种自治性的非政府非营利性组织的形成和发展最终会成为不同利益群体的代表，成为城市政治生活中的力量，这势必对我们现有的政治生活格局产生影响。

以上两种分析是用一个学者的观点站在一个学术的立场上来回答问题，客观地指出社区建设发展的目标选择空间和各种可能的行动后果[5]。

（2）政府指导下的社区自治是现代社区建设的基本模式。

社区建设是一项涉及我国城市基层民主制度和管理制度变革的系统工程，社区的本质内涵在于通过自治组织的建设，实现居民的自我管理、自我教育和自我服务。社区自治组织是保证人民群众直接行使民主权利，依法管理自己的事务，为自己创造幸福生活。城市社区自治组织的建设是政府应对社区发展要求的积极响应。因此，在宁夏城市社区建设中，政府部门和社区工作者应立足宁夏实际，在政府与居委会角色定位、居委会组织模式和社区运行机制、社区资源的整合与共享方式、居民参与社区管理的途径等方面大胆实践，开拓创新[83]。

1）理顺关系。理顺城市管理体制，推动政府管理重心下移，打破政府及其派出机构——街道办事处与基层群众自治组织之间客观存在的行政隶属关系。根据社区建设的目标，对政府和社区关系进行准确定位，明确街道办事处对社区居委会指导、协调和服务的作用，用政策、法规引导、支持和帮助的方式方法，指导社区居委会的工作，充分发挥社区居委会的自治功能，依法开展社区各项工作。按照“两级政府、三级管理、四级落实”的要求。纵到底、横到边，全覆盖的管理体系，进一步理顺市—区—街—居四个层次的关系[19]，要通过转变政府职能，理清政府部门和街道社区的工作职责范围。社区居委会是民主基础上产生的社区居民集体利益的代表，应是社区内居民与政府和其他社会组织之间联系的桥梁。它一方面应将社区内居民的利益和意见整合、反映给政府及其他社会组织，以使社区内居民的意见得到很好地表达，利益得到保护和实现；另一方面，应积极向社区居民传达国家的方针政策、法律法规、其他社会组织的服务项目等。在社区、社区内居民与政府和其他社会组织之间建立起沟通的渠道，创造良好和谐的互动关系。通过上述思路去规划现代社区的管理机构，可使政社分开，使大量繁杂的社会事务从政府身上剥离出来。在城市管理工作重心下移的同时，要赋予社区相应的权力，下放相应的人、财、物，做到“权随责走”、“费随事转”、责权统一，调动基层的工作积极性。

2）进一步完善社区居民自治制度。居民参与的最佳路径就是社区自治，而社区自治又是社区建设的基础和依托。社区自治是社区居民通过一定的组织形式依法享有和实现自主管理社区事务的权利，通过民主选举、民主决策、民主管理、民主监督，创建社区体制，优化社区资源、完善社区功能，不断提高社区居民物质和精神生活质量的新型社会组织。近年来，社区自治建设正在积极推进，社区自治作为社区建设的主流方向，已得到了社会的普遍认可[95]。从发展来看，自治都将成为社区的一个基本特征，走向自治应该成为社区管理体制建设的基本方向。尽管实现这一目标是一个渐进的过程，但目标明确可以保证社区建设和改革从一开始就向着正确的方向发展，从而减少随意性和盲目性。推进社区建设的目的不是为了强化行政管理，而是为了加强社区自治，培养社区居民的组织能力，使居民真正实现自我教育、自我服务和自我管理。加强社区自治就必须使社区自治制度化，要推行区务公开，便于居民民主监督[46]，扩大社区基层民主，探索建立完善社区民主管理、民主决策、民主监督的组织机构和工作制度，健全社区居民代表会议制度，由社区居民代表会议审议决定社区管理及社区发展方面的相关事项，激发广大居民群众参与社区建设的热情。

3）培养一支专业的社区专职工作者队伍。社区专职工作者的角色应该是基层政府负责社区建设的职能部门聘任的社区工作者，是一种受薪的职业人员。他的任务是深入到基层居民群众，联系居民、动员居民、组织居民和教育居民，并且引导社区居民民主参与社区建设和社区管理；社区专职工作者还应该接受系统的社区社会工作理论和方法培训，有良好的职业道德、专业理论和工作技巧，有较高的社会地位和与其繁重工作相对应的工资待遇。为减轻社区工作压力，应考虑街道办事处人浮于事的状况，转变政府职能，把办事处富余的人员精减下来培训为专业的社区工作者，这样，政府人员和经费并不增多，只是由原已坐办公室开会布置任务给居委会的人员，改为深入基层群众中，成为组织、动员和教育群众开展居民自治的社区工作者。

（3）建立以公共财政投入为基础的多元投入和资源整合机制。

1）建立可持续、多元化的社区建设财力支撑体系。社区建设和运行需要资金保障和物质支撑。目前，社区建设资金主要依靠政府投入，且以项目投资形式为主。驻区单位、个人资助等社会性筹资数量寥寥无几。社区的地位、作用和社区居民的广泛参与性决定了良性的社区建设和运行筹资渠道的多元化。应该探索一种既有利于社区发展，又能形成稳定的社区组织筹资渠道的新途径。为此要：第一，加大政府对社区建设的资金投入。一方面政府在年度财政预算中要设立“社区建设专项资金”，主要用于社区基础设施、特别是公共设施的改善。对于社区居委会完成政府委托的行政管理职能的，应根据其工作量下达相应的经费补贴。或者在各社区建立直属的工作站，直接履行行政管理职能，社区居委会予以协助。第二，政府对社区公益性岗位应实施扶持补贴。要在社区建立专门机构，大力挖掘公益性岗位，对于下岗失业人员参与社区就业的，可携带一定的扶持资金进入，或由有关行政部门、社会团体、互助组织提供定额的免息减息贷款，或由政府支持一次性的开办补助费用。总之，在不降低国家原有对下岗失业人员资金支持的前提下，将被动领取救济金转变为对社区就业人员的扶持，用活这笔资金，加快资金的运营周转[8]。第三，挖掘社区财源，建立新的社区财力机制，应将过去在绿化、环卫等方面的专项收费，相应拨给社区，实行“费随事转”。将来自企事业单位、社会团体和个人募集形式形成的资金，根据社区的需求调配下拨，促进社区事业发展的良性循环。第四，发展社区经济是解决社区建设资金来源的重要途径。在宁夏政府财力有限的情况下，完全依靠政府资助来搞社区建设显然是不现实的。因此，必须大力发展社区经济，扩大社区服务领域，把社会福利性服务与微利便民服务、专业性服务有机结合起来，实现社会效益与经济效益相统一，以增强社区自我积累能力[96]。

2）进行资源整合并改善社区居委会干部的待遇。要本着共驻共建、资源共享原则，驻社区各单位要逐步将文化、体育、科普等公益设施向社区居民开放；凡是属于单位型社区居民委员会，所在企事业单位要将单位闲置的房屋和活动室根据需要无偿提供给居委会使用，并考虑将产权也划拨给居委会，也可以考虑对企事业闲置的场地在不改变产权以及使用权的前提下，由使用单位调整转变其功能，为社区居民服务。在解决社区经费投入的同时，要改善社区居委会干部的待遇。可借鉴外地做法，对社区党支部书记、居委会主任实行级别在编的办法，提高居委会干部工资待遇，为他们交纳失业、养老、医疗保险金，解除居委会干部的后顾之忧。

（4）发挥党组织在社区建设和管理中的核心组织，培育各种民间组织。

在城市社区建设中，社区党组织是一个肩负重任的重要角色，起着灵魂和核心的作用。2000年11月19日由中办、国办联合转发的《民政部关于在全国推进城市社区建设的意见》（简称中办［2000］23号文件）明确指出“社区党组织是社区组织的领导核心”。没有社区党组织的领导核心作用，社区建设就可能偏离方向，社区自治就难以实现，大量社会矛盾就会不断集聚。因此，在构建和谐社会的过程中，尤其要重视社区党的建设，把党的核心领导和社区居民自治结合起来。第一，要健全社区党组织。

要使社区内每一个党员都生活在党的组织中，保持党的严密性，为党在社区各项工作的开展提供组织保证。第二，加强社区党员的教育管理，充分发挥党员在社区建设中的先锋模范作用。根据社区党员分布情况、结构、职业等特点，不断探索和改进党员教育管理的渠道和方式，充分发挥每个党员在社区的作用。要使党员心系百姓，时刻把居民的冷暖安危放在心上，不断化解经济社会生活中出现的矛盾和问题，在赢得人民群众广泛认同的前提下，提高党组织的影响力和渗透力。

社区民间组织是社区居民参与社区活动的一种载体。宁夏城市社区在培育和发展社区民间组织方面开始了初步探索。许多社区出现了各类民间组织。如文体类的民间组织以文化娱乐和健身锻炼为目的，还有一些社区民间组织在公共卫生、陪护老人、小孩托管等诸多方面提供相应服务；一些社区志愿者就开展社区绿化、宣传、教育等活动成立相关小组。尽管这些社区民间组织进行的公益性或互益性的服务已经在很大程度上激发了基层社会的活力，但这些民间组织的辐射面还很小，层次也很低，因此，培育与发展社区民间组织的工作还有待进一步提高。

（5）积极发展社区非营利性中介组织和服务组织。

在社区大力发展非营利性组织对筹集和配置社会资源，满足社区居民多层次的需求具有重要作用。如何培育、发展非营利性组织，可以从以下几个方面考虑：

1）制订和完善有关非营利性组织的法规，赋予该组织合法地位并对其开展活动提供法律支持。我国非营利性组织的法律制度还不完善，从而造成了有关社团登记、社团的法律地位、社团内部组织关系、社团财产关系等方面无法可依。缺乏法律的支持和保护，我国的非营利性组织就很难发展壮大，很难在社区建设中发挥其作用。因此，必须就非营利性组织的法律性质与地位、监督与管理，以及从事社区建设活动制订专门性法规，从而为非营利性组织的发展创造良好的法律环境。

2）处理好与政府之间的关系，取得政府的财政支持。在我国，与政府相比，非营利组织比较弱小，其发展、壮大在很大程度上取决于政府的支持与否。所以，想要充分发挥非营利性组织在社区建设中的作用，就必须处理好与政府的关系。首先，非营利性组织必须主动接受政府的管理与监督。这样有利于组织的合法性存在，有利于组织的健康发展，从根本上说，并不损害组织的独立性。其次，非营利组织必须注重与政府部门的沟通和合作。最后，非营利组织充分发挥政府与社区居民之间的桥梁和纽带作用。在从事社区工作时向社区居民宣传国家的有关政策，通过自己在社区建设中的活动给政府的工作提供支持。

非营利性组织与政府关系融洽了，才能争取政府的财政支持。非营利性组织仅靠捐款和服务收入是很难运转的，它需要政府提供有力的财政支持。政府的财政支持主要体现在资金、项目、场地、税收、购买商品等方面。虽然我国政府出台了一些有关财政支持方面的措施，但力度很不够，政府的支持尚未通过法律的规定转化为政府的法律责任。有了政府的财政支持，非营利性组织才能够吸引更多的人参与到社区建设中，从而顺利开展社区工作。

3）正确界定自己的角色。非营利组织是政府和营利性企业之外的中介、服务组织，它以服务社区建设与社区居民为宗旨，不以营利为目的，它的主要职责是协助政府承担一定的社会性、公益性、事务性的社会职能，以沟通政府与社区之间的联系，为社区提供内容广泛的服务。从实际情况看，我国的非营利组织出现“出位”和“错位”现象。它们不是为了公益而营利，而是为了营利而营利，或者把自己混同于政府机构。这一角色出位和错位不利于非营利组织在社区建设中充分发挥其独特功能，应正确界定自己的角色，为社区居民提供到位服务。

4）积极取得社区居民的支持和参与。社区工作离不开居民的支持和参与，缺乏居民的支持和参与，非营利组织很难顺利开展社区工作。社区工作最根本的目的并不是简单地提供服务，而是促使社区居民行动起来，增强社区凝聚力。因此，居民的支持和参与对于非营利组织开展社区工作非常重要。要吸收社区有影响的人士加入非营利组织。通过他们的影响力及名望取得财政支持、专业技能帮助等等。其次，广泛地吸收社区居民作为社区工作的志愿者，大量吸收志愿者提供义务服务，不仅发扬我国尊老爱幼、扶危济困、助人为乐的传统美德，而且充分发挥了当今社区建设的宝贵资源。

3.6　宁南山区回族社区建设规划的制订与实施

宁夏南部山区也称西海固地区，有 8 个国定贫困县，面积 3.43 万平方千米，占宁夏总面积的 52%。人口 256 万人，占宁夏总人口的 39.81%，其中：农业人口 214.74 万人，占自治区农业人口的 53.78%，回族人口 119 万人，占宁夏回族人口的 49.69%[22]，是全国回族最集中的居住区之一。改革开放以来，宁夏南部山区城乡社区面貌发生了很大的变化。城镇在国民经济和社会发展中显示出越来越重要的作用，城镇化进程也日益加快，农村社区的变化更为明显。老社区的改造整合，新社区的开发建设，特别是社区环境在大规模生态治理的强劲态势中已经有了明显的改善。城乡社区的巨大变化，带来了城乡社区的生机与繁荣，同时也显露出许多新问题，如：社区改造建设受到经济实力制约，规模和水平多处于低层次运行，前瞻性不够，社区各类组织体制还不够健全；社区内各类服务设施严重不足，社区新的环境问题的产生等等。尤其是随着社区建设的推进，城乡社区规划严重滞后，使社区开发建设多处于无序状态。实践证明，要将宁南回族社区建设成具有民族特色的乡镇，迫切需要有一种经过对成功经验与失败教训进行总结，从而上升为用科学的理论来指导，这就要求对宁南山区回族社区规划的制订与实施进行认真研究。

3.6.1 规划制订的指导思想、基本特性和社区模型

（1）社区规划制定的指导思想。

宁南山区的回族伊斯兰教作为一种社会意识形态，既具有它的特殊性，又具有非常明显的共同性。其基本信仰、教义、礼义、道德规范和宗教制度，在一定的历史阶段同样离不开社区文化和经济基础的制约。特别是随着社会制度的变革，人们的宗教观念也往往随之发生变化。在宗教制度上表现出有许多社会进步意义的新形式和新经验：它反过来又影响着回族群众的社会生活，文化风尚和伦理道德[97]。宗教与社会发展的调适作用表明，社区规划的制订与实施不仅是宁南山区基础建设的需要，同时也是为该地区民族经济发展营造良好环境的需要。宁南山区的社区建设搞好了，就能为当地的社会稳定、民族团结提供最为有力的保障。

宁南山区回族社区建设应以民族区域可持续发展为宗旨，注重社区回汉民族人地关系的和谐统一与空间结构的优化，贯彻以人为本，管理成本经济、实用与景观功能相结合的原则，因地制宜地进行社区规划。要摒弃原社区封闭的格局，大胆创新，规划出经济实用、美化开放的新社区。要注意拓展社区服务，进一步深化城乡管理体制改革，强化社区管理，理顺社区关系，完善社区功能，大力发展社区服务业[52]。广泛开展创建文明社区活动，要有效利用社区资源，合理配置资源和社区居民点，使生产性与非生产性建设之间在地域分布上协调组合，提高社会经济效果，保持良好的生态环境，促进宁南回族社区的开发与建设，努力实现宁南山区社会经济的快速发展。

（2）社区规划应体现的基本特性。

民族性。宁南山区是我国回族人口最为集中的居住区之一，社区规划必须尊重民族习惯，体现民族特色，利于民族地区的发展。社区发展中应注重逐步建立穆斯林风情生活区，以吸引各地的游客来参观访问。独特的社区文化资源如果能与产品结合起来，就能做到产品更优、更特、更地道，就能有力地促进宁南山区的经济社会发展。

战略性。宁南山区回族社区规划要对该地区社区经济建设的战略布局作出重要决策。基本建设布局的合理与否，将对该地区的民族社会经济发展产生重大而深远的影响。因此，规划的制订必须认真梳理、提炼区域内已有的社区发展规划，重点关注不同的规划方案在实际应用中的表现。要突出对区域内社区现实发展水平、社区发展经济投入能力、社区发展的居民需求、社区发展的制约因素等进行全面评估。

地域性。宁南山区回族社区规划不能只停留在远景的发展方向上，更重要的是要把各项生产和建设落实到具体地域，要根据不同的地域结构和地貌、地质气候、水文等不同的地理条件，因地制宜地进行规划。

综合性。宁南山区回族区域规划不是规划单项建设布局，而是要规划各项生产性和非生产性建设在地域上的总体布局。由于涉及的问题很复杂，需要地理、建筑、工

程技术、社会科学等多学科的相互配合，工业、农业、水利、能源、交通、城建、旅游、商业、文教等各专业部门的规划人员共同参加。在社区规划工作过程的各阶段都必须把地域综合研究方法贯彻始终。首先需要对区域的资源条件和开发利用现状与存在的问题，以及对今后发展的各种计划和规划设想进行综合调查与考察。然后对所取得的资料进行综合分析和评价，弄清要由规划解决的主要问题以及在各种因素之间错综复杂的相互制约关系。在此基础上提出各种可供比较的规划布局方案，进行定性与定量相结合的综合论证。

（3）社区规划的模型。

城市型。在经济结构方面，城市社区工商业发达，生产的科技水平较高，第三产业在经济中所占的比例较大；从社会和人口因素看，城市社区具有有效的社会控制系统，各级学校和教育机构比较集中，居民成分复杂，但整体素质较高；从文化特征看，城市社区表现为一种开放的、面向未来的开拓创新精神。固原市市区和宁南山区各县（区）的城关镇是宁南山区政治、经济、文化较为现代化的地区，也是该地区的城市型社区。

乡镇型。宁南山区乡镇回族社区的经济结构具有多样性，体现为农工商一体化，第三产业和乡镇企业在经济结构中占有重要地位，但其生产的科技含量大大低于城市社区：乡镇回族社区具有较强的社区控制系统，教育资源丰富，居民成分特别复杂，相当一部分农民进城经商、务工，居民整体素质高于乡村社区；在文化方面，乡镇回族社区表现为适应性强、功利意识浓厚的倾向。由于居民成分复杂，社区成员的价值观具有浓厚的功利色彩，并且社区数量远远多于城市社区，乡镇回族社区的建设在难度方面远远大于城市回族社区。近年来，随着宁南山区小城镇建设进程的加快，这类社区的建设将成为该地区社会建设的一个关键部分。

乡村型。宁南山区现有的经济发展水平，决定了乡村回族社区大多是发展比较缓慢和比较落后的地区。从经济结构来看，乡村产业大多比较单一，以农业为主，工业和第三产业薄弱，农业生产的科技含量低，具有强烈的自给自足倾向；从社会和人口因素看，社会结构较为松散，教育发展水平很低，居民成分单一，整体素质较低；从文化特征看，乡村回族社区表现为一种相对封闭的文化倾向，社区特有的民族宗教或道德伦理准则，在控制社区成员行为上起着重要的作用。

3.6.2　社区实施原则、建设目标和应注意的问题

（1）社区规划实施的原则。

宁南山区回族社区规划要在全面分析评价区域资源与建设条件的基础上，进行经济发展的预测，使社区内经济建设的发展和布局与客观的条件相适应，扬长避短，充分发挥地区优势；要对城市社区和乡镇社区内的工业建设进行合理布局，包括对新建

企业的选址定点，老企业的调整，新老企业的协作配套，以及处理好工业布点集中与分散的矛盾；合理安排社区内农林牧副渔各项生产用地及宗教活动场所用地，妥善解决工农业之间各项建设用地的矛盾；把社区规划作为加速城镇化进程的重要契机，合理规划新建城镇的性质、规模和空间格局，组织好乡镇回族社区的合理分工与联系，使交通运输动力供应、给水与排水、生活服务等各项基础设施的布局同工农业生产和居民点的布局相互配合，并解决好水资源的综合开发利用和合理分配问题。社区规划要注意环境保护和治理，防止对水源地、居民点与风景游览区的污染，对有意义的自然风景区、民族宗教活动场所和历史文物古迹要严加保护，采取有力措施，使其向良性方向发展。

宁南山区回族社区规划的制定要以人为本，服务居民。要把心系群众、服务群众、造福居民作为宁南山区回族社区建设的出发点和落脚点，不断满足社区成员日益增长的物质文化需求，努力提高社区居民的生活质量和文明程度。要扩大民主，推进社区民主政治建设，在社区内实行民主选举、民主决策、民主管理、民主监督，逐步实现社区居民自我教育、自我管理、自我服务、自我监督。要充分调动社区内政治组织、行政组织、企事业单位、中介组织、居民群众等一切社会力量参与社区建设，最大限度实现社区资源有效利用和优势互补，形成共驻社区、共建社区、共享资源、共谋发展、共保平安、共建文明的良好氛围。要责权统一，管理有序，建立健全社区组织，理顺社区关系，明确社区组织的职责和权利，强化社区功能，改进社区的管理与服务，逐步形成条块结合，以块为主的社区管理体制，寓管理于服务之中，建立与社会主义市场经济体制相适应的社区管理体制和运行机制。要勇于探索，不断创新，坚持因地制宜、循序渐进、积极探索、勇于创新的精神，一切从实际出发，突出社区特色，在实践中不断丰富和完善队伍专业化、服务系列化、建设特色化、指导科学化的宁南山区少数民族社区建设模式，全面推进社区建设向高水平、高档次发展。要认真贯彻党的民族宗教政策，围绕中心，服务大局，紧系促进发展、维护稳定的要求，配合当地中心任务开展工作，把广大居民的智慧和力量凝聚到推进社会经济发展这一主体工作上来，有计划、有步骤地实现宁南山区回族社区建设的发展目标。

（2）社区建设的目标。

宁南山区八县总面积3.43万平方千米，共有102个乡镇，平均每336.3平方千米只有一个乡镇，截至2011年底共有1379个居（村）委会，除了55个居委会多分布在八县的县城，比较集中外[55]，其余的1324个村委会大多分布于偏僻的山间盆地，在这些村委会中，有60%～70%为回民住宅区，各个回族社区的特点是相距远而分散，建筑简陋而陈旧。针对宁南山区回族社区地域布局严重分散，空间结构封闭且不合理，内部建筑陈旧而破损，社区组织与功能极不完善的局面，未来社区建设的目标是：①依据因地制宜，适当集中，合理布局的原则，多方筹措资金，分批落实新社区的构建和旧社区的改造以及大量的基础建设和搬迁任务，使宁南山区回族社区的空间格局有一个量和质的双重巨变。②按照完善设施、强化功能、丰富内涵、创新工作，建设文明社区的思路，适应城乡现代化的要求，全面加强社区党的组织和社区居（村）民自治组织建设，建立起以地域性为特征，以认同感为纽带的新型社区，努力构建新的回族社区组织体系。③以提高社区居民生活质量为目标，不断丰富社区建设内容，增加服务项目，促进社区服务网络化和产业化，不断满足人民群众日益增长的物质文化需求。④理顺社区内部各种关系，完善社区功能，加强社区管理，深化管理体制改革，创新工作机制，建立与社会主义市场经济相适应的社区管理体制和运行机制。⑤坚持政府指导与社会共同参与相结合，充分调动宗教界人士和各种社区力量，整合社区资源，美化社区环境，不断提高居民的素质和整个社区的文明程度，努力建设管理有序、服务完善、治安良好、生活便利、人际关系和谐的新型宁南山区回族社区。

（3）社区规划中应注意的几个问题。

1）社区规划的制订要从发现宁南山区社区建设中已有的问题入手。虽然社区规划都是跨部门的社区开发与建设的综合规划，但宁南山区是一个回族人口占总人口一半、回汉杂居的地区，各地的情况又不尽相同，在不同类型的社区所要解决的主要矛盾不尽相同，因此社区发展要从发现社区问题入手，针对社区居民共同感受的问题进行系统交流讨论。通过建立具有代表性的工作组织，加强社区内部的沟通，了解各团体和阶层的文化背景，利用社区感情推动社区工作，充分动员和利用社区内部的经济、社会资源，谋求社区发展与整合。

2）社区规划界线的划分要合理。宁南山区回族社区规划的界线不能照搬现有行政区的界线，特别是城镇社区，其边界就不应仅限于城镇内部，还应包括与这个城镇有着内在政治、经济、文化联系的许多农村社区[98]。从宁南山区目前经济发展的现状来看，只有从大社区界线出发制订规划，才会产生带动整个区域的社会发展。

3）社区规划的编制流程要有足够的透明度。必须对社区财政收支状况进行梳理和预测，认真盘点资源家底，盘点拟实施的社区项目和需要的投入：要以小区为单位，发动居民对拟实施项目进行评判，并体现出自己的愿望。对拟实施项目和居民的建议进行梳理，重点在估算资源缺口上，提出封闭缺口的各种措施，在此基础上提出回族社区单位的建设计划。

4）要注意把社区的综合规划贯穿始终。必须重视宁南山区回族社区的经济、文化、科技、生态与社会的协调发展。要做到这一点，社区规划对现有的管理、利益格局就最好不要做大的调整。因为现行的社区管理格局，已经过一个较长时期的政策磨合期，制度创新所产生的政策效应正逐渐地释放出来。在许多方面，社区的管理模式非常强烈地受整个区域管理格局的牵制，在这个意义上，发展规划不应对现有管理格局做大的变动。从宁南山区社会经济发展的实际出发，社区规划不应追求“大手笔”，也就是说，社区规划的实施要实质性地推动社区建设，不能一味偏重景观设计和各项“文明指标”，以致有些“规划”只是起到烘托的作用，而是要尽可能使社区最基本的方面在发展规划中要得到充分的满足。

3.6.3 社区建设的基本任务和主要内容

（1）完善社区管理体制，抓好基层组织建设。

1）健全社区党组织建设。宁南山区回族社区是党联系群众的最直接的社会单元，是党在基层执政的基础，是增进民族团结，维护社会稳定的基础。因此，建立健全宁南山区回族社区党的组织，开展党的工作，建立起以社区党组织为核心、辖区党员为主体、驻区单位党组织共同参与，资源共享、优势互补、党群共建，形成合力的区域性党的建设和管理新机制尤为重要。因此，只有切实加强基层党组织建设，才能带领广大党员队伍充分发挥其模范带头作用，才能把党的社区建设工作落实到群众中去，建设出具有时代特征的社会主义的新型社区。为此，宁南山区社区的党组织建设要从消除空白点、抓好落脚点、找准切入点、寻找结合点和解决薄弱点等五个方面进行探索和实践。具体操作上，将社区内的在职党员全部编入“在职党员联系册”，定期组织活动。逐步形成以社区党组织为基础、社区全体党员为主体、社区各类党组织共同参与的社区党建工作格局。要充分发挥社区党组织在社区建设工作中的领导核心作用，切实抓好社区党组织的领导班子建设和党员队伍建设。特别要注意加强社区内各类新经济组织、新社会组织的党组织建设，对条件成熟的及时成立党支部。社区党组织要加强自身建设，发挥党员在社区建设中的先锋模范作用，支持和保证社区居（村）民委员会依法自治，履行职责，保证党的路线、方针、政策在社区贯彻落实。

2）加强社区居（村）民委员会建设。社区居（村）民委员会的根本性质是党领导下的社区居（村）民自我管理、自我教育、自我服务、自我监督的群众性自治组织。要依据《居委会组织法》引导和组织社区群众通过民主选举、民主决策、民主管理、民主监督，逐步实现基层社区管理由行政管理向居民自治管理转变，充分发挥社区居（村）委会办理公共事务、发展公益事业的社会职能，搞好社区的管理和服务。把社区居（村）委会建设成组织健全、职责明确，制度完善、功能齐全，在社区中为群众谋利益，办实事，保稳定的有威信、有凝聚力的基层群众性自治组织，促进社区全面发展。社区建设需要大批专业的社区工作者，要采取向社会公开招聘、民主选举、竞争上岗等办法，选聘社区干部，建设一支专业化、高素质的社区工作者队伍。特别要注意从机关分流干部、大专院校毕业生、转业军人、下岗职工中选拔政治素质好、工作能力强、热爱社区工作的优秀回族人才，经过法定程序充实到社区干部队伍中去。要加大社区回族干部培训力度，搞好社区干部基础知识学习和微机操作的培训，并实现教育培训制度化、系统化、规范化和管理网络化。

3）加强社区群团组织建设。工会、共青团、妇联组织是宁南山区回族社区建设的重要力量。各群团组织要围绕党在社区的中心工作，不断探索新时期社区群团工作的新途径，切实发挥党联系群众的桥梁和纽带作用。建立和完善工会组织，确保90%以上的下岗、失业人员加入工会。建立和完善共青团组织机构，形成覆盖社区的青年组织网络。建立和完善适应社区建设的各类妇女组织，努力培育自尊、自爱、自立、自强的回族妇女典型，推进社区回族妇女工作的开展。

（2）大力拓展社区服务，提升服务水平。

1）完善社区服务设施建设。充实完善养老院、家政服务中心和求助热线的功能，增加服务内容，形成老年服务、家政服务、婚育服务、医疗保健和法律咨询等五大服务系列。推进信息网络建设和服务，为社区建设高档次的服务平台，将服务中心建成功能齐全、设施配套、信息畅通、具有示范和辐射作用的指导中心。

2）推进回族社区服务向产业化、社会化发展。社区服务的产业化，要突出重点人群，开展面向老年人、儿童、残疾人、社会贫困户、优抚对象的社会救助和福利服务，面向社区居民的便民利民服务，面向社区单位的社会化服务，面向下岗职工再就业和社会保障服务。按照市场化、实体化、产业化方向，积极培育社区中介组织和服务实体，组建一批富有特色的服务公司，使其承担社区公益性、福利性工作。要适应信息化的要求，积极发展社区服务信息网络建设。通过增强社区综合服务功能，逐步建立服务门类和设施齐全，服务质量和管理水平较高的社会福利服务、便民利民网络服务和社会化服务体系。加大社区服务的政策扶持力度，出台有利于社区服务发展的优惠政策，为社区服务产业化发展提供政策保障。实行社区服务认证制度和年检制度，建立社区服务定期统计报表制度体系。

3）建立多元化社区服务业投入机制。地方财政要随着经济发展，增加对社区服务和老龄事业资金的投入，对核定为社区福利事业的社区服务站等社区服务单位，在开办期间相关部门应给予适当补助和支持。建立社区服务发展基金，实行有偿使用，流动增值。鼓励国有企事业单位、集体经济、民办企业及个人，以资金、房产、设备、技术、信息、劳务等形式投入社区服务业。

4）积极开展社区志愿者服务活动。要健全社区服务志愿者协会，并加强对他们的引导。社区要将工作重点放在建设队伍、开展活动和搞好服务上来，每个社区需要建立专职社区服务队伍和社会化的志愿者服务队伍。社区登记注册志愿者人数要达到社区居民人数的50%以上，并做到活动经常化、服务多样化、管理规范化，使之成为创建文明社区活动的骨干力量。各职能部门，群团组织要结合各自特点，建立有行业特色的志愿者组织队伍。

（3）进一步完善社会保障体系，加大保障力度。

1）要全面落实“四位一体”的最低生活保障制度。城市社区要充分发挥街道社会保障服务中心和社区求助站作用，切实做好低保申请、评议、审批、发放工作，做到保障有力，工作到位，形成以社区组织为依托，覆盖面广，统一、规范和完善的社会救助工作体系，做到应保尽保。抓好保障金由银行统一发放的有关管理工作和保障对象参加社区公益性劳动的普及工作。农村社区应建全弱势群体的免税、救助制度，由县、乡民政部门和村、社区领导逐户排查，落实到人。要多方筹措资金和接收社会各界捐赠，建立社会保障基金，逐步在农村推行最低生活保障制度。

2）积极推进福利社会化进程。建立政府宏观管理，社会力量主办，福利机构自主经营的社会福利工作管理体制，建成以政府兴办的社会福利机构为示范，其他多种所有制形式的社会福利机构为骨干，居家供养为基础的社会福利服务网络。加大老年福利保障的力度。要根据人口出生率下降的实际，力争使幼儿园向社区养老、托老方向拓展，把幼儿园办成托幼和养老为一体的综合性福利服务设施。

3）广泛开展“送温暖，献爱心”等社区互助活动。扎扎实实地为回族社区贫困群众办好事、办实事，使社区内的各类特困人员都能得到帮扶。建立社区残疾人康复体系，广泛开展以社区和家庭为重点的残疾人康复训练活动。逐步建成以“爱心工程”为主的扶贫帮困爱心助学网络，增强社区凝聚力。

4）大力推进社区再就业工程。以发展回族社区服务业作为安置主渠道，以安置特困下岗职工为重点，拓宽就业渠道，搞好就业安置和帮扶工作。社区要加大开展“无待业社区”活动的力度，成立社区劳动就业中心，收集用工信息，进行职业介绍，搞好转业转岗培训，组织建立劳动就业互助组织安置城镇社区下岗职工就业和做好农村社区剩余劳动转移。

（4）优化社区环境，全面提高居住质量。

精心管理和塑造宁南山区回族社区整洁优美的居住环境，加大环境整治力度，实施环境达标工程，动员社区成员积极参与社区绿化和环境卫生服务与管理，确保社区整洁、环境优美。宁南山区是回族聚居地，又是丝绸之路北线，要借题发挥，凸现这两个特色。西部大开发为旅游业发展提供了广阔的前景，宁南山区是退耕还林（草）生态建设的主战场，今后发展旅游业应以退耕还林（草）为基础，以生态旅游为切入点，因地制宜，有意识地大搞风景林、风景植被、自然风光旅游建设。要把回族社区绿化、美化纳入到“回乡风情游”的统一规划之中，争取经过若干年的生态治理和生态重建，使人们踏入回族社区时既有绿色植被的覆盖，又有浓郁的回乡特色。

（5）发展社区文化，丰富居民精神生活。

宁南山区回族社区文化工作的重点：一是立足于帮助回族社区群众摆脱“文化饥饿”和“技术贫困”状态，促进社区经济结构的调整和经济水平的显著提高。乡村社区可借助乡政府、村委会、农村科技站、普通中小学、职业中学等方面的力量，以开展初等教育、扫盲教育和农业科技教育等职业技术教育为主要方向，教育和学习内容应体现科技性和实用性。由于宁南山区乡村社区社会结构相当松散，社区成员制度化的教育和学习很难组织，所以初期应主要依靠教育的功利价值激发社区成员接受教育的积极性。二是在发展经济的基础上，利用多种特色化社区文化建设的方式，如建立文明的社规民约、评选文明户等等，重塑和完善社区的文化传统。三是加强社区文化活动室的建设，达到每个社区都有自己的活动归宿，乡镇以上的回族社区必须要建一处供社区群众开展文化娱乐、体育健身的广场。四是不断挖掘和弘扬回族文化的品牌建设。要组织回乡群众利用业余时间积极投身到读书、看报、听科技讲座，以及社火、彩船、球类等文化体育活动之中，同时不断挖掘回族歌舞，如：花儿、口弦、曲子戏、踏脚等民俗品牌文化，使之不断发扬光大，以全面推动宁南山区民族文化、民俗文化、旅游文化，及家庭文化的健康发展。

（6）落实社区计划生育，完善服务网络。

1）严格控制人口总量。宁南山区是一个人口超负荷区，因此，要以控制人口数量，提高人口质量为目标，通过政策引导，法律约束，行政制约和宣传教育等手段进行综合治理，实现人口与经济社会与资源环境的协调发展。进一步加大社区计划生育宣传工作力度，使每个社区的计划生育知晓率、参与率达到90%以上，计划生育率达到100%。

2）做好以技术服务为重点的计划生育优质服务工作。宁南山区山大沟深，社区分散，加强社区计划生育工作尤为重要。要加大计划生育现代化技术设施建设和医务人员的培训，要做到节育、绝育手术成功率大，信誉度高。同时要拓宽服务内容，定期登门宣传咨询，服务到家，力争在社区之内杜绝超生现象。

（7）抓好社区治安，维护社会稳定。

要健全社区治安防范体系，完善社区治安综合治理网络。全面推行社区警务工作，实施警民联防，群防群治。搞好“四五”普法宣传工作，引导社区成员增强法律意识，主动维护秩序，自觉遵纪守法。加强防火、防盗、防自然灾害、防破坏的“四防”宣传教育。落实各项防范和管理措施，切实保障社区居民的人身和财产安全，扫除“黄、赌、毒”等社会丑恶现象。发动群众开展创建无刑事案件、无治安案件、无重大灾害事故的“三无”治安模范小区活动，保持社区秩序井然。在城镇社区，要以司法所为依托，在街道建立两劳释放人员安置帮教工作站，建立社区社会矛盾调解中心和帮教工作小组，预防和减少重新犯罪，通过健全组织和社区工作人员的努力，力争使民事调解率达到100%，释放人员帮教率达到100%。要抓好矛盾纠纷的排查调处工作。建立社区法律援助中心，使提供法律的援助率达到100%，力争把社会不安定因素化解在社区之中。

（8）建立新型社区医疗卫生服务体系。

宁南山区由于自然环境和经济社会相对落后等多种原因，属于疾病多发区，更需要发挥市场机制对卫生资源的优化配置作用，加快发展社区医疗卫生服务，构筑以社区卫生服务网络为重点的卫生服务体系，下大力气建立和完善社区卫生服务中心和社区卫生服务站的配套设施。建成以社区卫生服务中心为整体框架，覆盖所有社区的社区卫生服务网络。要积极搞好以社区医疗、康复、保健、预防、健康教育和计划生育为主要内容的社区卫生服务。动员县、乡各级卫生机构和志愿者进驻社区，为居民进行健康检查和常见病治疗，普及医疗卫生知识，为残疾人、多病家庭、困难家庭送医送药上门。社区卫生服务中心要根据不同人群、不同年龄，建立居民健康档案，开展慢性病的防治与管理，促进医疗服务向社区庭院和家庭延伸，为社区居民提供方便。深入开展群众性的爱国卫生运动，依据“全民参与，预防为主”的原则，清除卫生死角，开展除害灭病活动，提高社区居民的生活环境质量。

3.7 六盘山兵战影视城建设的优势分析与资源利用

六盘山因战略地位重要，从西周时期的戎、周之争到解放战争中的任山河之战，刀来枪去数千年。六盘山在历史上以兵战而著称，现在却以“贫甲天下”而闻名，在建设小康社会中，脱贫与返贫形成拉锯战。因此，充分利用六盘山的兵战文化资源，建设六盘山（萧关）兵战影视城，变“输血”扶贫为“造血”扶贫，可使宁夏文化产业乘势“走出去”，这对宣传宁夏、增加六盘山地区旅游收入和脱贫致富将产生积极影响。

3.7.1 六盘山自然景观及特征描述

六盘山古称陇山（甘肃简称陇，系由此山而名），又因山势高大多关隘为兵家必争之地，故称关山（萧关是其最重要的关隘）；也因关道六重始达山顶，得名六盘山。山体大致呈南北走向，北起宁夏中卫，南至陕西宝鸡，纵穿陕、甘、宁三省区，延伸240多千米；宽约10千米，折向西北接屈吴山；六盘山两侧是连绵不断的丘陵，一般海拔2000米，主峰米缸山2942米；六盘山由两列基本平行的山脉组成，西侧为大六盘，东侧为小六盘，中间是宽窄不等的河谷和盆地，两河谷间是南北交通大通道。六盘山主体在宁夏固原市（包括原州区、西吉县、隆德县、泾源县和彭阳县）境内，六盘山在地理上是陕北高原和陇西黄土高原的界山和渭河与泾河的分水岭。

六盘山雄伟陡峭，峰脊岩石裸露，巍峨险峻，高山深谷跌宕突兀，长峡迂回，溪流环绕，由于内外营力而迅速崛起，故多切割为悬崖峭壁，相对高度达500余米，这里原始地貌比较完整，原生态特征十分明显。飞瀑有声，落地成潭。山间泉、瀑、涧、溪、河、湖，各种水姿，竞相比美。山区森林茂盛，阔叶林、针叶林、针阔混交林高大挺拔；草甸植被覆盖度大，满山堆绿，层林尽染，云海苍茫，各种树木花草，竞相呈异。珍禽异兽出没林中，国家一级保护动物金钱豹，二级保护动物林麝、红腹锦鸡、勺鸡和金雕等各种飞禽走兽，出没林间溪边，多样的动物和昆虫资源中，不乏国家保护的珍贵稀有物种和六盘山特有的品种，使之成为干旱地带的“动物王国”。自然保护区内是国家森林公园国家4A级风景区。老龙潭、二龙河、鬼门关、凉殿峡、野荷谷、白云山六大景区的60多个景点，奇特的山中峡谷地貌，流泉瀑布和特有的植物资源在群峰环抱中显放异彩，构成了一块饱含着纯自然美的处女地；山光水色雄、奇、俊、秀，汇集了北国风光的雄浑险峻、江南水乡的灵秀靓丽、景色随季而新，各有独特意境。六盘山国家森林公园是西北地区重要的水源涵养林基地和自治区风景名胜区，总面积6.78万公顷，横跨宁夏泾源、原州、隆德三县（区），森林覆盖率达70%以上，生物资源丰富多样，形成了一座巨大“基因库”。繁茂的森林、良好的植被和生物多样性使六盘山国家森林公园成为休闲旅游、消夏避暑、森林探险、科考科普的理想场所。显著的水资源涵养效益和湿润的气候使之成为西北干旱地区的生态“绿岛”和“湿岛”而惠及泾河、渭河流域的甘、陕两省。独特的自然风光，良好的植被，葱郁的森林，被誉为黄土高原上的绿色明珠。六盘山曾以毛泽东气壮山河的诗篇《清平乐·六盘山》而驰名中外。由于地处南来北往、东进西出的交通要道，古代北方游牧民族南下掠夺，西部戎狄东下侵袭，都必经此道。因关隘众多，易守难攻，深谷长峡，易藏雄兵，故为兵家必争之地。六盘山丰富多彩的地形地貌和众多的自然景观，是最为理想的天然景观拍摄地。

3.7.2　历代军事要塞的地理位置

六盘山山路险窄，跋涉恒艰，由于山顶历史上曾建有六盘关寨，被古人在诗中形容为“峰高太华三千丈，险居秦关百二重”的难以逾越的天然屏障。自西周时戎周之争到红军长征过六盘山和解放战争中的任山河之战，因其战略地位的重要性，这里“血飞火烧”了数千年。

（1）地处祖国交通枢纽的地理位置。

六盘山主峰地处祖国大陆几何中心，又因高大雄险易守难攻，就成了屯兵重镇。我国古代通往罗马的丝绸之路经过萧关；现代交通东起上海西至伊宁的312国道、欧亚大陆桥、银（川）福（州）高速公路、银（川）平（凉）公路、中（卫）宝（鸡）铁路、从河套到四川及湖广都要经萧关，这都是由它的地理位置决定的。

（2）关中北大门和天然屏障。

由于六盘山特殊的地理位置和地形地貌，使它成为关中平原的天然屏障。赫赫有名的萧关位于关中西北，为“长安咽喉，西凉襟带”。秦国灭戎后，为防戎族残余势力和胡人南侵，就在萧关之外筑长城，这就是今天固原的战国秦长城。萧关东通平凉、咸阳，西通兰州、青海，南控天水、宝鸡，北扼固原、银川，故守一关控四境。

（3）萧关，血飞火烧数千年。

早在2000多年前，血与火就开始在这里燃烧，成了关内关外注目的焦点。当时北方游牧民族垂涎关中富遮，不时南下抢掠，迫使周和秦汉在萧关屯兵把守。汉文帝十四年（公元前166年），匈奴14万铁骑入萧关杀都尉，一把大火烧了回中宫。14万铁骑冲进关中疯狂抢掠。从此，汉朝又进一步加强了萧关的防守。武帝元朔二年（公元前127），汉朝拓疆河套，解决了匈奴对长安直接威胁，并重新修缮秦时所筑关塞。魏晋时，关中多事，六盘山被不断割据。唐朝和吐蕃为了争夺六盘山，反复激战“原州七关”，六盘山两次沦为蕃地，给唐朝造成巨大压力。唐神龙元年（公元705年）废弃他楼县又置萧关县。宋夏金时期，宋夏三大战就有两大战在六盘山。作为军事家的成吉思汗正是看中六盘山这一军事要地，苦心经营，直到病死不离六盘山，他的子孙仍以六盘山为军事基地最终成就大业。明朝为防御鞑靼进犯，强化萧关道防守，设三边总制于固原，为陕西三边重镇的军事总指挥。固原遂成为“据八郡之肩背，绾三镇之要膂”的雄关重镇。伟人毛泽东率领红军长征翻越最后一座大山险关——六盘山，留下不朽诗篇《清平乐·六盘山》。翻越六盘后，在萧关痛歼国民党两个骑兵营。1949年7月，我西北野战军，在陕西扶、眉战役中全歼胡宗南65军、38军、90军、119军五万余人，宁、青二马沿西兰公路撤止六盘山，在萧关一带，构筑防御体系，布下重兵，与我军决战。但我军采取敌后迂回侧面夹击正面猛攻的战术，于是就有8月1日血战任山河的惨烈战斗。宁、青二马为什么不顾血本决战萧关？我军为什么不惜代价血战萧关？这都是它的战略地位决定的。

3.7.3 建立六盘山兵战影视城的优势分析

（1）国家政策有助于发展影视产业。

2008年9月国务院专门就进一步促进宁夏经济社会发展提出的若干意见，其中有很多倾斜政策；在这前后，《中共中央、国务院关于深化文化体制改革的若干意见》、《国务院办公厅关于印发文化体制改革中经营性文化事业单位转制为企业和支持文化企业发展两个规定的通知》等文件精神都是中央对大力发展文化产业的政策支持；同时，自治区党委、人民政府也先后制订并下发了《关于进一步深化文化体制改革的意见》、《关于推动文化大发展大繁荣的意见》和《关于加快文化产业发展的若干政策意见》。从中央到地方，为宁夏大力发展文化产业，提供了强有力的政策保障。宁夏作为西部少数民族地区，有国家西部大开发对西部的政策倾斜和对少数民族的政策倾斜；同时，六盘山位居西海固，还有国家对“三西”地区的特别扶贫政策，这些政策都十分有利于对六盘山（萧关）兵战资源的充分开发和利用。

（2）自然美景与人文景观相结合满足了影视拍摄需要。

峻峭的地貌形态，巨大的山体落差，造就了六盘山具有众多的关隘险要；漫漫长峡曲折迂回，哗哗溪流喷烟吐雾，形成了独特美景。在六盘山区除了众多的天然水姿外，还分布着几十座中、小型水库。高山湖泊和草甸如梦如幻，山间盆地和农田点缀其间，六盘云海惹人醉，仙山琼宇红霞飞。位于泾源县西峡的“荷花苑”晶莹滴翠十里飘香；老龙潭怪石嶙峋飞瀑凌空，水面碧波如镜，魏征梦斩老龙奇异浪漫；二龙河水秀山碧，奇峰似锦激流堆雪，丰沛的水资源有“塞北小九寨”之美称；静谧幽深的鬼门关碧潭清泉飞瀑、林荫叠覆、峰合无路、谷风习习，令人毛骨悚然，却叫人心驰神往。相传是魏征与老龙打赌的地方，门型巨石立于峡谷，是探险的绝佳境地；济公活佛修行过的延龄寺，更具传奇色彩；凉殿峡清净凉爽是著名的避暑胜地。位于六盘山西麓的隆德城，古为兵城，现为全国水平梯田和文化先进县，层层梯田如画板，书法、绘画、剪纸、泥塑样样精湛。因六盘山脉与东南湿润气流垂直，有利于水分截留，六盘山在隆德形成了典型的一山四季美景。西吉县境内的火石寨，丹霞地貌独具特色，方圆百里分布着大小兀立的红色山峦，既似拔地腾起的蘑菇云，又如熊熊燃烧的烈焰。海原大地震天崩地裂山体横移，形成40多处堰塞湖，生出只有西吉堰塞湖才有的五彩鲫鱼，移到别处又失去色彩的世界奇迹。人文景观丰富独特，战国时期秦国在六盘山间修筑的古老长城，众多的古城墙，残缺的烽燧台，战国时期的点“将台”至今犹存，将台堡内的红军长征会师纪念碑，六盘山顶的红军长征纪念碑，是厚重的兵战见证。这里古代石窟现存20余处，是我国石窟艺术中的奇葩。具有民族风格的固原博物馆飞檐斗拱，馆内陈列了几千年的中外历史。六盘山区地处黄土高原腹地，是全国有名的集中连片贫困地区，众多的农村人口可为兵战群众演员提供保障。六盘山外围的各市县因受雨水冲刷切割已形成了沟壑纵横的独特地貌，原州北部又与沙漠荒滩相连。六盘山，兵战史迹与人文景观并存，秀丽与荒凉兼备，实为布景设局的绝佳境地。

（3）厚重的文化底蕴成为支撑影视基地的基础。

在彭阳县城附近的岭儿村，发现了数万年的人类文化遗址。经中科院、联合国教科文古人类学研究专家综合考察后，确定4处旧石器遗址，距今3.2万~2.7万年，和水洞沟遗址同期。将六盘山区人类活动前推2万年，对周边人类演化研究具有极高价值。春秋战国时期清水河畔戎族，创造了这一地区的古代文明。境内最早的行政建置是秦惠王时的乌氏县（今固原瓦亭一带），朝那县（今彭阳古城）。六盘山横亘南北，特殊的地理位置与格局，决定了这里成为中原农耕文化、北方草原文化及西域中亚文化的相互交融点，是一个多民族生存、融合和活动的舞台，是一个多元文化生成、繁荣和传播的驿站。

公元前220年，秦始皇统一中国后北出巡边，考察了乌氏县、朝那县，祭祀了名山六盘山，下令在战国秦长城的基础上进一步修筑秦长城，以固边防。撼天动地的孟姜女千里寻夫哭倒长城，就在彭阳县孟塬乡的长城下。

汉武帝元鼎三年，为加强对北方少数民族防御，设置安定郡共辖周围 21 县，成为中原在北部边地的重镇。汉武帝刘彻曾 6 次行巡固原，元鼎五年（前 112 年），第一次出巡安定郡，著名的史学家司马迁随行。

魏晋南北朝时期，固原已成为西北乃至中亚民族融入中原的历史舞台，特别是西亚和中亚文化沿丝绸之路在固原留下了令人震惊的文化遗产。中国十大石窟之一的须弥山石窟就是从北魏时代开始凿造的。

唐代原州已发展成为全国最大的军马养殖中心和西北牧业管理中心。唐太宗李世民、唐肃宗李亨先后到原州巡查牧马业。著名的丝绸之路经过六盘山萧关，战争时为重兵把守的关隘，和平时又为商业通道。

汉唐多次和亲，有的出关嫁匈奴，有的出关适回纥，都经六盘山。蔡文姬从胡归汉，满腹哀怨，凄凄惨惨过萧关，佳人泪、千古叹，一步一吟《十八拍》。班彪北游萧关，登上瓦亭烽燧台，挥笔写下千古绝唱《北征赋》，抒发了对和平安定生活的渴望。

翻开史书，“陇山”“萧关”频频出现，起源于盛唐时期的我国文学奇葩——唐诗，其中的边塞诗句更是把“陇山”“萧关”作为描写咏颂对象。“大漠孤烟直，长河落日圆；萧关逢候骑，都护在燕然”（王维）；“凉秋八月萧关道，北风吹断天山草”（岑参）；“今来部曲尽，白首过萧关”（卢纶）；“萧关陇水入官军，青海黄河卷塞云”（杜甫）；“出得北萧关，儒衣不称身”（张王比）……当时，唐朝的疆域虽已远及天山，但在诗人眼里，几乎都把箫关作为内地与外地分界的一种地域象征。

始于汉兴于唐的“丝绸之路”，架起了中西经济文化的桥梁。萧关道上使节、僧侣、商贾往来不断；一条充满传奇色彩的道路和关口，不仅是政治家、军事家和商人活动的舞台，也是产生诗旅文化的温床。

（4）巨大的发展空间成为建设六盘山兵战影视城的有利条件。

全国有名的影视城有 20 个，东南就有 15 个，占 75%，而东北和广大的中西部地区（包括在建）仅占 10% 和 15%。东南沿海经济发达，区位优势明显，但文化和经济并没有必然联系，中西部地区经济相对落后但文化底蕴深厚。宁夏是西部经济欠发达省区，但几千年的历史文化沉淀和近年来的“西海固文学”不断走向全国现象，使我们看到了六盘山文化的源远流长和经久不衰历史现实。从影视城的布局上来看，中西部明显偏少，尤其在西部建设影视拍摄基地，将会使我国的影视城布局更趋合理（参见表 3–6）。

表 3-6　我国影视城分布状况

序号	名称及简介	影视城特点	投资和门票
1	吉林长影世纪城。2006 年中国十大影视城之一	以影视节目为载体，揭开电影制作的神秘面纱，让观众享受高品位的电影艺术和中华民族文化	票价 240 元/张[73]
2	浙江·横店影视城，被誉为中国好莱坞。2006 年中国十大影视城。4A 级旅游区	影视拍摄、旅游、饭店、制景、装修等，“影视为表、旅游为里，文化为魂”。为超大型影视旅游主题公园和中国娱乐休闲之都	30 亿 统票 410 元/张[3]
3	上海松江车墩影视乐园。2006 年中国十大影视城	集影视拍摄、旅游观光和文化传播为一体。共有四个电影棚和两个电视棚，为亚洲最大的室内组合摄影棚	50 元/张[33]
4	广东中山影视城。2006 年中国十大影视城。浓缩了孙中山在中国和世界各地的革命活动	分中国、日本、英国、美国景区和展览区。集中反映了孙中山先生领导的中国民族、民主革命进程，是既有革命纪念意义又有历史文化品位的多功能综合文化旅游城	50 元/张[75]
5	宁夏镇北堡影视城。成立于 1993 年，张贤亮为董事长。2006 年中国十大影视城	古堡的地貌和影城内部场景代表了旧中国西北地区的乡镇风情。是中国西部题材和古代题材的最佳影视外景拍摄基地	60 元/张[31]
6	江苏吴江·同里影视城。2006 年中国十大影城	整个同里古镇就是一个天然摄影棚，完整的明清建筑，幽静的青石板街，摄影基地就是古镇本身	
7	浙江象山影视城。2006 年“中国十大影视基地”	象山影视城诠释着宋代古建筑艺术，集影视文化与旅游休闲于一体，为全国单体建筑最大的影视城	投资 1.2 亿 60 元/张[65]
8	北京大兴北普陀影视城，2006 年中国十大影视城	集影视拍摄、影视进修、会议接待和旅游休闲为一体的多功能大型影视文化城	
9	河南焦作影视城，2006 年中国十大影视城，可满足各类题材影视片的拍摄需要	以春秋战国、秦汉、三国时期文化为背景的仿古建筑，依山而建、气势磅礴、造型古朴。以影视拍摄为主，兼具观光旅游、文化娱乐、休闲度假等功能。还是各级政府对外接待和宣传城市形象重要窗口	焦作市政府投资 2.3 亿 30 元/张[47]
10	河北涿州影视城（央视拍摄基地），建于 1990 年，2006 年中国十大影视城	为影视拍摄提供场景和制作服务，对剧组除可提供内景、外景服务外，还可提供服装、化妆、道具的租赁、制作，吃、住、行等一系列服务	35 元/张[11]
11	广东佛山·南海影视城（央视直属拍摄基地）。1996 年开业	影视拍摄、观光旅游、表演。在繁华的“苏州街”“杭州街”“秦淮楼”“松月楼”，汇集了各类精巧旅游工艺品和精美饮食餐点	60 元/张[27]

续表

序号	名称及简介	影视城特点	投资和门票
12	江苏太湖影视城（央视无锡外景拍摄基地）规划建6处景点：欧洲城、唐城、三国城、水浒城已建成。集影视拍摄、娱乐、游览于一体	欧洲城为欧式建筑博物馆，宙斯神坛，是古希腊人祀奉主神宙斯及其妻天后赫拉的地方。水下世界、凯旋门、音乐雕塑喷泉、古希腊露天剧场、法国庭园构成主风景轴。巴黎凯旋门是法国古典派的代表建筑，平顶罗马式，雕刻极为精细	90元/张[71]
13	山东·临沂国际影视城。2006年8月开业。打造"集中国旅游文化之精义，打造国际化观光与休闲的梦幻之城，快乐之都"	拟建"南国古城"影视拍摄基地，日本、巴黎、伦敦、民国街和文革村影视拍摄基地，浙江村生态大酒店以及中国影视村等景区及配套设施。整个景区分沂州城区、店铺街市区、府衙庙会区、沂水风情区、山村雨街区、山洪暴发区、水陆社戏区	一期浙商投资4亿 二期3.6亿招商中 60元/张[49]
14	辽宁关东影视城。赵本山兴建	集影视拍摄、旅游观光、文化教育、实体经营为一体，是一座展现20世纪初关东风貌的大型影视城	投资3亿 68元/张[84]
15	浙江仙都影视城。近年来，仙都被授予全国摄影基地和国际民俗摄影创作基地	素有"天然摄影棚"，是一处以峰岩奇绝、山水神秀为特色，融田园风光与人文史迹为一体，以观光、休闲、度假、科普为主的国家重点风景名胜区	
16	山东·威海影视城，影视城占地500亩	以影视拍摄服务为主，兼具文化娱乐、观光游览、休闲度假等功能	40元/张[60]
17	广东开平赤坎古镇影视城。有20世纪二三十年代旧广州、旧香港的韵味，被称之为"电影街"	移民欧洲和美洲等地的赤坎华侨，从国外带回建筑图纸，融开平建筑艺术建成了大批商铺式的楼房。虽经百年风雨，风韵不减。保存完好的600多座古老的骑楼而深得影视界人士青睐	1200万 20元/张
18	福建·同安影视城2004年开业，占地1000亩	以文化旅游、表演为主	35元/张[50]
19	江苏盐城盐都影视城（在建）	在影视拍摄，片场取景，自然风景等方面精心考量，餐饮、娱乐、休闲等设施也有相当高的规模	80亿元打造东方好莱坞
20	陕西中国西部影视城（在建）	现代影视主题公园，集影视拍摄、高科技术、观光旅游为一体的影视文化产业项目	37亿

（5）特色优势是宁夏文化产业走向全国的重要方面。

有了特色，就有了发展空间，建设六盘山（萧关）兵战影视城就是宁夏的"特色文化”。从目前全国的影视城来看，趋于雷同，仿古建筑多，名著建筑多，国外建筑多，都有大而全弊端，没有自己的特色。在众多的影视城中，没有一家偏重于军事兵战为主的影视城，无论古今中外，兵战在影视作品中都是不可缺少的重头戏，而六盘山从古至今兵战历史的战火已延续了数千年。数千年战事不断使六盘山闻名遐迩，因此，在六盘山（萧关）建设兵战影视城，是宁夏“特色文化”的具体体现。

3.7.4　建设六盘山兵战影视城的意义

对于六盘山（萧关）影视城的定位：以拍摄古、现代兵战影视服务为主，以观光旅游及六盘山景区的购物餐饮住宿娱乐服务为辅，为造福百姓，发展地方经济提供实体支持。

（1）对六盘山区农民增收和脱贫致富具有深远意义。

目前六盘山旅游区的收入不尽如人意，提高旅游区的文化品位，用拍摄影视的场景和全方位高质量的服务会吸引更多的游客，在增加票房收入的同时解决就业，造福百姓，发展地方经济。这符合党中央国务院对促进宁夏发展经济和扶持六盘山地区脱贫致富的意愿。六盘山地区是一个少数民族聚居区，党中央一贯重视发展少数民族地区经济。充分利用当地历史和文化资源，建设六盘山（萧关）兵战影视城，古为今用，盘活文化资源，让沉睡了几千年的六盘山（萧关）古代兵战文化资源为该地区现代化建设服务。因此，建设六盘山（萧关）兵战影视城对转移当地农村富余劳力以及对西海固地区增加农民收入，摆脱贫困具有重大现实意义和深远历史意义。

（2）自然景观和人文景观融为一体，将会产生巨大的经济和社会效益。

六盘山旅游区的景色虽然独特优美，但由于推介和宣传不够，服务餐饮住宿购物娱乐未能跟进，故客源较少。在萧关建设兵战影视城，不但能解决这些问题，还可提升现代旅游业层次，从而增加旅游客源。东南沿海影视城虽多，但无一座兵战色彩的影视城，六盘山旅游区的景色虽美，但养在深处人不知。建设六盘山（萧关）兵战影视城，对六盘山旅游区是锦上添花！而六盘山旅游区对于六盘山（萧关）兵战影视城是精美包装。优美风景和兵战影视城相得益彰，将会产生巨大的经济效益。

（3）得天独厚的资源优势和巨大的发展空间，有助于宁夏文化乘势走出去并宣传宁夏。

第一，大力发展文化产业，要有依托。六盘山地区经济虽欠发达，但有丰富的兵战文化资源。因此，建设六盘山（萧关）兵战影视城，是一种理性的思考。第二，美国的文化产业占 GDP 的 28%，日本占 20%，韩国占 15%，而中国的文化产业仅占 GDP 的 2.45%，宁夏的文化产业还不到 GDP 的 1%。因此，宁夏文化产业的发展空间巨大。第三，建设六盘山（萧关）兵战影视城，能提升宁夏在全国的知名度和影响力。山不在高，有仙则名；水不在深，有龙则灵。六盘山高不足 3000 米，但因众多的军事要塞而成为中外名山。萧关是关中的四大名关之一，千年岁月，无数将士为它捐躯，它在中华民族的心目中成了保卫和平的象征。宁夏应借名山效应和国家大力发展文化产业的有利时机造船出海，提升宁夏的知名度和影响力。

结束语：六盘山既有北国之雄险，又有江南之柔美，是天设地造般影视拍摄佳境！若与六盘山扶贫旅游试验区联姻，把萧关影视城打造成全国古、现代兵战拍摄基地，既为六盘山旅游区增添了亮点，提升了六盘山旅游区的文化品位，又带动了该地区的经济发展和增加了就业！资金问题可采取国家支持、政府引导，向海内外招商来解决，按照谁投资谁受益的原则，实行风险共担，利益均沾的模式，组建股份或独资公司，实行企业管理市场运作。影视城的具体地址可选在泾源县大湾乡瓦亭村的瓦亭古城。因光绪三年（1877 年）修葺后的瓦亭城，较为完整，据固原方志工作者考证，古萧关关址就在瓦亭，利用古瓦亭城建设影视城，既可以节约资金，又可以当作兵战实景。近年来，全国各地影视城发展迅速，竞争激烈，但只要做到人无我有，人有我优，人优我精，人精我特，影视城仍可获得较好收益。到目前为止全国还没有一家兵战影视城，而我国中西部影视城也明显偏少。在建设成本上东南沿海影视城，投资数亿数十亿，而六盘山（萧关）兵战影视城，主要拍摄六盘山地区的自然地形地貌和自然景观，又有外形较完整的瓦亭古城，建设成本低。鉴于此，自治区可组织有关专家认真调研，通过考证、论证并积极筹划，打造具有兵战特色的影视基地，使宁夏文化早日走向全国，使宁夏文化产业大放异彩。

3.8　宁夏地名特征与地名文化

地名是人类社会历史的产物，是人类社会发展阶段由聚落一乡镇一城市的真实写照。地名文化源远流长，它既是历史时期人类向大自然拓荒足迹的反映，又是战乱、迁徙、民族融合的写照。随着疆域的易主、国家的兴替、王朝的更迭，地名也在不断变化之中。宁夏深居祖国腹地，其地名特征表现出了边地文化、生态文化、绿洲文化、山地文化及民族文化等特征。宁夏地名是宁夏自然生态与人文历史形成、发展和演变的真实写照，从而也构成了独具地方特色的地名文化。

3.8.1　地名的性质、研究意义及文化意蕴

地名是人们对特定方位、范围、形态特征的地理实体给予的约定俗成的语言文字代号。地名的形成有着深刻的地理、历史和文化背景，不同区域的地名往往有很大的差异，而各区域在地名组成上又独具特色。这是因为地名既是当地某一特定历史时期自然地理环境的表征，也是一种具有本源意义的宝贵历史资料，记录着诸如民族兴衰、文化变迁、经济生产、军事活动等纷繁的历史事件。可以毫不夸张地说，地名是存在

于现阶段的显示人地关系变化与重大历史事件的信息源。同时，地名随着时间的推移而更迭，因而它也有着很强的时代性。

地名研究是历史地理学的重要研究内容，其他一些自然科学或人文科学也常常借助于地名研究，从中获取具有实证性的一手资料。通过地名研究，可以复原某地在某一时期的自然地理和环境特征、重现区域开发历程和资源利用过程、透视历史时期的人居活动与军事形势等等。我国的史志书籍中对地名的沿革往往有较多的记载，而地名溯源在揭示各地自然、经济与人文历史源流的同时，对于现阶段行政区划的变迁和命名也是极为有益的佐证和参考。20 世纪 30 年代，地理学家曾世英倡议创建“地名学”这一综合学科，经过他个人与许多学者长期的努力，地名学已形成了基本完整的学科体系。

地名作为文化的载体之一，对于文化结构的多层次性，主体的抽象性，内涵的多样性，界线的模糊性，价值的滞后性、间接性与社会性等特性都有程度不同的反映，而且它与建筑、服饰、饮食等物质文化以及意识、传统、习俗等非物质文化等都有所不同，因而它的文化价值是独特的、深厚的，尤其能够体现文化的地域性特征，是人们窥探区域文化内涵的重要指针[29]。正因为如此，作者认为地名本身也是一种文化，即“地名文化”。

3.8.2　宁夏地名类型及组成特征

总体来说，地名分为政区地名和地物地名两大类，每一类都具有层次性，层次越高，地名数量越少；层次越低则数量越多。笔者在研究中发现，在 1∶50 万的宁夏政区图上，有 1000 多个地名，但是随着图面比例尺的缩小，图上的地名数逐渐减少，1∶100 万宁夏政区图上，仅有 600～700 个地名[9]。研究不同比例尺地图上的地名或不同层次的地名，得到的结论可能会有所差异，但一般情况下，层次越高的地名，其表征意义越大，尤其是其中的政区地名。本项研究中，笔者主要选取宁夏乡镇及国营农场以上的政区地名共计 342 个进行统计和归类分析，典型地物地名及低层次政区地名文中也将有所涉及[57]。

（1）根据表意划分的地名类型及其组成。

根据地名的字面意思，笔者将所研究的 342 个地名划分为五大类，即自然要素类地名、人文要素类地名、姓氏类地名、寄托人们美好愿望的吉祥类地名以及其他类地名。

自然要素类地名是那些具有地形地貌、河湖滩地、植物动物、地表组成物质、矿产资源等方面意旨的地名，如石嘴山、青铜峡、大水坑、硝河、盐池、长山头、芦花、白马、黄沙窝等。这类地名共有 127 个，占所研究总地名数的 37.1%，其中在地名通名中含有山、岗、台、梁、崖、峡、沟、滩等字样，表征地形地貌的地名有 73 个，占总地名数的 1/5 以上，显示了人类活动对自然地理环境中地形地貌要素的关注和依赖。

自然要素类地名在构成上比较多样，既有表征双重要素性质的复合地名，如白土岗、芦草洼、鸦儿沟、黄羊滩等。也有对自然要素规模、方位、属性等进行描述的复合地名，如五里坡、暖泉、平峰、东台、高沙窝等；还有很多是姓氏与自然要素叠加的复合地名，如陈袁滩、王洼、马太沟、丁家塘等。

人文要素类地名是指那些以各种人工建筑物命名的地名，即称作某城、某庄、某桥、某寨、某营、某关、某塔、某寺、某园等的地名，共计92个，占统计地名总数的26.9%[77]。这类地名在构成上主要有以下几类：一是姓氏+建筑物通名，如周城、郝家桥、郭家桥、苏步井、王乐井等；二是方位或距离+建筑物通名，如下庙、东塔、西园、偏城、四十里店等；三是建筑物形态或顺序号+建筑物通名，如新堡、新营、新庄集、大庄、古城（共3处，利通区、中宁县、彭阳县各一）、头营、三营、七营、头闸、尾闸、大坝、小坝、大战场、红井子等；四是以建筑物专名为地名，如开城、惠安堡、官厅、萌城、磁窑堡、什字、枣园等；另外还有诸如田家老庄、马家高庄这样的复合地名。

姓氏类地名是我国最多见的地名类型，在宁夏也不例外，但该类地名在传承过程中也是最容易转音转义的。目前宁夏境内乡镇与农场以上的政区地名中，纯粹的姓氏地名有31个：吴忠、杨和、金贵、马建、蒋顶等，占总地名数的9.1%；姓氏与前述自然要素及人文要素组合而成的复合地名还有40余个，这使得有姓氏色彩的地名占到了宁夏地名总数的1/5以上。地名的形成和演化既有继承性又有创新性，人们往往把对美好生活的向往通过新地域命名或旧地名转义而保留下来，这类地名我们称之为寄托人们美好愿望的吉祥类地名，并初步确定此类地名69个，占所研究地名总数的20.2%。例如宁夏、永宁、宁安、兴平、崇安、宣和、惠安堡等地名，就有企求安宁和平之意；隆德、同心、兴隆、利通、永康、常乐、陶乐、丰登等则寓意兴旺发达与其乐融融；公平、联财等表示市场公平交易、财路畅通；红旗、灯塔、前进、胜利、掌政、新民等则描绘了新时代人民当家做主的美好前景。

此外，还有大约6%的地名是按行政区划单位的命名惯例得名并沿袭下来的地名，如根据建城先后或功能差异划分的银川市老城区、新城区和郊区；平罗、同心、中卫及隆德等县的城关镇、城郊乡；原有建制地名继承下来的韦州、原州等。

（2）根据起源划分的地名类型及其组成。

宁夏乡镇与农场以上的政区地名，从其发源上看，也可以分为自然要素类地名、人文要素类地名、姓氏类地名、寄托人们美好愿望的吉祥类地名以及其他类地名等几类。但是由于这里考察的是地名的渊源或起名的根据，而不是地名的字面象征意义，前后两个角度划出的各类地名在组成上有较大差别。自然要素类地名在这里是指那些以当地地形地貌、生物土壤、河湖泉水以及自然景观等的名称命名的地名，总共有121个，占总地名数的35.4%。这类地名大多数有台、梁、山、川、沟、滩、洼、湖等表征自然要素的地名通名，从字面上可以看出来，但也有少部分例外。如西吉在前面属于吉祥类地名，而从起源上看，早年在其境内有伊斯兰哲赫忍耶派沙沟门宦教主住地“席芨滩”，后“席芨”二字同音转义为“西吉”，故此按起源可将其归入自然要素类地名。又如彭阳县白阳镇的地名起源，据说古时该城南部的山崖上时有白羊出没，后取谐音“白阳”而得名；银川则源于其自然景观特征——在银色的原野上（盐碱地）黄河川流不息。

人文要素类地名是在历史的长河中，人类在生产、生活、军事、政治等各项活动影响下产生的地名，共有181个，占总地名数的53%。这类地名在组成上非常复杂，命名的人文要素多种多样，源于生产资料土地的如良田乡、六顷地乡；源于灌渠名称的如惠农县、秦渠乡、汉渠乡、新北乡、余丁乡；源于寺庙的如东塔寺乡、石空镇、下庙乡、神林乡、崇安（为“庵”字转音）乡、东华乡；源于古代城池的如黑城镇、白城镇乡、偏城乡、城阳乡、预旺镇；源于道路的如什字路镇、什字乡、羊路乡；源于水利设施的如大坝镇（乡）、小坝镇（乡）、三眼井乡、红井子乡、高闸乡、尾闸乡；源于桥梁的如新华桥镇、玉桥镇、永固乡；源于果园的如园艺乡、旱元乡、枣园乡；源于店铺集市的如蒿店乡、沙塘（铺）镇、联财乡（乱柴铺）、神林乡（铺）、奠（店）安乡、公易乡、新庄集乡；源于村庄的如红庄乡、马家高庄乡、马儿庄乡；源于古代军事建制——堡、寨、营、卫、千户所等的地名，如宁夏、中宁、中卫、隆德、吴忠；等等。有些地名具有多重意蕴，如神林因神庙林立而得名，建国前因店铺密布而改称神林铺，现名为神林乡。

其实在地名的发源中自然要素与人文要素往往共同起作用，此种情形下我们一般根据影响该政区地名的直接因素而将其归类。例如，明代入居陶乐县境内的匈奴鞑靼、瓦剌部落被侮称为“套虏”，其地众多的湖滩因而得名“套虏湖滩”，清代改称“陶乐湖滩”，后陶乐成为县名，我们将其归入自然要素类地名。又如玉泉营之名最初因当地的泉水清澈甘洌而有“玉泉”称谓，明代万历年间建兵营守泉并屯田，后来得地名“玉泉营”，我们则将该地名划入人文要素地名；枣园乡之名也如此，因明代所建“枣园堡”而得名，而“枣园堡”源于所筑城堡临近枣园。

按起源划出的纯粹的姓氏类地名、寄托人们美好愿望的吉祥类地名以及其他类地名只有大约40个，占总地名数的11.6%。如其中纯姓氏地名只有高仁镇、王团镇、纪家乡、王民乡、马建乡、沙塘镇、张程乡、陈靳乡等几个，但有姓氏含义的自然与人文要素类地名则比比皆是，已如前述。

3.8.3　宁夏地名特征及其文化意义

（1）众多的军屯色彩地名昭示“边地文化”。

从宁夏地名的起源来看，本研究统计的342个地名中，由堡、寨、营、卫、所等的名称延续下来的地名将近 90 个[48]，占总地名数的 1/4 以上，如果加上军屯、军牧背景的地名，则占到总数的 1/3 以上，这些地名昭示出宁夏的“边地文化”特征。宁夏境内自秦汉以来，就是中原王朝与西北少数民族政权对垒交锋之地，中原王朝在此采用的是移民戍边、军屯军牧方式的开发，即筑起城堡、营寨乃至关隘，在守备一方土地的同时，还在周边开辟农田或牧场。据考证，宁夏境内自隋唐以来先后有军事建制的堡寨营 200 多个，其中如唐时在原州（今固原市）设有 9 座关口和 34 处牧马监，因历史久远，在乡镇以上的地名中已难以反映出来，但在行政村或自然村一级地名或地物地名中还可见一斑，如瓦亭关、镇木关等；而明清时期的军屯军垦遗迹在地名中则随处可见，如明固原镇北部筑起的 8 个兵营，如今还可以从头营至八营的地名中折射那段历史并显示兵营的方位。又如清雍正年间在银川平原上修一引水渠，赐名惠农（今惠农县名即源于此），民间则称之为“皇渠”，后转音为“黄渠”，所筑之桥则为黄渠桥，地名沿用桥名则为今之黄渠桥乡，当年主持开渠者为侍郎通智，渠成以后沿渠移民兴建了 8 个堡子，每个堡子都随其姓氏以“通”字为首命名，并由此沿袭出通义乡、通伏乡等政区地名。

（2）自然要素类地名蕴含生态文化意义。

自然要素类地名，无论是以字义划分还是按起源划分，都占到了总地名数的 1/3 以上，这些地名既记载着当地曾有过的自然生态环境特征，也在一定程度上反映出人们对资源环境的利用与改造历程，从而使地名透射出生态文化的内涵。例如地名“金银滩”是干旱气候下湖滩积盐过程的形象写照、“黄羊滩”则曾经是黄羊出没的荒滩、“白芨滩”应该是生长丛丛白芨草的湖滩地、“中滩”是黄河河道中的高河漫滩等等，但是现在这些地名展示的景观早已不复存在，金银滩成为厂房栉比、树木成行的石油城（吴忠九千米）；黄羊滩的黄羊早已绝迹；白芨滩在湖水干涸以后地下水位严重下降，大片滩地成为半荒漠；中滩也随着泥沙的堆积而与河岸连为一体，成为边滩，现今的生态环境与这些地名形成时当地的生态环境已是大相径庭。在所研究的地名中，有植物和动物字样的地名只有 10 余个，只占到总地名数的 5% 左右，这种情形一方面说明宁夏生物群落类型的单调，也说明由于人类对自然生态系统的破坏，使动植物的环境象征作用降低之故。

（3）北部灌区地名特色与“绿洲文化”。

总的来看，宁夏北部地区的自然要素类地名较少，在不多的自然要素类地名中，又多见“滩、湖”字样，少见“河、沟、山”及其相近意义的字样，而人文要素类地名则相对较多，其中尤以渠、桥字样多见，以闸、坝为通名的地名不多，只在宁夏北部地区出现。究其原因，宁夏北部地区人口集中分布于平原地带，地形平缓，除黄河流经以外，几无其他水系，缺少显著的自然景物，因而此类地名较少，其中如增岗、立岗、习岗、崇岗等字面有高地含义的地名，从起源上看还是姓名的转义，但是当某地为地势低洼的湖滩时，会引起土地利用方式的变化，这才有必要引起注意，从而在地名中反映出来。渠是宁夏北部平原地区的生命线，干支斗农四级渠道组成密如织网的排灌体系，渠道与渠上所架的桥、修的坝、建的闸等，无不成为显著的地理标志，自然而然地成为地名之源。湖滩湿地广布是自然绿洲的景观，灌溉渠道密集则为人工绿洲的风貌，“塞上江南”是这里田园风景的写照，但此“江南”非彼江南，其地名与地物体现出的是“绿洲文化”特色。

（4）南部山区地名特色与“山地文化”。

在宁夏南部山区，以“山、河、沟”及其近义词和相关字词命名的地名最为常见，从这些地名上，我们可以读出该地的地貌特征、相对位置、土地类型及资源利用等方面的许多特征。例如，岔是河流交汇、峰回路转的地方，上岔、下岔、中岔、小岔、交岔、石岔等地名就指示着这样的地形部位；高台、树台、峰台、惠台等地名因居于高而平坦的台地上而得名；高崖、红崖、白崖三地名则说明当地有沟谷深切形成的崖壁，而且有高度和土色方面的特征；等等。塬、梁、峁是黄土高原上广泛分布的地貌单元，刘塬、上梁、孟塬等地名毫无疑义地指示了黄土丘陵地貌；“嵝岘”是指由于两侧沟头侵蚀在黄土梁上残存的狭窄地段，“堳”似乎也有残存地面之意，在宁夏南部山区的地名中，有嵝岘乡、贾堳乡这样的地名，揭示当地具体的地貌与土地类型，入红土路则指土壤的颜色。此外，像曹洼、王洼、后洼、山河、杨沟、马莲川这样的地名，则记载着与塬、梁、峁、台地相对应的负向地形特征，大量的有“河、谷、川”字样的地名的存在，则反映着此类地形的普遍性。由此可见，宁夏南部山区的地名文化具有“山地文化”性质。

（5）地名转音转义阐释社会进步与民族团结。

地名在演化过程中转音转义是非常普遍的现象，在宁夏也不例外，而且宁夏地名转音转义中蕴含着社会进步与民族团结的深刻寓意，同时也有语言文化方面的含义。贺兰县习岗镇最初得名于明代宁夏前卫九堡之一的谢保堡，后更名为谢岗堡，由于方言发音将谢（xie）讹转为习（xi），而为习岗堡。隆德县联财乡昔日曾为柴禾交易集市，柴禾堆积如山，俗称“乱柴铺”，后取其方言谐音而为“联财铺”，并演化为今名。在宁夏，很多地名转音是为避讳原地名中的蔑称，如平罗、镇罗、平吉堡等地名，分别源于明代的平虏守御千户所、镇虏堡和平羌堡，清代以后取发音相近的字替换原地名中对少数民族的贬语，使地名变为中性或褒扬之义。地名转义以同音转义最为多见，通过同音转义，地名被赋予美好吉祥的愿望，并打上了深深的时代烙印。例如，海原县九彩乡因其地多生野韭菜而得名，中卫县甘塘镇地名原为干塘，银川市掌政乡地名发端于明代之张政堡，隆德县桃园乡在设乡制时取名于陶家崖坑与袁家台子两地名的姓氏，以上几个地名都通过同音转义而变得美好，并引发人们的想象力。又如灵武市梧桐树乡，因古时有胡杨树，胡杨俗称为胡桐，讹传为梧桐树而得地名，但因民间有“家有梧桐树，招来金凤凰”之佳句，现在很难说明这地名讹转是不是人们有意而为之。另有一种地名的转音转义是为了回避同名地名，这在现代的行政区划地名命名中，都是很先进的思想。例如，吴忠市早元乡相传在十六国时期为夏王赫连勃勃之果园，多种枣树，明嘉靖年间置枣园堡，其地名在演化过程中为与中宁地界的枣园相区别，而在书写上更为“早元”；又如，海原县自元时就得名海城，此名一直沿用至20世纪初，1914年为与奉天省的海城县（今属辽宁省）相区别，而改为海原。

地名来源的多样性与多民族文化。从上述地名类型和地名特征的分析，可以看出，宁夏地名中的汉族文化特征是根深蒂固的，但从地名源头上发掘，则具有多民族文化特征。例如，以“贺兰”为名的有贺兰山、贺兰沟、贺兰县等地物和政区，它也是宁夏极具象征意义的地名，其来源显示了早期在此地定居有匈奴族部落，“贺兰”原为“曷拉”，意为“驳马”（青白色之马）。又如宁夏一名的由来，据传，东晋义熙三年（公元407年），匈奴贵族夏赫连勃勃自认是夏后氏苗裔，在今宁陕甘一带建立政权并定国号为夏，“夏”字自此成为这片土地的标注而延续下来，直到元代以西夏故地永保安宁之意设“宁夏路”，宁夏地名得以形成。元朝蒙古西征军自中亚携大批伊斯兰教各民族的手艺人、商人、学者等在此地定居；明清之际，统治者又强行安置回族群众在此开荒种地，逐渐使宁夏成为回族聚居地。宁夏地名中有回族姓氏含义的，在乡镇以上有马儿庄、马太沟、马家滩、马渠、马家梁、关马湖等，数量不多，但在行政村、自然村、居民点等基层行政地名中，则非常普遍。

结束语：宁夏地名是宁夏自然生态与人文历史形成、发展、变化的真实写照，从而构成独具地方特色的地名文化。本文只是对宁夏地名类型、特征及地名文化意义的初步概括，如果从更低的层面上研究区域地名，或将地物地名也纳入进来，将会更加深入地展现出宁夏地名文化的特点。

我们认为，对区域地名文化的研究有着重要的理论和社会意义：首先，它可以为现阶段行政区划的调整、政区的命名等提供参考，拓宽思路；第二，它也是素质教育时代最好的乡土史地教材，它形象、生动、丰富而且耐人寻味，与现行的初中素质教育新教材《历史与社会》的切入点正好吻合；第三，它从更深层面上挖掘出区域的文化特征，有助于当地的旅游文化定位与旅游资源深度开发，有利于旅游业的持续健康发展；此外，由于地名常常成为一个地区产品名或品牌名，区域地名文化研究也会或多或少地与经济生产发生关系并相互影响，同时也使区域文化有了更广阔的展示空间。

3.9 在比较和借鉴中推动宁夏文化产业的发展

世界文化强国的文化产业已占到GDP的28%，而我国仅占GDP的2.4%。20世纪70—80年代，世界经济以制造业为中心；到了90年代以服务和知识经济为基础；进入

21 世纪后，知识产权经济越来越明显，文化内容将成为信息社会发展经济的核心动力。各国专家都认为 21 世纪是文化的世纪，文化强国将成为经济强国。如果一个国家不能创造出自己的文化内容而让本国人民满足，文化独立将遭遇寒流。这比经济和政治上的依附更为严重。大力发展文化软实力，已成为我国当务之急。宁夏是一个小省区，地处内陆，人的思想观念比较落后，似乎不利于文化产业的发展，但文化产业不同于物质经济，它有自己的运行规律，只要按照文化规律发展，也会走出大行情，这种情况在国内外不乏其例。

3.9.1　世界部分国家文化产业发展状况

“文化经济化，经济文化化”这是发达国家经济增长的新特点。

美国文化产业占 GDP 的 28%。他的经验之一是“文化产业投资多元化”，政府主要通过国家人文基金会和博物馆学会等对文化产业给予资助；地方政府及某些部门在文化方面也提供资助；更主要的是某些企业、基金、个人投资或捐助，而且远远高于各级政府资助。美国文化产业集团已形成了比较完善的融资体制，一些有实力的文化产业集团背后都有金融资本支持。

日本文化产业占 GDP 的 20%，成为仅次于美国的文化产业大国。日本文化产业起步晚，但发展迅速。他们的主要做法是“健全法规”，通过法律法规调整文化产业发展，如 1970 年颁布的《著作权法》，经过 20 余次反复修改，在公正使用这些文化成果的同时，有效维护了作者的权利，使文化产业得以健康有序发展。其次是坚持以内容为核心的原则，即把最适当的内容提供给尽可能多的需求这种内容的人。

韩国面积虽小，但却成为世界第五文化强国，文化产业占 GDP 15% 以上。韩国过去和我国一样只重视制造业，直到 1998 年才重视文化产业，成立了文化产业局，随后制定了文化产业振兴基本法，并加大了对文化产业的投入，文化产业预算由 1998 年的 168 亿元增加到 2003 年的 1878 亿元，文化事业占总预算的比例由 3.5% 增长到 17.9%。韩国发展文化产业经验：“要使文化产业很好发展，必须支持纯粹艺术的发展。没有好的艺术作品就不会有好的文化商品。”

英国对企业投资文化产业实行“政府陪同制”，即如果企业资助文化事业，政府将陪同企业资助同一项目。政府特别鼓励“新投入”，即当企业第一次资助时，政府“陪同”企业资助比例是 1∶1，第二次资助，政府则对企业多出上次资助的部分实行 1∶2 的比例投入。这一政策明显提高了英国企业资助文化事业的积极性，因此在英国则出现了全世界最繁荣的文化演出市场。据 2003 年统计，去电影院的观众占人口比例 61%，观看各种剧目演出的占 24%，参观博物馆、画廊或展览会的占 24%，音乐会 13%，芭蕾舞 7%，歌剧 7%，现代舞 5%。

印度政府鼓励国内私人企业和财团投资文化产业，并取得了良好的效果。印度的新闻社、广播电台、报纸杂志以及电影制作发行、图书发行、演出团体等主要文化产业部门都采用了官办、民办多种形式。如印度报业托拉斯这家全国最大的通讯社就是一家私人机构，而在印度最有影响的时报系、印度教徒报系、印度快报系等全有私人投资，这些报系不仅发行出版报纸杂志，而且涉足更广泛的文化产业领域。

文化产业既有文化上和经济上的重要性更有提升国家国际竞争力的重大意义。因此世界上不论是美、日、韩、英发达国家，还是像印度这样的发展中国家，都十分重视文化产业的发展。我国硬实力发展举世瞩目，而文化产业软实力却排在世界15位。

3.9.2 在比较中看我国文化产业现状

中国文化产业占GDP的2.45%，和文化强国相比差距很大[99]。承认差距，提高认识，对发展我国文化产业具有重要意义。

（1）文化观念比较。

我国长期奉行政治标准第一，艺术标准第二的原则。西方学者认为，文化产业是以经营符号和信息为主的商品活动，并形成了一个从创意—生产—再生产—交易的巨大产业链。在许多发达国家已成为国民经济的支柱产业之一。而在过去的几十年中，却一直把文化当成了宣传品。改革开放以来，人们开始对文化的商品性有所认识，2000年，党的十五届五中全会提出“文化产业”概念，2002年“十六大”正式提出了文化具有意识形态和商品的双重属性，自此，文化产业才得以快速发展。

（2）文化政策比较。

西方发达国家从20世纪70年代中期，就对经济与文化间的关系作了较系统的探讨，为促进文化产业规范、有序发展，许多发达国家制定了有关法规。我国由于对文化产业认识不足，致使加入WTO后文化产业不但走不出去，而且丧失了大片国内文化市场，这个教训是非常沉痛的。

（3）人才数量比较。

西方发达国家，大学普遍设立与文化产业相关的专业。如美国就有30多所大学开办文化管理学、艺术管理学等专业，加之长期的市场机制形成了完善的用人理念，企业求贤若渴，造就了大批懂经营的文化人才。我国直到1993年上海交大才创立了中国第一个“文化艺术事业管理”本科班，每年仅招收30名学生。加之我国文化单位长期以事业身份出现，不利于文化产业人才成长，因此造成文化产业人才短缺的局面。

（4）竞争能力比较。

发达国家按照市场规律经营和运作，培养了很强的市场竞争能力和海外竞争能力。如美国1980年国外电影收入仅占电影业的30%，2007年国外收入则一路飙升为65%。新中国成立以来，我国文化偏重于宣传，文化产品缺乏竞争力。随着改革开放的深化，文化工作者冲破思想束缚，文化领域发生了可喜变化。

（5）资源转化能力比较。

在全球经济一体化的今天，如果不能及时有效地开发和利用自身的文化资源，就可能丧失优先开发和利用的机会。如花木兰的故事在中国家喻户晓千年有余，但被美国迪斯尼公司拍成动画片，赚了 6 亿美元，而我国拍摄的《宝莲灯》仅收回成本。美国虽然文化资源贫乏，但重视有价值的题材，传统的文化资源通过美国文化产业的创新，即获得了新的生命。又如电影《泰坦尼克号》，本是英国的海难悲剧，但美国电影制片商对故事进行了重新包装，被演绎为一个催人泪下的凄美爱情故事，从全球观众腰包直接拿走了 18 亿美元，还间接从附加产品中收入了 53 亿美元，他利用英国的一次海难事故共赚了 71 亿美元。

目前，我国文化产业还处于起步阶段，但随着人民生活水平的提高和人民群众休闲时间的增多，人们对精神文化的需求会越来越多。从产业发展的潜能方面看，我国有 5000 年光辉灿烂的历史和丰富多彩的文化资源，有 7000 多万海外华人对中华民族文化的热爱而形成的国际文化消费市场，有“一国两制”的港澳成为中国文化走向世界的桥梁，还有近年生产出了一些优秀的华语影视作品，已经走出国门，这都为中国文化产业发展奠定了一定的基础，因此，我国文化产业发展的空间还十分巨大。

由此看出：我国文化产业在人力、资金、技术、市场化运作、资源转化、创新思维等方面都落后于发达国家，但中国拥有 13 亿人口的内需市场和 5000 年的文化底蕴，只要取长补短，把握机遇，勇于创新，努力开发丰富、独特、珍贵的文化资源，不但可以收复失地，还可以开辟更为广阔的海外文化市场。

3.9.3　宁夏文化产业发展现状

宁夏文化产业和全国相比，起步晚、规模小、盈利少，但发展势头好。2007 年文化产业收入 7.89 亿，占全区 GDP 的 0.89%，2008 年文化产业总产值比 2005 年增长 306.9%，文化产业增加值增长 249.9%[56]。

（1）政策环境现状。

自治区党委为了贯彻落实党的“十七大”关于加快社会主义文化发展的重大战略部署，结合贯彻落实《国务院办公厅关于印发文化体制改革中经营性文化事业单位转制为企业和支持文化企业发展的两个规定的通知》，自治区党委、人民政府先后制定了《关于进一步深化文化体制改革的意见》、《关于推动文化大发展大繁荣的意见》和《关于加快文化产业发展的若干政策意见》，为文化产业发展提供了强有力的政策保障。自治区政府主席王正伟在 2009 年政府工作报告中用了较大篇幅论述和安排发展宁夏文化产业工作，可以看到，从党中央和国务院到自治区党委及政府对文化产业的重视是前所未有的。

（2）当前体制现状。

随着国务院《关于进一步促进宁夏经济社会发展的若干意见》和文化部、国家文物局支持宁夏文化建设实施意见的全面贯彻落实，加之全国范围内经济结构调整、产业转移步伐加快，原有的文化单位采取老人老办法新人新办法，使事业性质向企业性质转变，转制后的文化单位出现了新活力。

（3）文化设施现状。

近年来，自治区先后培育和扶持建设了中华回乡文化园、镇北堡北方古城镇、西夏文化城、银川文化城、宁夏软件园、宁夏动漫基地、中视动漫（银川）基地、银川龙易网吧等一批文化产业示范基地和大型连锁经营企业。建设市县文化馆、图书馆9座，乡镇综合文化站66座，文化信息资源共享工程率先在西部实现了村村通，宁夏图书馆、宁夏博物馆新馆、宁夏科技馆、固原体育馆、银川国际汇展中心等大型馆所已建成开业，宁夏大剧院工程正式奠基，宁夏文化馆、宁夏艺校迁建和红旗剧院开发建设工程正在紧锣密鼓地进行，我区公共文化服务设施的建设力度十分强劲。

（4）投融资环境现状。

自治区党委和政府做出决定，成立了宁夏文化产业投融资有限责任公司。搞好资本运作，撬动民间资本，促进文化多元投资，通过有效的投融资运作，引导、聚集、整合社会资金，理顺投、融资渠道，为宁夏文化产业快速发展提供可靠资金保障。

（5）市场效益和社会效益现状。

宁夏电影制片厂2008年制作完成的《画皮》创造了价值2.5亿元票房产值，成为本年度全国票房亚军；宁夏社科院编辑出版的《宁夏社会科学》和宁夏文联编辑出版的《朔方》在全国9500多种刊物中跻身“核心和百种重点”双效期刊；我区作家多次荣获全国大奖，2009年“五一”期间，央视对地方春晚节目进行展播中，宁夏电视台的春晚节目《花儿的家乡》被评为年度最佳作品奖；宁夏举办的全国性国际性节、会、展比较活跃，即取得了较好的经济效益，又提高了宁夏的知名度。

从上述方面可以看出，宁夏文化产业发展的外部环境已经形成，时代呼唤着文化产业大发展，文化经营者能否生产出高质量的文化产品令人们拭目以待。

3.9.4 国内促进文化消费的经验对宁夏的启示

（1）湖南的经验和措施。

湖南是我国的文化产业大省，2008年全省文化产业实现增加值560亿元，占GDP的5.1%。他们的经验：一是确定符合省情的发展思路。二是实施精品和名牌战略。近些年来，湖南省初步形成了在全国颇具影响的“电视湘军”、“出版湘军”、“电影湘军”乃至“文艺湘军”等。三是促进产业结构多元化。一方面，国有经济在媒体传播、出版发行等行业优势明显；另一方面，鼓励社会各界包括个人、企业、社会团体创办国家政策许可的各类文化企业。湖南文化民营企业数量众多，提供了 60% 以上的产值和就业机会。

（2）云南的经验和措施。

2002 年云南省文化体制改革前，文化产业增加值占全省 GDP 的 3.42%，到 2008 年文化产业增加值已占全省 GDP 的 5.8%。他们的做法如下：

1）免于审查，让市场检验。云南文化体制改革和文化产业发展的各种探索很有成效。2003 年《云南映象》问世，不少干部认为主题不够昂扬，几次审查都未通过。但云南省党政领导班子觉得，这是一个能打造成体现云南文化特色的作品，丹增副书记邀请了民族、宗教、文化等部门负责人，同去观看被认为是“最后一场”演出的《云南映象》。演出结束后，丹增书记说：“让我们来审查提意见，我们谁又能比杨丽萍（该剧编导艺术总监并主演）对这部作品理解得更深呢？我们今天做个决定，免于审查，让观众检验吧。”结果，《云南映象》一经问世大获成功，在昆明公演和全国各地巡演时引起强烈反响。

2）革新才有出路，拼搏才会提高。《丽水金沙》、《蝴蝶之梦》的产业化道路，更是经历了一场“脱胎换骨”的磨难。改革前的丽江市民族歌舞团没事干，常处于“晒太阳”状态。改制后的歌舞团与深圳能量集团公司合作推出《丽水金沙》，两年多连续上演 2500 多场，演员们月收入从不到千元提高到数千元。每年不但为政府减少 100 多万元的财政负担，还为政府增加 100 多万元的演出税收。

3）政府扶持，企业唱戏。大理白族自治州民族歌舞剧院是由民族歌舞团和白剧团整合组建的。改革前，两团共有 140 多人，创作质量低、演出市场窄、员工收入少。为了让剧院真正走一条产业化道路，州政府划拨给剧院包括设备在内 1600 万元的剧场使用费，州文化局也将一座白族风格的四合院两层小楼划拨给剧院，为了扶持文化产业还定了一条铁规：大理品牌性的文艺演出《蝴蝶之梦》不得有任何形式赠票。《蝴蝶之梦》上演一年来演出 400 多场，社会效益与市场效益双丰收，在中国舞蹈荷花奖评选中获得 4 项金银奖。

（3）少林文化+实景商演的启示。

我国少林文化中外闻名，但光闻名则只是一种资源闲置，能否把这种闻名而闲置的资产变成商品？郑州市天人文化旅游公司做了有益尝试。

1）对文化资源的利用需要创意。我国虽有 5000 年的璀璨文化，但有好多都在那里睡大觉，如何让它站起来变成一种商品，这就要寻找一种适合它的载体。用奇特的地貌当舞台和背景、用和谐纯正的佛教音乐伴奏，由武僧表演少林武功，这就构成了商业演出。中岳嵩山的舞台背景和佛教禅宗、少林武僧的功夫表演融为一体，一种全新的艺术形式，展现在了游客面前。

2）两条腿走路两种结果。过去由于认识不足，把文化部门当作纯事业单位，国家对其大包大揽，限制了文化的发展。而郑州天人文化公司由国家给政策，谁投资谁所有谁受益，吸引民间资本3000万元，河南兆腾投资公司占60%，北京天人文化传播有限公司占25%，广西维尼龙集团占10%，少林寺占5%。一期工程2006年3月动工，2007年4月正式演出，至同年10月共商演200场，海内外观众达20多万，票房收入1500多万。这种创意、模式、收益在一条腿时代是不可能实现的。

3）郑州天人文化公司实景演出对宁夏的启示：六盘山地区是花儿的故乡，早在2003年的六盘山旅游区就出现过“花儿助兴游”，这是一种实景演出的雏形，但六盘山的“花儿助兴游”后来为什么销声匿迹了？原因是多方面的，但一个重要的原因是观念狭窄，没有引进民营资本。如果有高质量的花儿助兴，游客既欣赏了六盘美景，又看了精湛演出，何乐而不为！

3.9.5 推动宁夏文化产业发展的思路

中国百姓生活俭朴，穿衣吃饭量家道，文化消费是可有可无的事，如宁夏文化厅调查，即使宁夏川区农民也没有订阅报纸杂志的，他们获取信息的方式主要是广播电视。要促进文化产业发展，必须做好三个方面的工作：一是供给方要提供受众喜闻乐见文化产品，受众才有消费和购买文化产品的欲望；二是政府要创造文化消费条件，使消费成为可能；三是要加大宣传力度，引导和培养受众的文化消费观念。

（1）要生产出受众喜闻乐见有品位的文化产品。

中国加入WTO后，在平等的条件下，外国文化迅速占领我国文化市场，而我国文化却走不出去。原因何在？无非是两个方面的原因，要么是人有问题，要么是产品有问题。我们过去生产了不少宣传品文化，图解政策，艺术感染力不强，人家不喜欢！卖给谁？现在要把文化作为一个产业做大做强，就必须对过去的观念进行反思。文化产品虽然也有宣传作用，但首先要让它是一个文化产品，其次才是宣传作用；如果是宣传品，首先要让它宣传党的政策，其次才考虑艺术性。纵观中外文化经典，虽然都有作者的思想影子，但他是隐藏在艺术感染力里面的。韩国的电视剧《大长今》能在好多国家热播，一个重要的原因就是较好的表现了人性。从表面看与政治无关，但它为韩国赚了不少外汇又提升了韩国的国际影响力，这是大政治。文化产品是人的文化，就要以人为本，在写人性的过程中体现为人民服务。如果继续生产说教产品，我国的文化产品就不会有竞争力，我们的好多获奖作品为什么叫好不叫座？原因就在此！我国近年的文化产品还出现了低俗势头，电视台热衷评选美女、超女、才女，网络上充斥性广告、性挑逗、性暴露，有些文化产品生产者为了掩饰文化贫乏而大话、戏说、演义，连崇高的英雄人物也恶搞，本来是净化灵魂的文艺也痞里痞气，有人竟大言不惭地说我是痞子我怕谁？有些节目低级趣味糟蹋文化，沦落为垃圾文化！对这些缺乏品味的低俗文化产品必须予以坚决抵制和打击。鉴于目前国内文化产业发展现状，要推动宁夏文化产业不断向前发展，就要做到如下几个方面：一是要把党的方针政策落到实处。党中央国务院已经制定了发展文化产业的方针政策，宁夏区党委和人民政府为了落实党中央的方针政策，切合宁夏实际制定和发布了三个《意见》，这是宁夏发展文化产业的纲领性文件，宁夏各级党委和政府要把落实这三个《意见》纳入议事日程，并要把落实这三个《意见》当作考核各级党委和政府成绩的一项重要指标。二是要培养、引进文化人才，提高文化经营水平。不论是发展硬经济还是发展软实力，人才是关键，争夺文化市场，首先是争夺人才。要把培养、发现、引进人才作为发展文化产业的重点来抓。三是不断推出受众欢迎的剧目，使文化产品与时俱进。生产出更多更好的让受众喜闻乐见的文化产品，让受众愿意掏钱消费，反思叫好不叫座的问题。办好广播电视、出版畅销图书报刊，排演受众欢迎的剧目，推出新文化产品。四是要打好宁夏文化牌，提高宁夏知名度。做好广播电视对外交流节目，做好阿语上星节目，筹备阿语境外播出广播和电视。宁夏广电总台要努力提高节目质量，坚决打击性广告和虚假广告，净化声屏，为发展宁夏文化产业鸣锣开道。

（2）要创造有利于文化消费的硬件和软件。

要创造精品文化，就要有一定的硬件设施和软件环境，硬件软件都具备了，受众才有购买和消费的欲望，而作为政府就要为消费者提供诸多条件。

1）创办富有宁夏特色和伊斯兰风格的报刊。创办《穆民日报》和《穆民生活杂志》（中、阿文版本并数字化）。宁夏是一个极具特色的自治区，被人们称作中国的穆斯林省。宁夏有600多万人口，回族占35.95%，而全国有1000万回族人口，十个少数民族信奉伊斯兰教，人口达3000万，全世界更有15亿穆民。从此看出在中国的“穆斯林省”创办好《穆民日报》和《穆民生活杂志》，对宁夏乃至中国文化走向世界，都是一笔无形的巨额资本。可通过政府的政策支持以及市场运作的方式创办，使其成为宁夏走向世界的窗口。

2）古为今用，筹建“六盘山（萧关）兵战影视城”。全国有20家（包括在建两家）较有名气的影视城，但无一家以兵战为主的影视城，而兵战是影视中的重头戏。六盘山又称关山，为历来兵家必争之地，为延控大漠之要塞，扼守九寨之咽喉，据八郡之肩背，绾三镇之要膂，明为西北军事重镇，元一度时期为全国军事中心。萧关为古代拱卫关中四大关口之一，又为六盘山七关之首，它是我国古代著名军事要塞。若与六盘山扶贫旅游区联姻，整合六盘山地区古代文化资源，把萧关影视城打造成全国古、现代兵战影视拍摄基地，既为六盘山旅游区增添了亮点，提升了六盘山旅游区的文化品位，又发展了西海固地区的文化产业，还带动了该地区经济发展；廉价的劳动力使广大农民成为群众演员，既增加了就业岗位，又推动了群众性文化热潮，大大减少了国家投巨资所进行的经济扶贫和文化扶贫的开支，减轻了地方经济压力，造福一方百姓，可谓一举多得！可采取通过国家支持、政府政策引导以及向海内外招商引资，按照谁投资谁受益，实行风险共担，利益均沾的原则，组建股份或独资公司，实行企业管理市场运作。占用当地农民的土地，或由政府划拨或视为入股。影视城的具体地址可选在泾源县大湾乡瓦亭村的瓦亭古城。因光绪三年（1877 年）修葺后的瓦亭城，较为完整，据固原方志工作者考证，古萧关关址就在瓦亭，古瓦亭城虽经千年岁月，但仍存部分城郭，利用古瓦亭城建设影视城，既可以节约资金，又可以当作兵战实景。近年来，全国各地影视城发展迅速，竞争激烈，也有降价招揽业务的现象，但只有做到人无我有，人有我优，人优我精，人精我特，影视城仍可获得较好收益。到目前为止全国还没有一家兵战影视城，而我国中西部影视城也明显偏少。在建设成本上东南沿海影视城，投资数亿数十亿，而六盘山（萧关）兵战影视城，主要拍摄六盘山地区的自然地形地貌和自然景观，又有外形较完整的瓦亭古城，建设成本低。鉴于此，自治区可组织有关专家认真调研，通过考证、论证并积极筹划，挖掘自然资源、重视文化资源、利用军事资源，打造具有特色的影视基地，做大、做好、做特六盘山兵战影视城这块蛋糕，使宁夏文化早日走向全国，使宁夏文化产业大放异彩。

3）挖掘地方特色，组建六盘花儿艺术团。花儿是民歌的一个分支，从地域上看主要在宁夏、甘肃、青海，主体在六盘山地区，当地人叫“喝花儿”或“漫花儿”，喝是大声喊唱，漫是无拘束的唱。“喝花儿、漫花儿”是六盘山区的一道独特风景。广西壮族的《刘三姐》，云南彝族的《阿诗玛》和白族的《五朵金花》走向了全国全世界，宁夏的回族能否打造出一部富有六盘山气息的花儿剧走向全国全世界；近年来西藏、新疆、内蒙古有不少歌曲在宣传党的民族政策的同时也展示了地方文化，如《天路》、《青藏高原》等。宁夏的回族能否借助名人效应打造出一部富有六盘山气息的花儿剧走向全国全世界？总结《花儿的家乡》成功经验，由自治区党委宣传部组织协调，以宁夏高校音乐院系为艺术指导，组建成立“六盘花儿艺术团”。挖掘、整理、提炼流传于民间的花儿并赋予时代气息，把它打造成具有六盘山独特风格的花儿剧。

4）充分利用宁夏人文资源，拍摄皇甫谧电视连续剧。皇甫谧，朝那人（即今宁夏彭阳古城镇），被称作针灸鼻祖，是我国古代重量级人物。打宁夏皇甫谧这张世界级王牌的理由：第一，我们作为皇甫谧的同乡，把他介绍给全国全世界是我们宁夏人责无旁贷的责任；第二，借助宣传皇甫谧可以提高宁夏在全国全世界的知名度；第三，宣传皇甫谧可推动宁夏文化产业和六盘山的旅游业发展。如何打好皇甫谧这张牌？采取两轮驱动的方法：一是在宁夏医科大学成立皇甫谧针灸研究会并开设中医针灸专业面向全国招生，在国外推介皇甫谧针灸理论并招收国外学子来宁夏医科大学留学；二是组织有关人员创作皇甫谧电视剧本，宁夏电视台和宁夏电影制片厂联合拍摄皇甫谧电视连续剧。

5）做大做强石文化，吸引世界消费者。由宁夏人民政府主办的“中国银川国际奇石博览会”已举办了三次，博览会期间举行奇石精品评奖、石文化研讨交流、奇石拍卖交易、投资环境考察、旅游观光等活动，取得了较好的效益。若与贺兰山岩画联姻，集岩画与奇石为一体，促进岩画与奇石交流、带动我区文化发展。岩画、奇石这是一个宁夏特色文化，无论是开展对外交流，还是促进文化消费、带动旅游都是一个极具创意的活动。相关部门应认真研究和规划，把它做成一个具有特色的文化大餐！

6）加快互联网建设，增加新的文化消费亮点。宁夏的通信、电视、交通、供电走在了西北前列。互联网建设能否也走在前面？互联网既可以学习各种知识，交流海量信息，又可网上购物和文化消费，这对提高公民的生活质量和文化水平、发展实体经济和文化产业，都有不可估量的作用。提高电脑在家电下乡中的补助比例，不管是对拉动内需刺激消费，还是发展文化产业扩大文化消费促进经济快速发展，都是极为必要的。

7）建立乡镇数字图书馆。原来乡镇是有文化站建制的，但后来都有名无实，有的甚至连房产都卖掉了！现在党和政府大力发展文化事业，借此机会在各乡镇建立数字图书馆，既促进了文化产业的发展，又解决了农民看书难学技术难的问题。数字图书馆占用空间小，查阅方便，投资少（不倒纸质图书的百分之一），便于管理。

（3）扩大文化产品的受众和规模。

扩大文化消费受众的规模。其实质是进行文化产品促销。

1）引导农民参与，扩大文化消费。不论是物质消费，还是文化消费，农村都有巨大的消费潜力。政府在为城市人提供文化消费方面，兴建了许多大型文化设施工程，而对农民文化消费问题投资不足，这种信息不对称有碍于和谐社会的构建。政府要在改善城市文化设施的同时，尽可能地努力改变农村看书难、看电影难、看电视难、交流信息难、上网难的问题。

2）发行文化消费票券，培养文化消费。目前，在我国还没有形成文化消费的习惯，有些人闲下来宁可相邀喝酒打麻将，但不去看书看电影。给国家在职员工按工资比例增发文化消费券，可极大带动文化消费，支持国家发展文化产业强国战略。我国绝大多数人已经解决了温饱问题，但精神还比较贫乏，特别是农村就更为严重！国家不但对农民要经济扶贫，还要利用三农政策对农民精神扶贫，如果给我国每个农民每年发放两张消费券，对我国发展文化产业的支持也是巨大的。我国现在发行福利彩票、体育彩票，非常成功，那么能不能发行文化彩票？我们宁夏能不能利用老、边、少和中央的政策倾斜首先试行？

3）降低文化产品价格，刺激大众文化消费。为了吸引更多的人参与文化消费，调整定价过高的文化产品和服务价位，让普通百姓都消费得起。如英国皇家庆典音乐厅的古典音乐票价最好的座位也超不过 35 英镑（约 490 元人民币），还为青年学生特设上百个自由座位，票价只有 5 英镑（不到英国一顿快餐价钱）。我国盗版盛行的一个重要原因是正版价太高百姓消费不起，能不能换一种思维打击盗版？

4）扩大交流视野。文化有无处不在的特性，这就决定了对外文化交流的广泛性。应进一步强调对外文化交流工作中的大文化概念，积极拓展对外文化交流的新渠道、新途径和新方式。只要符合党的政策和能够增进中外文化交流的艺术产品，我们都可以借鉴利用和创新，不断推陈出新并成为新文化产品而加以交流。

宁夏地处西北内陆，是一个经济较为落后的小省区。特殊的自然环境限制着我区文化产业走出去的步伐。然而在小省区也能办大文化的战略思路提出后，我区的文艺作品屡在全国获奖，这对全区的文化产业是一个鼓舞！

参 考 文 献

[1] 阿布力孜，玉素普．新疆生态移民研究［M］．北京：中国经济出版社，2009.

[2] 白恩培．抓好生态环境保护和建设，实现青海的可持续发展［J］．求是，2000（13）．

[3] 百度知道．横店影视城门票是不是一票制［EB/OL］．http：//zhidao. baidu. com/question/110421227. html，2009.

[4] 曹克瑜．西部地区资源开发与生态环境建设［J］．人文杂志，2000（3）．

[5] 蔡禾．社区建设：目标选择与行动效绩［J］．广西民族学院学报（哲学社会科学版），2003（4）．

[6] 崔保山，刘兴土．湿地恢复研究综述［J］．地球科学进展，1999（4）．

[7] 潮洛蒙，俞孔坚．城市湿地的合理开发与利用对策［J］．中国建设信息，2005（3）．

[8] 陈四明．关于南京市社区从业人员状况的调查与思考［J］．工会理论与实践，2004（2）．

[9] 陈育宁，等．宁夏百科全书［M］．银川：宁夏人民出版社，1998.

[10] 陈捷，薛元．从社区行政化到社区自治［J］．鹭江职业大学学报，2003（2）．

[11] 大众旅游网．涿州影视城景点［EB/OL］．http：//dp. dzwww. com/jingqu-2011. html，2009.

[12] 戴建兵，俞益武，曹群．湿地保护与管理研究综述［J］．浙江林学院学报，2006（3）．

[13] 第六次全国人口普查结果 我国仍有5000万文盲［N］．新京报，2011-05-26.

[14] 丁晋清．建设生态文明是中国特色社会主义本质要求［J］．理论与当代，2007（12）．

[15] 邓志涛．全面实施“山川秀美工程”，改善西北地区生态环境［J］．开发研究，2000（3）．

[16] 东梅．宁夏生态移民问题研究［A］．宁夏大学博士论坛，2011，6.

[17] 2008年宁夏生态建设资料选编［A］．2008，140-240.

[18] 2008年宁夏生态建设资料选编［A］．2008，241-355.

[19] 樊立克，等．创新社区管理体制建设新型城市社区［J］．中共合肥市委党校学报，2005（1）．

[20] 高红杰．十六大以来我国生态文明建设的理论与实践［J］．科学信息，2008（1）．

[21] 郭亚杰，周洁．社区建设：背景、模式和发展趋势［J］．学习与探索，2004（6）．

[22] 固原市地方志办公室编．固原年鉴（2012）［M］．兰州：甘肃文化出版社，2012，154.

[23] 国务院人口办公室．2000年人口普查资料（下册）［M］．北京：中国统计出版社，2001，1681、1684、1687、1691.

[24] 国家统计局.2009 年国民经济和社会发展统计公报 [A].2010-02-25.
[25] 国家统计局.按年龄和性别分人口数.2007 年国家统计年鉴 [M].北京:中国统计出版社,2007,110.
[26] 龚树民,伍理.试论中国人口和淡水资源的关系 [J].西北人口,1996 (4).
[27] 广东视野网.南海影视城 [EB/OL].http://www.gdview.net/a/fs/sight/ysc/zn/2010/0111/766.html,2009-07-28.
[28] 胡锦涛.坚定不移沿着中国特色社会主义道路前进 为全面建成小康社会而奋斗——在中国共产党第十八次全国代表大会上的报告 [M].北京:人民出版社,2012,9.
[29] 胡兆量,等.中国文化地理概述 [M].北京:北京大学出版社,2001.
[30] 侯向阳,王庆锁.中国农业与可持续发展.中国人口资源环境与可持续发展 [M].北京:新华出版社,2002.
[31] 997788 网.宁夏银川镇北堡西部影视城 [EB/OL].http://www.997788.com/pr/detail_134_10262440.html,2009-07-07.
[32] 姬振海.大力推进生态文明建设 [J].环境保护,2007 (12).
[33] 金旅网.上海影视乐园 [EB/OL].http://www.95160.com/scenery/detail/572.html,2009-07-26.
[34] 蒋三庚.现代服务业研究 [M].北京:中国经济出版社,2007.
[35] 李禄胜.宁夏重大史实:封山育林.当代宁夏史通鉴 [M].北京:当代中国出版社,2004,255-256.
[36] 李禄胜.宁夏重大史实:封山禁牧.当代宁夏史通鉴 [M].北京:当代中国出版社,2004,256-257.
[37] 李禄胜.封山禁牧:建造生态屏障的远虑之策 [J].共产党人,2007 (17).
[38] 李禄胜.固原地区经济与人口协调发展及今后人口控制的对策 [J].西北人口,1998 (1).
[39] 李禄胜.宁夏南部山区劳务输出:绩效、问题与对策 [J].宁夏社会科学,2005 (4).
[40] 李文海.宁夏人口密度超过 100 人 [N].银川晚报,1997-05-05 (2).
[41] 李静,等.西北干旱半干旱区湿地特征与保护 [J].中国沙漠,2003 (6).
[42] 李海东,孙瑞.移民扶贫之路 [EB/OL].人民网,2008-03-14.
[43] 刘坤喆.性别平等是幸福的保证 [A].联合国最新儿童状况报告,2006-12-18.http://www.ce.cn/xwzx/gjss/gdxw/200612/18/t20061218_9790719.shtml,2009-08-18.
[44] 刘瑛主编.50 年城乡巨变 [J].银川:宁夏人民出版社,2008.
[45] 刘荣明.现代服务业统计指标及调查方法研究 [M].上海社会科学出版社,2006.
[46] 刘轶梅.加强社区参与主体间互动对策研究 [J].黑龙江社会科学,2005 (1).
[47] 旅游互联网.焦作影视城门票价格 [EB/OL].http://www.nettvl.com/Print.aspx?id=5895,2009-07-28.
[48] 鲁人勇,吴忠礼.宁夏历史地理考 [M].银川:宁夏人民出版社,1993.
[49] 旅游互联网.临沂影视城门票 [EB/OL].http://www.nettvl.com/Item/4190.aspx,2009-07-29.

[50] 旅游互联网．同安影视城门票［EB/OL］．http：//www. nettvl. com/Item/2694. aspx，2009－07－30.
[51] 梁干桥．“白色污染”亟待治理［J］. 中学地理教学参考，1996（7-8）.
[52] 牛国元．打好民族特色这张牌［N］. 宁夏日报，2001-03-07.
[53] 宁夏环保局编．宁夏环境状况公报［A］. 1995.
[54]《宁夏统计年鉴》编辑委员会．宁夏统计年鉴［M］. 北京：中国统计出版社，1996.
[55] 宁夏回族自治区地方志办公室编．宁夏年鉴（2012）．银川：宁夏人民出版社，2012，131-157.
[56] 宁夏文化厅内部资料．2008 年宁夏文化产业发展情况．2009.
[57] 宁夏回族自治区党委政研编写．宁夏乡镇情［M］. 银川：宁夏人民出版社，1991.
[58] 宁夏回族自治区统计局．宁夏经济要情手册．2000.
[59] 宁夏回族自治区地图册［M］. 北京：星球地图出版社，2012.
[60] 偶爱旅游 114 网．威海影视城门票［EB/OL］．http：//www. oaly114. cn/tickets/info. asp? id = 2912，2009-07-29.
[61] 潘小娟．中国基层社会重构——社区治理研究［M］. 北京：中国法制出版社，2004.
[62] 潘岳．建设社会主义生态文明［J］. 学习与研究，2006（1）.
[63] 秦大河，何贤杰，冯仁国，贾绍凤．中国资源开发利用中的基本问题．中国人口资源环境与可持续发展［M］. 北京：新华出版社，2002，53.
[64] 乔忠，瞿郑元，等．中国小城镇现代服务业发展研究［M］. 北京：中国经济出版社，2005.
[65] 人民网．宁波象山影视城［EB/OL］．http：//nb. people. com. cn/GB/200868/201191/15030755. html，2009-07-07.
[66] 孙志高，等．三江平原湿地农业开发的生态环境问题与可持续发展［J］. 干旱区资源与环境，2006（4）.
[67] 宋斌．青海女性人口文化素质的现状与对策分析［J］. 西北人口，2005（3）.
[68] 世界银行．银川市现代化区域中心城市发展战略研究［A］. 2004，400-428.
[69] 世界银行．银川市现代化区域中心城市发展战略研究［A］. 2004，432-438.
[70] 桑敏兰．宁夏生态移民与城镇化发展研究［J］. 西北人口，2005，9（1）.
[71] Soso 百科．无锡影视城［EB/OL］．http：//baike. soso. com/v4056122. htm，2009-07-29.
[72] 尚裕良．人口适度集中是改善西部生态环境的一条出路［J］. 西北人口，2003（1）.
[73] 同程网．长影世纪城门票价格［EB/OL］．http：//www. 17u. cn/scenery/BookSceneryTicket_9881. html，2009-07-06.
[74] 万勇．构建和谐社区的意义及目标［J］. 中国民政，2005（1）.
[75] 51766 旅游网．中山影视城［EB/OL］．http：//www. 51766. com/img/zsysc/ 2009-07-07.
[76] 温家宝．政府工作报告——2013 年 3 月 5 日在第十二届全国人民代表大会第一次会议上［N］. 光明日报，2013-03-19（1）.
[77] 吴尚贤，等．中华人民共和国地名词典——宁夏回族自治区［M］. 北京：商务印书馆，1993.
[78] 王旭明．促进居民消费推动经济持久发展的思考［A］. 宁夏经济学会理论研讨会论文集，2012.

[79] 王建保．固原市地方志办公室编．固原年鉴（2012）［M］．兰州：甘肃文化出版社，2012，84-85.
[80] 汪一鸣．宁夏人地关系演化研究［M］．银川：宁夏人民出版社，2008，85-90.
[81] 西海固反贫困农业建设研究．课题组编．走出贫困——西海固反贫困农业建设研究［M］．银川：宁夏人民出版社，1996.
[82] 徐永祥．社区发展论［M］．上海：华东理工大学出版社，2000.
[83] 肖进成．银川市城市社区建设的实践与思考［J］．西北第二民族学院学报，2004（3）．
[84] 一起游网．关东影视城旅游［EB/OL］．http：//www.17u.com/destination/scenery_lvyou_23826.html，2009-07-28.
[85] 优讯-中国网．china.com.cn/info，2010-03-18.
[86] 余远来．浅论新型社区的形成及居民自治特征［J］．前沿，2005（5）．
[87] 杨红娟．出生人口性别比失衡的地域差异分析——基于对陕西的调查［J］．西北人口，2009（6）．
[88] 杨春英．生态建设是青海投入西部大开发的切入点［J］．民族经济与社会发展，2000（7）．
[89] 周振华．现代服务业发展研究［M］．上海社会科学出版社，2005（6）．
[90] 朱彩青．安徽省现代服务业的现状及发展对策研究［EB/OL］．中国期刊网，2006，7.
[91] 张祥晶．我国农村计划生育利益导向机制的构建［J］．西北人口，2005（3）．
[92] 张志辽．生态移民的缔约分析［J］．重庆大学学报（自然科学版），2005（8）．
[93] 张凌云．社区自治是城市治理的基础［J］．韶关学院学报（社科版），2005，5.
[94] 张堃，何云峰编著．社区管理概论［M］．上海三联书店，2000.
[95] 张炳照，王乐奇，等．城市社区自治的理论探析［J］．大连干部学刊，2004（3）．
[96] 张苏安，杨丽萍．发展社区经济扩大社区服务领域［J］．宁夏经济，2005（4）．
[97] 张堃，何云峰编著．社区管理概论［M］．上海三联书店，2000.
[98] 张堃，何云峰编著．社区管理概论［M］．上海三联书店，2000.
[99] 张晓明，胡惠林，张建刚．站在时代的高起点上，推动文化产业的大发展大繁荣．2008年中国文化产业发展报告［M］．北京：社会科学文献出版社，2009.
[100] 张多来，等．论“生态文明”与“四大文明”［J］．南华大学学报（社会版），2007（6）．
[101] 中华人民共和国民政部编．中华人民共和国行政区划简册（2012）［M］．北京：中国地图出版社，2012.
[102] 中华人民共和国国务院新闻办公室．中国性别平等与妇女发展状况［N］．人民日报，2005-08-25（10）．
[103] 中华人民共和国国务院新闻办公室．中国性别平等与妇女发展状况［N］．人民日报，2005-08-25（10）．
[104] 中华人民共和国民政部编．中华人民共和国行政区划简册（2012）［M］．北京：中国地图出版社，2012.
[105] 中国中西部地区开发年鉴［M］．北京：改革出版社，1996.
[106] 中国中西部地区开发年鉴［M］．北京：改革出版社，1998.

[107] 中国环境年鉴 [M]. 中国环境出版社，1995，398.
[108] 中国耕地面积、人均耕地面积与世界部分国家的比较（2000 年）. 普通高中教科书地理图册（2）[M]. 北京：中国地图出版社，2004，36.
[109] 中国森林面积、人均森林面积与世界部分国家的比较（2001 年）. 普通高中教科书地理图册（2）[M]. 北京：中国地图出版社，2004，36.
[110] 中国自然资源丛书编撰委员会编著. 中国自然资源丛书（宁夏卷）[M]. 北京：中国环境科学出版社，1995，7.
[111] 中国自然资源丛书编撰委员会编著. 中国自然资源丛书（宁夏卷）[M]. 北京：中国环境科学出版社，1995，91.
[112] 中国自然资源丛书编撰委员会编著. 中国自然资源丛书（宁夏卷）[M]. 北京：中国环境科学出版社，1995，115-117.

索　引

中国科协三峡科技出版资助计划
2012年第一期资助著作名单

（按书名汉语拼音顺序）

1. 包皮环切与艾滋病预防
2. 东北区域服务业内部结构优化研究
3. 肺孢子菌肺炎诊断与治疗
4. 分数阶微分方程边值问题理论及应用
5. 广东省气象干旱图集
6. 混沌蚁群算法及应用
7. 混凝土侵彻力学
8. 金佛山野生药用植物资源
9. 科普产业发展研究
10. 老年人心理健康研究报告
11. 农民工医疗保障水平及精算评价
12. 强震应急与次生灾害防范
13. “软件人”构件与系统演化计算
14. 西北区域气候变化评估报告
15. 显微神经血管吻合技术训练
16. 语言动力系统与二型模糊逻辑
17. 自然灾害与发展风险

中国科协三峡科技出版资助计划
2012年第二期拟资助著作名单

（按书名汉语拼音顺序）

1. BitTorrent类型对等网络的位置知晓性
2. 城市生态用地核算与管理
3. 创新过程绩效测度——模型构建、实证研究与政策选择
4. 商业银行核心竞争力影响因素与提升机制
5. 品牌丑闻溢出效应研究——机理分析与策略选择
6. 护航科技创新——高等学校科研经费使用与管理务实
7. 资源开发视角下新疆民生科技需求与发展
8. 唤醒土地——宁夏生态、人口、经济纵论
9. 三峡水轮机转轮材料与焊接
10. 大型梯级水电站运行调度的优化算法
11. 节能砌块隐形密框结构
12. 水坝工程发展的若干问题思辨
13. 新型纤维素系止血材料
14. 商周数算四题
15. 城市气候研究在中德城市规划中的整合途径比较
16. 管理机理学——管理学基础理论与应用方法的桥梁
17. 心脏标志物实验室检测应用指南
18. 现代灾害急救
19. 长江流域的枝角类

发行部
地址：北京市海淀区中关村南大街16号
邮编：100081
电话：010-62103354

办公室
电话：010-62103166
邮箱：kxsxcb@cast.org.cn
网址：http://www.cspbooks.com.cn